无机化学实验

（第二版）

主　编	蔡定建　刘青云
副主编	孟　磊　何　钢　许宝泉　刘晓东
	李　秋　舒　庆
参　编	姜仁霞　陈景林　崔立强　谭育慧
	李春露　刘典梅　主曦曦　李　敏
	高林娜　王　微　黄微雅　朱林晖
	马　楠　付　民　陈　伟　路　广
	马林政

华中科技大学出版社

中国·武汉

内 容 提 要

本书分为八章,其内容包括实验室基本知识、化学实验数据处理与表达、常用仪器的使用及基本操作、物理化学量及常数的测定、化学反应原理、元素及化合物的性质、无机化合物的制备和提纯,以及综合性和设计性实验。

本书可供普通高等院校化学、化工、冶金、材料、生物工程、医药、农林、环境、食品、给排水工程、新能源等专业的教师和学生使用,也可作为成人教育、自学考试相关专业人员的教学用书或参考书。

图书在版编目(CIP)数据

无机化学实验/蔡定建,刘青云主编. —2 版. —武汉:华中科技大学出版社,2020.8(2024.7 重印)
ISBN 978-7-5680-6413-2

Ⅰ.①无⋯ Ⅱ.①蔡⋯ ②刘⋯ Ⅲ.①无机化学-化学实验-高等学校-教材 Ⅳ.①O61-33

中国版本图书馆 CIP 数据核字(2020)第 136415 号

无机化学实验(第二版)　　　　　　　　　　　　　　　　蔡定建　　刘青云　　主编
Wuji Huaxue Shiyan(Di-er Ban)

策划编辑:王新华
责任编辑:王新华
封面设计:秦　茹
责任校对:李　琴
责任监印:周治超
出版发行:华中科技大学出版社(中国·武汉)　　　　电话:(027)81321913
　　　　　武汉市东湖新技术开发区华工科技园　　　　邮编:430223
录　　排:华中科技大学惠友文印中心
印　　刷:武汉市洪林印务有限公司
开　　本:710mm×1000mm　1/16
印　　张:13.5
字　　数:284 千字
版　　次:2024 年 7 月第 2 版第 3 次印刷
定　　价:29.80 元

第二版前言

随着教学改革的不断深入,无机化学实验这门传统的基础实验课程在教学内容、方法和手段上发生了很大的变化。为了适应21世纪我国高等教育事业的发展和无机化学实验改革的需要,进一步提高高等院校无机化学实验的教学水平,我们在总结多年实验教学经验的基础上合编了这本教材。本书可供高等院校化学、化工、冶金、材料、生物工程、医药、农林、环境、食品等专业的教师和学生使用,也可供从事无机化学实验的相关人员参考。

无机化学是一门实践性很强的学科。通过无机化学实验教学,学生可熟练地掌握化学实验的基本操作技能,加深对无机化学理论的理解,为高等院校学生参加科学研究打下良好的基础。

本书是依据各参编院校的无机化学实验教学实践并参考国内外有关实验教材,在第一版的基础上修订而成的。为了增加学生的实验基础知识,培养独立分析和解决问题的能力,还编写了几个综合性及设计性实验,由学生针对指定的或自选的实验题目,根据所学无机化学的理论及实验知识,查阅有关文献,独立地设计实验方案,并进行实验。

本书由江西理工大学蔡定建、山东科技大学刘青云主编。参加本书编写的有:江西理工大学蔡定建、许宝泉、舒庆、陈景林、谭育慧、刘典梅、李敏、王微、黄微雅、马楠,山东科技大学刘青云、刘晓东、姜仁霞、崔立强、李春露、主曦曦、高林娜、朱林晖、付民、陈伟、路广、马林政,河南农业大学孟磊,成都大学何钢,蚌埠学院李秋。

在编写过程中,参考了部分已正式出版的高等学校教材,从中借鉴了许多有益的内容,特向有关教材的作者和出版社表示感谢。

由于编者水平有限,书中难免存在不足之处,敬请读者批评指正,以便不断改进。

编　者

目　　录

引　言

一、无机化学实验的重要意义

无机化学实验是无机化学课程的重要组成部分,是高等院校化学、化工及相关专业开设的一门必修基础实验课。本课程的重要意义在于研究元素及化合物的重要性质,熟悉主要无机物质的制备方法;加深对无机化学的基本原理和基础知识的理解;培养学生使之正确掌握化学实验的基本操作,培养学生独立工作和独立思考的能力,培养学生敏锐的观察力,以及归纳、综合、正确处理数据的能力;同时,通过无机化学实验,培养学生实事求是的科学态度和准确、细致、整洁的良好实验习惯以及科学的思维方法。另外,无机化学实验是第一门化学类实验课程,其实践性很强,本课程的学习将为学生继续学好后继课程(分析化学、有机化学、物理化学和各类专业化学及实验等)及今后参加实际工作和开展科学研究打下良好的基础。

二、学习方法和要求

学好并掌握无机化学实验,除了要有明确的学习目的、端正的学习态度之外,还要有好的学习方法。无机化学实验的学习方法和要求大致分为以下三个方面。

1. 认真预习

(1) 认真钻研实验教材和理论教科书中的有关内容。

(2) 明确实验目的,弄懂实验原理。

(3) 熟悉实验内容、实验步骤、基本操作、仪器使用方法和实验注意事项。

(4) 认真思考实验前应准备的问题。

(5) 写出预习报告(包括实验目的、实验原理、实验步骤、实验注意事项及有关的安全问题等)。

2. 做好实验

在教师指导下,独立进行实验,实验原则上应按教材提供的方法、步骤及试剂用量进行。若提出新的实验方案,应经教师批准后方可进行实验。

实验过程中,要认真操作、仔细观察、勤于思考,如实记录实验现象和数据,得出正确的结论。若发现实验现象与理论不符,应尊重实验事实,并认真分析和检查原因,或与教师讨论后再重做实验。

严格遵守实验室规则,注意安全。

3. 写好实验报告

根据实验过程中观察到的现象和测试的数据,写出简明扼要、条理清晰的实验报告。撰写实验报告时要有严谨的科学态度，报告内容要实事求是，决不允许随意编造、修改数据，或抄袭别人的实验报告。实验报告书写要整齐、清洁，按时交指导教师评阅。

附：实验报告

实验名称：

气压：　　　　　　　室温：　　　　　　　　日期：

姓名：　　　　　　　年级　　　　组　　　　　实验室：

指导教师：

一、实验目的

二、实验原理(简述)

三、实验装置图

四、数据记录和结果处理

五、问题和讨论

附注

指导教师签名：

第一章　实验室基本知识

一、实验室规则

（1）实验过程中要集中精力，认真操作，仔细观察，如实记录。

（2）保持严肃、安静的实验室气氛，不得高声谈话、嬉笑打闹。

（3）注意安全，爱护仪器、设备。使用精密仪器时应格外小心，严格按操作规程进行。若发生故障，要及时报告指导教师。损坏仪器要酌情赔偿。

（4）节约试剂，按实验教材规定用量取用试剂。从试剂瓶中取出的试剂不可再倒回瓶中，以免带进杂质。取用试剂后应立即盖上瓶塞，切忌张冠李戴而污染试剂。试剂瓶应及时放回原处。

（5）随时保持实验室和桌面的整洁。火柴梗、废纸屑、金属屑等固态废物应投入废纸篓内，废液应倒入废液缸内，严禁投入和倒入水槽，以防堵塞、腐蚀管道。

（6）实验完毕，须将玻璃仪器洗涤干净，放回原位。清洁并整理好桌面，将水槽、地面打扫干净。检查电源是否断开，水龙头是否关闭。

（7）实验室的一切物品（仪器、药品等）均不得带离实验室。

二、学生实验守则

遵守化学实验室守则是学生实验得以正常进行的前提和保证，学生进入实验室必须遵守以下规则：

（1）进入实验室，须遵守实验室纪律和制度，听从教师指导与安排，不准进食、大声说话等。

（2）未穿实验服、未写实验预习报告者不得进入实验室进行实验。

（3）进入实验室后，要熟悉周围环境，了解防火及急救设备器材的使用方法和存放位置，遵守安全规则。

（4）实验前，清点、检查仪器，明确仪器规范操作方法及注意事项（教师会给予演示），否则不得动手操作。

（5）使用药品时，要求明确其性质及使用方法后，根据实验要求规范使用。禁止使用标示不明确的药品或随意混合药品。

（6）实验中，保持安静，认真操作，仔细观察，积极思考，如实记录，不得擅自离开岗位。

（7）实验室公用物品（包括器材、药品等）用完后，应放回原指定位置。实验废液、废物按要求放入指定收集器皿。（实验前拿若干烧杯放于桌面，废液全放于一杯中。)

(8) 爱护公物,注意卫生,保持整洁,节约水、电、气。

(9) 实验完毕后,要求整理、清洁实验台面,检查水、电、气源,打扫实验室卫生。

(10) 实验记录经教师签名认可后,方可离开实验室。

三、实验室安全守则及意外事故的处理

1. 实验室安全守则

(1) 加热试管时,不要将试管口指向自己或别人。不要俯视正在加热的液体,以免液体溅出,产生伤害。

(2) 嗅闻气体时,应用手轻拂气体,将气体扇向自己后再嗅。

(3) 使用酒精灯时,应随用随点燃,不用时盖上灯罩。不要用已点燃的酒精灯去点燃别的酒精灯,以免酒精溢出而失火。

(4) 浓酸、浓碱具有强腐蚀性,切勿溅在衣服、皮肤上,尤其勿溅到眼睛内。稀释浓硫酸时,应将浓硫酸慢慢倒入水中,而不能将水倒向浓硫酸中,以免迸溅。

(5) 乙醚、乙醇、丙酮、苯等有机易燃物质,放置和使用时必须远离明火,取用完毕后应立即盖紧瓶塞或瓶盖。

(6) 会产生有刺激性或有毒气体的实验,应在通风橱内(或通风处)进行。

(7) 有毒药品(如重铬酸钾、钡盐、铅盐、砷的化合物、汞的化合物等,特别是氰化物)不得进入口内或接触伤口,也不能将有毒药品随便倒入下水道。

(8) 实验室内严禁饮食和吸烟。实验完毕,应洗净双手后,才可离开实验室。

2. 意外事故的处理

(1) 若因酒精、苯或乙醚等着火,应立即用湿布或沙土等扑灭。若遇电气设备着火,必须先切断电源,再用泡沫灭火器或四氯化碳灭火器灭火(实验室应备有灭火设备)。

(2) 遇有烫伤事故,可用高锰酸钾溶液或苦味酸溶液洗灼伤处,再搽上凡士林或烫伤油膏。

(3) 若在眼睛或皮肤上溅着强酸或强碱,应立即用大量水冲洗,然后相应地用碳酸氢钠溶液或硼酸溶液冲洗(若溅在皮肤上,最后还要搽些凡士林)。

(4) 若吸入氯、氯化氢等气体,可立即吸入少量酒精和乙醚的混合蒸气以解毒;若吸入硫化氢气体,会感到不适或头晕,应立即到室外呼吸新鲜空气。

(5) 被玻璃割伤时,伤口内若有玻璃碎片,须先挑出,再行消毒、包扎。

(6) 遇有触电事故,首先应切断电源,在必要时,应进行人工呼吸。

(7) 对伤势较重者,应立即送医院医治,任何延误都可能使治疗更加复杂和困难。

四、常用试剂溶液的配制

常用试剂溶液的配制方法见表 1-1。

表 1-1 常用试剂溶液的配制方法

试 剂	浓度/(mol·L^{-1})	配 制 方 法
三氯化铋	0.1	溶解 31.6 g $BiCl_3$ 于 330 mL 6 mol·L^{-1} HCl 溶液,加水稀释至 1 L
三氯化锑	0.1	溶解 22.8 g $SbCl_3$ 于 330 mL 6 mol·L^{-1} HCl 溶液,加水稀释至 1 L
氯化亚锡	0.5	溶解 113 g $SnCl_2·2H_2O$ 于 170 mL 浓盐酸中,必要时可加热。完全溶解后,加水稀释至 1 L,然后加几粒锡粒(用时新配)
氯化铁	0.1	溶解 27 g $FeCl_3·6H_2O$ 于 100 mL 6 mol·L^{-1} HCl 溶液中,加水稀释至 1 L
硫化铵	3	在 200 mL 浓氨水中通入 H_2S 直至不再吸收,然后加入 200 mL 浓氨水,最后加水稀释至 1 L(用时新配)
多硫化钠		溶解 480 g $Na_2S·9H_2O$ 于 500 mL 水中,再加 40 g NaOH 和 18 g 硫黄,充分搅拌,加水稀释至 1 L(用时新配)
硫酸铵		溶解 50 g $(NH_4)_2SO_4$ 于 100 mL 热水中,冷却后过滤
硫酸亚铁铵	0.5	溶解 196 g $(NH_4)_2Fe(SO_4)_2·6H_2O$ 于 300 mL 含有 10 mL 浓硫酸的水中,加水稀释至 1 L(用时新配)
硫酸亚铁	0.5	溶解 139 g $Fe(SO_4)·7H_2O$ 于 300 mL 含有 10 mL 浓硫酸的水中,加水稀释至 1 L,再加几枚小铁钉(用时新配)
硝酸汞	0.1	溶解 33.4 g $Hg(NO_3)_2·\frac{1}{2}H_2O$ 于 1 L 0.6 mol·L^{-1} HNO_3 溶液中
硝酸亚汞	0.1	溶解 56.1 g $Hg_2(NO_3)_2·2H_2O$ 于 1 L 0.6 mol·L^{-1} HNO_3 溶液中,再加入少许金属汞
碳酸铵	0.1	溶解 96 g $(NH_4)_2CO_3$ 于 1 L 2 mol·L^{-1} $NH_3·H_2O$ 中
锑酸钠	0.1	溶解 12.2 g 锑粉于 50 mL 浓硝酸中,微热,使锑粉全部作用成白色粉末,用倾析法洗涤数次,加 50 mL 6 mol·L^{-1} NaOH 溶液,溶解后稀释至 1 L

续表

试　剂	浓度/(mol·L^{-1})	配　制　方　法
钴亚硝酸钠		溶解 230 g NaNO$_2$ 于 500 mL 水中,加入 165 mL 6 mol·L^{-1} HAc 溶液和 30 g Co(NH$_3$)$_2$·6H$_2$O,放置 24 h,取其清液,稀释至 1 L,保存在棕色瓶中。此溶液应呈橙色,若变成红色,表示已分解,需重新配制
亚硝酰铁氰化钠		溶解 1 g 亚硝酰铁氰化钠于 100 mL 水中,保存于棕色瓶中(须新配,变绿即表明已失效)
奈氏试剂		溶解 115 g HgI$_2$ 和 80 g KI 于水中,稀释至 500 mL,再加入 500 mL 6 mol·L^{-1} NaOH 溶液,静置后取其清液,保存在棕色瓶中
铬黑 T		将铬黑 T 和烘干的 NaCl 按 1:100 的比例在研钵中混合,研磨均匀
镁试剂		溶解 0.01 g 镁试剂于 1 L 1 mol·L^{-1} NaOH 溶液中
镍试剂		溶解 10 g 二乙酰二肟于 1 L 95% 的乙醇中
钙指示剂		将钙指示剂与无水 Na$_2$SO$_4$ 按 2:100 比例混合,研磨均匀
氯水		在水中通入氯气至饱和(新鲜配制)
溴水		在水中滴入溴水至饱和
碘水	0.01	溶解 1.3 g 碘和 5 g KI 于尽可能少的水中,加水稀释至 1 L
品红溶液		将 0.1 g 品红溶于 100 mL 水中
淀粉溶液		取 0.2 g 淀粉和少量水,调成糊状,倒入 100 mL 沸水中,煮沸后冷却
HAc-NaAc 缓冲溶液		取 120 g 无水 NaAc 溶于水,加冰醋酸 60 mL,稀释至 1 L (pH=5.0)
NH$_3$-NH$_4$Cl 缓冲溶液		取 54 g NH$_4$Cl 溶于水,加浓氨水 350 mL,稀释至 1 L(pH=10)
甲基橙		溶解 1 g 甲基橙于 1 L 水中
石蕊		取 2 g 石蕊,溶于 50 mL 水中,静置 24 h 后过滤,在滤液中加 95% 乙醇 30 mL,再加水稀释至 1 L
酚酞		取 1 g 酚酞,溶解于 90 mL 95% 乙醇和 10 mL 水的混合液中

五、常用离子的主要鉴定方法

常用离子的主要鉴定方法见表 1-2。

表 1-2　常用离子的主要鉴定方法

离子	鉴 定 方 法	条件及干扰
K^+	取 2 滴 K^+ 试液,加入 1 滴 HAc 溶液酸化,再加入 3 滴六硝基合钴酸钠 $(Na_3[Co(NO_2)_6])$ 溶液,放置片刻,即有黄色沉淀 $K_2Na[Co(NO_2)_6]$ 产生,加入强酸,沉淀即溶解	(1)鉴定要在中性或弱酸性条件下进行,强酸、强碱均能使试剂分解; (2) NH_4^+ 可与试剂生成橙色沉淀 $(NH_4)_2Na[Co(NO_2)_6]$ 而产生干扰,但经沸水浴中加热 $1\sim2$ min 后,$(NH_4)_2Na[Co(NO_2)_6]$ 分解,$K_2Na[Co(NO_2)_6]$ 不变
Na^+	取 2 滴 Na^+ 试液,加入 8 滴乙酸铀酰锌试剂,用玻璃棒搅拌或摩擦试管壁,有黄色乙酸铀酰锌钠晶体缓慢生成,表示有 Na^+	(1)鉴定要在中性或弱酸性条件下进行,强酸、强碱均能使试剂分解; (2) K^+ 浓度大时,可产生干扰;Ag^+、Hg^{2+}、Sb^{3+} 存在时,有干扰;AsO_4^{3-}、PO_4^{3-} 会分解试剂
Ca^{2+}	取 2 滴 Ca^{2+} 溶液,再滴加 $(NH_4)_2C_2O_4$ 溶液,生成白色 CaC_2O_4 沉淀,此沉淀溶于 HCl 溶液,而不溶于 HAc 溶液	(1)反应在强酸性条件下不能进行; (2) Mg^{2+}、Ba^{2+}、Sr^{2+} 存在对反应有干扰,但 MgC_2O_4 溶解于醋酸,Ba^{2+}、Sr^{2+} 则应预先除去
Mg^{2+}	取 2 滴 Mg^{2+} 试液,加 $1\sim2$ 滴 NaOH 溶液碱化,滴加镁试剂,有天蓝色沉淀生成	(1)鉴定反应要在碱性条件下进行,NH_4^+ 大量存在时会有干扰,可加 NaOH 并加热除去; (2) Ag^+、Hg^+、Hg^{2+}、Cu^{2+}、Co^{2+}、Ni^{2+}、Mn^{2+}、Cr^{3+}、Fe^{3+} 及高浓度 Ca^{2+} 存在时会有干扰,应预先除去
NH_4^+	取一大一小两块表面皿,在大的表面皿上滴加 2 滴 NH_4^+ 试液,再加 1 滴 NaOH 溶液,混匀,在小的表面皿上黏附一条润湿的酚酞试纸,将小表面皿盖在大表面皿上,做成气室。把此气室放在适当大小的、有水的烧杯上,加热烧杯,酚酞试纸变红,说明有 NH_4^+	
	取 2 滴 NH_4^+ 试液,加入奈氏试剂(碱性碘化汞钾),即生成黄棕色沉淀	
Ba^{2+}	取 2 滴 Ba^{2+} 试液,滴加硫酸溶液,即生成不溶于酸的白色沉淀	

离子	鉴定方法	条件及干扰
Al^{3+}	取1滴Al^{3+}试液,加2滴3 mol·L^{-1} NH_4Ac溶液及2滴铝试剂,微热,出现红色沉淀,再加6 mol·L^{-1} $NH_3·H_2O$,沉淀不消失	(1)反应宜在HAc-NH_4Ac缓冲溶液中进行; (2)Cr^{3+}、Cu^{2+}、Ca^{2+}、Fe^{3+}、Bi^{3+}对鉴定有干扰,但加氨水后,Cr^{3+}、Cu^{2+}生成的红色化合物即分解;加$(NH_4)_2CO_3$可使Ca^{2+}生成$CaCO_3$沉淀,加NaOH可使Fe^{3+}、Bi^{3+}、Cu^{2+}生成沉淀而预先除去
Pb^{2+}	取2滴Pb^{2+}试液,加2滴0.1 mol·L^{-1} K_2CrO_4溶液,生成黄色沉淀	(1)反应要在HAc溶液中进行,强酸、强碱溶液中均不能生成沉淀; (2)Ba^{2+}和Ag^+对此有干扰,可加入H_2SO_4,使Ba^{2+}、Ag^{2+}、Pb^{2+}生成硫酸盐沉淀,过滤后加入醋酸铵,醋酸铵能和Pb^{2+}生成可溶性弱电解质$Pb(Ac)_2$,然后鉴定Pb^{2+}
Hg^{2+}	取2滴Hg^{2+}试液,滴加$SnCl_2$溶液,首先生成Hg_2Cl_2白色沉淀,在过量$SnCl_2$存在时,Hg_2Cl_2被还原为Hg,沉淀出现灰黑色	
Ag^+	取2滴Ag^+试液,滴加3 mol·L^{-1} HCl溶液,得白色AgCl沉淀,离心分离后,在沉淀上滴加6 mol·L^{-1} $NH_3·H_2O$,沉淀溶解,溶液经硝酸酸化后,又析出AgCl	
Zn^{2+}	取2滴Zn^{2+}试液,滴加1滴6 mol·L^{-1} $NH_3·H_2O$,滴加$(NH_4)_2S$溶液,即生成ZnS白色沉淀。沉淀溶于稀盐酸,不溶于醋酸	反应宜在中性或碱性条件下进行
Fe^{3+}	取1滴Fe^{3+}试液,滴加0.5 mol·L^{-1} NH_4SCN溶液,生成血红色硫氰酸铁	(1)H_3PO_4、$H_2C_2O_4$、F^-、酒石酸、柠檬酸等能与Fe^{3+}形成稳定的配合物而影响鉴定; (2)Cu^{2+}、Co^{2+}、Ni^{2+}、Cr^{3+}有颜色,使鉴定结果的颜色观察不敏感
	取1滴Fe^{3+}试液,滴入1滴2 mol·L^{-1} HCl溶液和1滴$K_4[Fe(CN)_6]$溶液,出现蓝色沉淀	(1)鉴定要在酸性条件下进行; (2)Cu^{2+}、Co^{2+}、Ni^{2+}浓度大时,对鉴定有干扰,需预先分离除去

续表

离子	鉴定方法	条件及干扰
NO_2^-	取 2 滴 NO_2^- 试液,再加 6 mol·L^{-1} HAc 溶液酸化,加入淀粉-KI 指示剂,若有 NO_2^- 存在,溶液即呈蓝色	
NO_3^-	取 2 滴 NO_3^- 试液,加入 6 滴 12 mol·L^{-1} H_2SO_4 溶液及 3 滴 α-萘胺,溶液呈淡紫红色	
S^{2-}	取 4 滴 S^{2-} 试液,加 6 mol·L^{-1} H_2SO_4 溶液,立即在试管口放入湿润的醋酸铅试纸,溶液反应放出的 H_2S 气体使醋酸铅试纸变黑	
SO_3^{2-}	取 2 滴 SO_3^{2-} 试液,加入 6 mol·L^{-1} H_2SO_4 溶液 1 滴酸化,滴入 2 滴碘水或 0.01 mol·L^{-1} $KMnO_4$ 溶液,酸化产生的 SO_2 使碘水或 $KMnO_4$ 溶液退色	
$S_2O_3^{2-}$	取 2 滴 $S_2O_3^{2-}$ 试液,加入 2 滴 2 mol·L^{-1} HCl 溶液,微热,因有淡黄色硫沉淀生成,溶液变混浊	
SO_4^{2-}	取 2 滴 SO_4^{2-} 试液,加入 1 滴 6 mol·L^{-1} HCl 溶液酸化,再加 2 滴 0.1 mol·L^{-1} $BaCl_2$ 溶液,出现白色沉淀	氟离子和氟硅酸根离子对此鉴定反应有干扰
CO_3^{2-}	取 10 滴 CO_3^{2-} 试液于试管中,另取 1 个与试管大小相配的橡皮塞,打孔后插入 1 支没有滴头的滴管,在滴管的细口处加 1 滴澄清的石灰水,往试管中加入 3 滴 6 mol·L^{-1} HCl 溶液后,迅速塞入橡皮塞。溶液中反应产生的 CO_2 与石灰水接触,使石灰水变混浊	
PO_4^{3-}	取 2 滴 PO_4^{3-} 试液,加 1 滴 6 mol·L^{-1} HNO_3 溶液酸化,再加 2 滴 10%钼酸铵溶液,温热,有磷钼酸铵黄色沉淀出现	(1)沉淀溶于碱和氨水中,反应要在酸性条件下进行; (2)还原剂的存在会使 Mo^{4+} 还原为"钼蓝"而使溶液呈深蓝色,影响鉴定,故要预先除去; (3)钼酸铵与 PO_4^{3-}、$P_2O_7^{4-}$ 的冷溶液不发生反应,但煮沸后由于 PO_4^{3-} 的生成而有黄色磷钼酸铵沉淀

续表

离子	鉴定方法	条件及干扰
Fe^{2+}	取 1 滴 Fe^{2+} 试液,滴入几滴邻二氮菲溶液,试液变红色	鉴定要在弱酸性条件下进行,有较好的选择性和较高的灵敏度
	取 1 滴 Fe^{2+} 试液,滴入 1 滴 2 mol·L^{-1} HCl 溶液和 1 滴 $K_3[Fe(CN)_6]$ 溶液,出现蓝色沉淀	鉴定要在酸性条件下进行
Co^{2+}	取 1～2 滴 Co^{2+} 试液,加入 10 滴饱和 NH_4SCN 溶液,再加 5 滴戊醇,振荡,静置分层,戊醇层为蓝绿色	(1) NH_4SCN 浓度要大; (2) 若有 Fe^{3+} 干扰,可加少量 NaF 固体掩蔽
Ni^{2+}	取 1 滴 Ni^{2+} 试液,加 1 滴 6 mol·L^{-1} $NH_3·H_2O$,再加 1 滴二乙酰二肟溶液,生成鲜红色沉淀	(1) 鉴定反应在氨性溶液中进行,pH 为 5～10 较适宜; (2) Fe^{2+}、Fe^{3+}、Cu^{2+}、Co^{2+}、Cr^{3+}、Mn^{2+} 有干扰,可加柠檬酸或酒石酸掩蔽
Cr^{3+}	取 3 滴 Cr^{3+} 试液,加 6 mol·L^{-1} NaOH 溶液至生成的沉淀溶解,再加 4 滴 3% H_2O_2 溶液,水浴加热,待溶液变成黄色,继续加热使剩余的 H_2O_2 分解,冷却后,再加 6 mol·L^{-1} HAc 溶液酸化,然后加 2 滴 0.1 mol·L^{-1} $Pb(NO_3)_2$ 溶液,生成黄色沉淀	Cr^{3+} 的氧化需在碱性条件下进行,生成 $PbCrO_4$ 的反应要在弱酸性(HAc)条件下进行
Cu^{2+}	取 3 滴 Cu^{2+} 试液,加入醋酸酸化溶液,再加入亚铁氰化钾,若有 Cu^{2+} 存在,即生成红棕色 $Cu_2[Fe(CN)_6]$ 沉淀,沉淀不溶于稀 HNO_3 溶液而溶于 $NH_3·H_2O$	(1) 鉴定反应要在中性或弱酸性条件下进行; (2) Fe^{3+} 及大量的 Co^{2+}、Ni^{2+} 会有干扰
Mn^{2+}	取 2 滴 Mn^{2+} 试液,加入 10 滴水、5 滴 2 mol·L^{-1} HNO_3 溶液,再加少许 $NaBiO_3$(s),水浴加热,溶液呈紫色	(1) 反应宜在强酸性条件下进行; (2) Cl^-、Br^-、I^- 等还原性物质及 H_2O_2 有干扰
Cl^-	取 2 滴 Cl^- 试液,加入 $AgNO_3$ 溶液,立即生成白色 AgCl 沉淀。滴加 6 mol·L^{-1} $NH_3·H_2O$,沉淀溶解,再加 6 mol·L^{-1} HNO_3 溶液,沉淀又出现	
Br^-	取 2 滴 Br^- 试液,加入氯仿,再加入氯水,振荡,氯仿层显黄色或红棕色	氯水宜逐滴加入并振荡。氯水过量时,生成 BrCl,氯仿层就呈黄色

续表

离子	鉴 定 方 法	条件及干扰
I⁻	取 2 滴 I⁻ 试液,加入氯仿,再加入氯水,振荡,氯仿层显紫红色,若加入过量氯水,紫红色消失。紫红色物质能使淀粉试液变蓝	
SCN⁻	取 2 滴 SCN⁻ 试液,加入 $FeCl_3$ 溶液 1～3滴,溶液出现血红色	

第二章　化学实验数据处理与表达

一、有效数字

在化学实验中,不仅要准确地进行量的测定,还需正确地记录和计算,这样才能得到可信的结果。为了合理地取值并正确运算,需要理解和应用有效数字的概念。所谓有效数字,就是在测量中所能得到的有实际意义的数字。有效数字的位数取决于测量的方法和仪器的精度。

例如,某物体在台秤(托盘天平)上称量,所得质量为 5.6 g。由于台秤的准确度是 0.1 g,因此,该物体的质量实际是(5.6±0.1) g,它的有效数字是 2 位;若将此物放到分析天平上称量,测得质量为 5.615 5 g。由于分析天平的准确度为 0.000 1 g,因此,该物体的实际质量是(5.615 5±0.000 1) g,其有效数字是 5 位。又如,用滴定管取液体,其最小刻度为 0.1 mL,可估计到 0.01 mL。若读数为 23.43 mL,就表示前 3 位(23.4)是准确地从滴定管的刻度上读出来的,最后一位(0.03)则是估计的,其准确读数可表示为(23.43±0.01) mL,它的有效数字是 4 位。可见在有效数字中保留了最末一位可疑数。因此,任何超过或低于仪器精确程度的有效位数的数字都是不正确的。如上述滴管读数不能写成 23.430 mL,它夸大了实验的准确度;也不能草率地写成 23.4 mL,它缩小了实验的准确度。

"0"在有效数字中的作用,因其位置不同而异。例如:

数值	23.0	23.00	0.002 3	0.203 0
有效数字的位数	3	4	2	4

可见,如果"0"在表示实验测量时,处在数字的中间或最后,它是有效数字,应包括在有效数字的位数中;当"0"用来定位,用它来表示小数点的位置时,它就不是有效数字,并不包括在有效数字的位数中。还需指出,对于成百上千的数值,为了表示出其有效数字的位数,应当变换单位或将数值改写成 $a \times 10^x$ 的形式。如 6.0 kJ 表示有 2 位有效数字,6.00×10^3 J 表示有 3 位有效数字,6×10^3 J 表示只有 1 位有效数字。

在处理数据时,常常遇到一些有效数字位数不同的数据,首先应按一定的规则处理,再按一定的法则运算。

(1)记录数据时,只保留 1 位可疑数字。

(2)数的加减:和与差的有效数字位数的保留是以数字的绝对误差最大的那个数为依据,即与小数点后位数最少的那个数相同。在加、减前,先按四舍五入法弃去那些不必要的过多数字,然后进行计算。如将 0.012 1、1.056 8、25.64 三个数相加,应以 25.64 为依据,保留到小数后第二位。因为 25.64 的绝对误差最大,小数后第二位已属可疑数字,其余两个数保留到小数后的第三、第四位就没有意义了。应按四舍五入法将 0.012 1 改写成 0.01,将 1.056 8 改写成 1.06 之后再进行计算。

错误的运算	错误的运算	正确的运算
0.012 1	0.012 1	0.012 1
1.056 8	1.056 8	1.056 8
$+$)25.64	$+$)25.64	$+$)25.64
26.708 9	0.01	0.01
	1.05	1.06
	$+$)25.64	$+$)25.64
	26.70	26.71

(3) 数的乘除:积与商的有效数字位数的保留是以数字的相对误差最大的那个数为依据,即与各数字中有效数字最少的那个数相同,而与小数点位置无关。确定位数后,先用四舍五入法弃去那些不必要的过多数字,然后进行计算。如将 0.012 1、1.056 8、25.64 三个数相乘,应以 0.012 1 为依据,保留 3 位有效数字:
$$0.012\ 1 \times 1.06 \times 25.6 = 0.328$$

若将 3 个数直接相乘以后,保留 4、5 或更多的位数,将会造成运算以后反而比运算前每个数的相对误差更小的情况,而这是不可能的。

(4) 在对数运算中,所取对数的位数应与其真数数字的位数相同。

(5) 有关 $c(H^+)$、pH 的计算中应注意的是判定有效数字的位数时,对数的首数只与真数的小数点位置有关,而与有效数字位数无关。例如:pH=13.0 和 8.89 这两个值的有效位数分别为 1 和 2,相应的 $c(H^+) = 1 \times 10^{-13}$ mol·L^{-1} 和 1.3×10^{-9} mol·L^{-1}。

(6) 所有计算式中出现的常数 π、e 及某些因子如 $\sqrt{2}$、1/2 等的有效数字可认为是无限的,在计算中需要取几位就可以写几位。

一些公认值,如 $p^{\ominus} = 1.0 \times 10^5$ Pa、摄氏温标的零点 $T_0 = 273.15$ K 等被认为是准确的数值。

(7) 在进行复杂多步运算时,中间各步可以暂时多保留 1 位数字,以免多次四舍五入造成误差的积累。但最后结果仍只保留其应有的位数。

(8) 在乘除运算中计算有效数字的位数时,若第一位有效数字为 8 或 9,其有效数字位数可多算一位。

如 8.46,因为已接近 10.00,故可以认为 8.46 的有效数字位数与 10.00 一样,均计为 4。

二、作图技术

由实验测得的数据主要有 3 种表达方式:列表法、作图法和方程式法。将实验数据用几何图形表示出来的方法称为作图法。首先,通过图形、曲线能形象、直观地揭示各变量之间的关系,很容易从图上找出极大值、极小值、转折点、周期性等。有时还可根据图形的形状找到变量之间的函数关系,建立经验方程式。其次,利用图形进一步处理,可求得内插值、外推值、截距、斜率等。而且,这种由多次实验测试数据为依据描绘出来的图像,一般具有"平均"的意义,可以从中发现和消除一些过失误差。因此,作图法是数据处理的一种重要方法,作图是否正确与实验能否得到可靠的结论有很大的关系。以下对作图方法要点进行简要的介绍。

1. 坐标标度的选择

最常用的是直角坐标图,选用直角毫米坐标纸。习惯上以横坐标表示自变量,纵坐标表示因变量。

(1) 按法定计量单位的规定,坐标的标注应当是一纯数的式子,使图上各点表示的是 x、y 数值的变化。x、y 坐标的标注分别写在 x、y 轴的下方和左方。例如温度、压力、体积、时间的标注分别写成 T/K、p/kPa、V/m^3、t/s。

(2) 要能表示出全部有效数字,使得从图中读出的物理量的精密度与测量的精密度一致。通常使实验数据的绝对误差在图纸上相当于 $0.5\sim1$ 小格(最小分度),即 $0.5\sim1$ mm 为好。例如用 $1\,℃$ 分度的温度及测量温度时,读数有 $0.1\,℃$ 的误差,则选择的比例尺最好使 $0.1\,℃$ 相当于 $0.5\sim1$ 小格,即 $1\,℃$ 相当于 5 或 10 小格。

(3) 坐标标度应取容易读取、便于计算的分度。即每单位坐标格子应代表 1、2 或 5 的倍数,并把数字标示在图纸逢 5 或逢 10 的细线上。切忌把单位坐标格子取成 3、6、7、9 或小数。

(4) 应考虑充分利用图纸的全部面积,使全图布局合理,不要使各点过分偏于某一角落。如无特殊需要(如直线外推求截距),就不必把变量的零点作原点。可根据具体情况,从稍低于测量值的整数开始,稍高于最大测量值的整数为终点。图形若为直线或近乎直线的曲线,则应将它安排在图纸的对角线附近。

2. 图形的绘制

绘制图形应使用铅笔、三角板、曲线板、鸭嘴笔、圆规、黑墨水,绝不可用钢笔随手就画。

(1) 点的描绘:测试数据在图上的点称为代表点。通常把测量数据的各代表点用"·"或"。"画到坐标纸上即可。若在同一图形上有不同序列的数据,应当用不同的符号如"△""×""□""⊗""⊙"等分别表示出来,这类符号的重心应在所表示的点上,面积大小应与测量精度相适应。

(2) 线的描绘:为了使画出的曲线反映出实验的客观事实,首先应使曲线(或直线)尽可能接近或通过大多数点。只要曲线两边的点的数目以及曲线两侧各代表点与曲线间距之和近似相等（更确切地说，要使所有代表点离曲线距离的平方和最小），按此描出的曲线（或直线）就能近似地表示出被测量值的平均变化情况。其次，连线应平滑、均匀、清晰。最好先用细、淡铅笔循各代表点的变动趋势轻轻地手描一条曲线，然后用曲线板逐段凑合于描线的曲率，画出光滑的曲线，如图 2-1 所示。

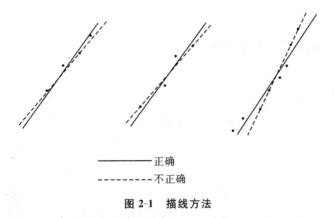

———— 正确

-------- 不正确

图 2-1　描线方法

（3）为了保证曲线所表示的规律的可靠性，在曲线的极大、极小或转折处应多取一些点。

对于个别远离曲线的点，如果不能肯定是实验时的过失误差造成的，就不能随意抛弃。而应在附近多取一些代表点，以便了解在此区域是否存在某种必然规律。

3. **图形的进一步计算和处理**

内插法、外推法、计算直线的斜率和截距等是常用的图形处理技术。计算直线的斜率与截距是根据解析几何原理，在直线上选取相距较远的两点（或选取刚好在线上的两组实验数据），得数据 (x_1, y_1) 及 (x_2, y_2)，将它们代入直线方程，得

$$\begin{cases} y_1 = a + bx_1 \\ y_2 = a + bx_2 \end{cases}$$

解之得

$$斜率\ b = \frac{y_2 - y_1}{x_2 - x_1}$$

$$截距\ a = y_1 - bx_1 = y_2 - bx_2$$

第三章　常用仪器的使用及基本操作

一、玻璃器皿的洗涤与干燥

1. 常用玻璃仪器及器具

试管(包括硬质试管和离心试管)、烧杯、锥形瓶、量筒、试剂瓶、滴瓶、研钵、蒸发皿、试管夹、试管架、点滴板、石棉网、燃烧匙、三脚架、坩埚、坩埚钳、铁架台(包括铁夹和铁圈)、自由夹和螺旋夹等二十几种仪器和器具(图 3-1)是化学实验中常用的,正确使用这些仪器和器具十分重要。

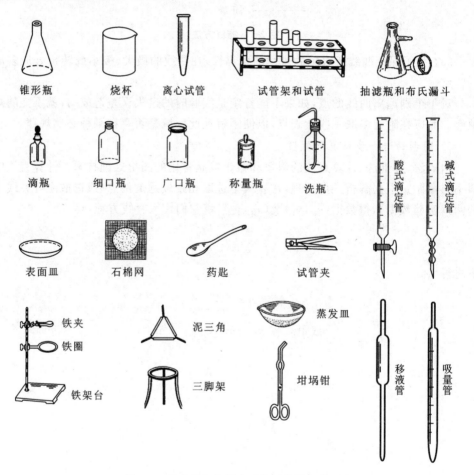

图 3-1　部分无机化学实验常见仪器及器具

干燥器　　　研钵　　　滴管　　毛刷　　容量瓶　　点滴板

平底烧瓶　圆底烧瓶

漏斗　　　漏斗架　　　分液漏斗　　量筒　　蒸馏烧瓶

干燥管　　洗气瓶　　　水浴锅　　　坩埚　　燃烧匙

自由夹　　螺旋夹

续图 3-1

无机化学实验常用仪器的用途、使用方法和注意事项见表 3-1。

表 3-1　无机化学实验常用仪器介绍

仪器名称	规　格	主　要　用　途	使用方法和注意事项
试管	玻璃制品,分硬质和软质,有普通试管和离心试管(也叫离心机管)。普通试管又有翻口与平口、有刻度与无刻度、有支管与无支管、有塞与无塞的分别。离心试管也分为有刻度和无刻度的。 规格: 有刻度的普通试管和离心试管按容量(mL)分,常用的有 5、10、15、20、25、50 等; 无刻度试管按管外径(mm)×管长(mm)分,有 8×70、10×75、10×100、12×100、12×120、15×150、30×200 等	(1)在常温或加热条件下用做少量试剂反应容器,便于操作和观察; (2)收集少量气体; (3)支管试管还可用于检验气体产物,也可接到装置中用; (4)离心试管还可用于沉淀分离	(1)反应液体不超过试管容积的 $\frac{1}{2}$,加热时不超过 $\frac{1}{3}$; (2)加热前试管外面要擦干,加热时要用试管夹; (3)加热液体时,管口不要对人,并将试管倾斜与桌面成 45°,同时不断振荡,火焰上端不能超过管里液面; (4)加热固体时,管口应略向下倾斜; (5)离心试管不可直接加热
烧杯	玻璃质,分硬质和软质,有一般型和高型、有刻度和无刻度的分别。 规格: 按容量(mL)分,有 50、100、150、200、250、500 等; 此外,还有 1 mL、5 mL、10 mL 的微烧杯	(1)常温或加热条件下作大量物质反应容器,反应物易混合均匀; (2)配制溶液; (3)代替水槽	(1)反应液体不得超过烧杯容量的 $\frac{2}{3}$; (2)加热前要将烧杯外壁擦干,烧杯底要垫石棉网
烧瓶	玻璃质,分硬质和软质,有平底与圆底、长颈与短颈、细口与粗口、普通烧瓶与蒸馏烧瓶的分别。 规格: 按容量(mL)分,有 50、100、250、500、1 000 等; 此外,还有微量烧瓶	(1)圆底烧瓶:在常温或加热条件下供化学反应用,因盛液是圆形,受热面大,耐压大。 (2)平底烧瓶:配制溶液或代替圆底烧瓶,因平底放置平稳。 (3)蒸馏烧瓶:液体蒸馏、少量气体发生装置用	(1)盛放液体的量不能超过烧瓶容量的 $\frac{2}{3}$,也不能太少; (2)固定在铁架台上,下垫石棉网再加热,不能直接加热,加热前外壁要擦干; (3)放在桌面上时,下面要有石棉环

续表

仪器名称	规　格	主　要　用　途	使用方法和注意事项
量筒和量杯	玻璃质。 规格： 刻度按容量（mL）分，有 5、10、20、25、50、100、200 等。 上口大下部小的叫量杯，上下一样大的叫量筒	用于量取一定体积的液体	（1）应竖直放在桌面上，读数时，视线应和液面水平，读取与弯月面底相切的刻度； （2）不可加热，不可用做实验（如溶解、稀释等）容器； （3）不可量热溶液或液体
称量瓶	玻璃质，分高型、矮型两种。 规格： 按容量（mL）分，高型有 10、20、25、40 等，矮型有 5、10、15、30 等	准确称取一定量固体药品	（1）不能加热； （2）盖子是磨口配套的，不得丢失或弄乱； （3）不用时应洗净，在磨口处垫上纸条
移液管和吸量管	玻璃质，分刻度管型和单刻度大肚型两种。此外，还有完全流出式和不完全流出式之分。无刻度的叫移液管，有刻度的叫吸量管。 规格： 按刻度最大标度（mL）分，有 1、2、5、10、25、50 等； 微量的有 0.1、0.2、0.25、0.5 等； 此外，还有自动移液管	精确移取一定体积的液体	（1）将液体吸入，液面超过刻度，再用食指按住管口，轻轻转动放气，待液面降至刻度后，用食指按住管口，移往指定容器上，放开食指，使液体注入； （2）用时先用少量所移取液淋洗三次； （3）一般吸管残留的最后一滴液体，不要吹出（完全流出式应吹出）
容量瓶	玻璃质，现在也有塑料塞的。 规格： 按刻度以下的容量（mL）分，有 5、10、25、50、100、150、200、250、1000 等	配制准确浓度溶液	（1）溶质先在烧杯内全部溶解，然后移入容量瓶； （2）不能加热，不能代替试剂瓶用来存放溶液
锥形瓶	玻璃质，分硬质和软质，有塞和无塞，广口、细口和微型等。 规格： 按容量（mL）分，有 50、100、150、200、250 等	（1）用做反应容器； （2）振荡方便，适用于滴定操作	（1）盛液不能太多； （2）加热时应下垫石棉网或置于水浴中

仪器名称	规　　格	主　要　用　途	使用方法和注意事项
滴瓶	玻璃质,分棕色、无色两种,滴管上带有胶头。 规格: 按容量(mL)分,有 15、30、60、125 等	盛放少量液体试剂或溶液,便于取用	(1)棕色瓶用于存放见光易分解或不太稳定的物质; (2)滴管不能吸得太满,也不能倒置; (3)滴管专用,不得弄乱、弄脏
细口瓶	玻璃质,有磨口和不磨口,无色、棕色和蓝色的。 规格: 按容量（mL）分,有 100、125、250、500、1 000 等。 细口瓶又叫试剂瓶	用做储存溶液和液体药品的容器	(1)不能直接加热; (2)瓶塞不能弄脏、弄乱; (3)盛放碱液时应改用胶塞; (4)有磨口塞的细口瓶不用时应洗净并在磨口处垫上纸条; (5)有色瓶盛见光易分解或不太稳定的物质的溶液或液体
广口瓶	玻璃质,有无色、棕色的,有磨口、不磨口的,磨口有塞,若无塞的口上是磨砂的则为集气瓶。 规格: 按容量(mL)分,有 30、60、125、250、500 等	(1)储存固体药品; (2)集气瓶还用于收集气体	(1)不能直接加热,不能放碱,瓶塞不得弄脏、弄乱; (2)做气体燃烧实验时瓶底应放少许沙子或水; (3)收集气体后,要用毛玻璃片盖住瓶口
滴定管	玻璃质,分酸式(具玻璃旋塞)和碱式(具乳胶管连接的玻璃尖嘴)两种。 规格: 按刻度最大标度(mL)分,有 25、50、100 等; 微量的有 1、2、3、4、5、10 等	滴定时用,或用以量取较准体积的液体时用	(1)用前洗净,装液前要用预装溶液淋洗三次; (2)使用酸式滴定管滴定时,用左手开启旋塞,碱式滴定管用左手轻捏乳胶管内玻璃珠,溶液即可放出,碱式滴定管要注意赶尽气泡; (3)酸式滴定管旋塞应涂凡士林,碱式滴定管下端乳胶管不能用洗液洗; (4)酸式滴定管、碱式滴定管不能对调使用

续表

仪器名称	规　　格	主　要　用　途	使用方法和注意事项
漏斗	玻璃质或搪瓷质,分长颈和短颈两种。 规格: 按斗径(mm)分,有 30、40、60、100、120 等; 此外,铜制热漏斗专用于热滤	(1)过滤液体; (2)倾注液体; (3)长颈漏斗常装配气体发生器,加液用	(1)不可直接加热; (2)过滤时漏斗颈尖端必须紧靠承接滤液的容器壁; (3)长颈漏斗用于加液时斗颈应插入液面内
分液漏斗	玻璃质,有球形、梨形、筒形和锥形几种。 规格: 按容量(mL)分,有 50、100、250、500 等	(1)用于互不相溶的液液分离; (2)气体发生器装置中加液用	(1)不能加热; (2)塞上涂一薄层凡士林,旋塞处不能漏液; (3)分液时,下层液体从漏斗管流出,上层液体从上口倒出; (4)装气体发生器时漏斗管应插入液面内(漏斗管不够长,可接管)或改装成恒压漏斗
布氏漏斗和抽滤瓶	布氏漏斗为瓷质,规格以直径(mm)表示。抽滤瓶为玻璃质。 规格: 按容量(mL)分,有 50、100、250、500 等。 两者配套使用	用于无机制备中晶体或沉淀的减压过滤(利用抽气管或真空泵降低抽滤瓶中压力来减压过滤)	(1)不能直接加热; (2)滤纸直径要略小于漏斗的内径,才能贴紧; (3)先开抽气管,后过滤。过滤完毕后,先通大气,再关闭真空泵
干燥管	玻璃质,形状有多种。 规格: 以大小表示	干燥气体	(1)干燥剂颗粒要大小适中,填充时松紧要适中,不与气体反应; (2)两端要用棉花团塞住; (3)干燥剂变潮后应立即换干燥剂,用后应清洗; (4)两头要接对(大头进气,小头出气),并固定在铁架台上使用

仪器名称	规　　格	主　要　用　途	使用方法和注意事项
洗气瓶	玻璃质,形状有多种。 规格: 按容量(mL)分,有 125、250、500、1 000 等	净化气体时用,反接也可作安全瓶(或缓冲瓶)用	(1)接法要正确(进气管通入液体中); (2)洗涤液注入容器高度的 $\frac{1}{3}$ 处,不得超过 $\frac{1}{2}$
表面皿	玻璃质。 规格: 按直径(mm)分,有 45、65、75、90 等	盖在烧杯上,防止液体迸溅或其他用途	不能用火直接加热
蒸发皿	瓷质,也有玻璃、石英、铂制品,有平底和圆底两种。 规格: 按容量(mL)分,有 75、200、400 等	口大底浅,蒸发速度大,所以在蒸发、浓缩溶液时用。随液体性质不同,可选用不同材质的蒸发皿	(1)能耐高温,但不宜骤冷; (2)一般放在石棉网上加热
坩埚	瓷质,也有石墨、石英、氧化锆、铁、镍或铂制品。 规格: 以容量(mL)分,有 10、15、25、50 等	强热、煅烧固体用。随固体性质不同,可选用不同材质的坩埚	(1)放在泥三角上直接强热或煅烧; (2)加热或反应完毕后用坩埚钳取下时,坩埚钳应预热,取下后应放置于石棉网上
铁架台及铁圈、铁夹	铁制品,夹子现在有铝制的。铁架台有圆形的,也有长方形的	用于固定或放置反应容器。铁圈还可代替漏斗架使用	(1)仪器固定在铁架台上时,仪器和铁架的重心应落在铁架台底座中部; (2)用铁夹夹持仪器时,应以仪器不能转动为宜,不能过紧或过松; (3)加热后的铁圈不能撞击或摔落在地
毛刷	以大小或用途表示。如试管刷、滴定管刷等	洗刷玻璃仪器	洗涤时手持刷子的部位要合适。要注意毛刷顶部竖毛的完整程度

仪器名称	规　格	主　要　用　途	使用方法和注意事项
研钵	瓷质,也有玻璃、玛瑙或铁制品。 规格: 以口径大小表示	(1)研碎固体物质; (2)混合固体物质。 **按固体的性质和硬度选用不同的研钵**	(1)大块物质只能压碎,不能舂碎; (2)放入量不宜超过研钵容积的 $\frac{1}{3}$; (3)易爆物质只能轻轻压碎,不能研磨
试管架	有木质和铝质的,有不同形状和大小的	放试管	加热后的试管应用试管夹夹住悬放于架上
试管夹	有木制、竹制,也有金属丝(钢或铜)制品,形状也不同	夹持试管	(1)夹在试管上端; (2)不要把拇指按在夹的活动部分; (3)一定要从试管底部套上和取下试管夹
漏斗架	木制品,有螺丝,可固定于铁架或木架上,也叫漏斗板	过滤时承接漏斗	固定漏斗架时,不要倒放
三脚架	铁制品,有大小、高低之分,比较牢固	放置较大或较重的加热容器	(1)放置加热容器(除水浴锅外)时应先放石棉网; (2)下面加热灯焰的位置要合适,一般用氧化焰加热
燃烧匙	匙头铜质,也有铁制品	检验可燃性,进行固气燃烧反应	(1)放入集气瓶时应由上而下慢慢放入,且不要触及瓶塞; (2)做硫黄、钾、钠燃烧实验时,应在匙底垫上少许石棉或沙子; (3)用完后立即洗净匙头并干燥
泥三角	由铁丝扭成,套有瓷管。有大、小之分	灼烧坩埚时放置坩埚	(1)使用前应检查铁丝是否断裂,断裂的不能使用; (2)坩埚放置要正确,坩埚底应横着斜放在三个瓷管中的一个瓷管上; (3)灼烧后小心取下,不要摔落

续表

仪器名称	规　　格	主 要 用 途	使用方法和注意事项
药匙	由牛角、瓷或塑料制成。现多数是塑料的	拿取固体药品时用。药勺两端各有一个勺,一大一小。根据用药量大小分别选用	取用一种药品后,必须洗净,并用滤纸擦干后,才能取用另一种药品
石棉网	由铁丝编成,中间涂有石棉。有大、小之分	石棉是一种不良导体,它能使受热物体均匀受热,不致造成局部高温	(1)应先检查,石棉脱落的不能用; (2)不能与水接触; (3)不可卷折
水浴锅	铜或铝制品	用于间接加热。也可用于粗略控温实验中	(1)应选择好圈环,使加热器皿没入锅中2/3; (2)经常加水,防止将锅内水烧干; (3)用完将锅内剩水倒出并擦干水浴锅
坩埚钳	铁制品,有大小、长短的不同(要求开启或关闭钳子时不要太紧和太松)	夹持坩埚加热或往高温电炉(马弗炉)中放、取坩埚(也可用于夹取热的蒸发皿)	(1)使用时必须用干净的坩埚钳; (2)坩埚钳用后,应尖端向上平放在实验台上(如温度很高,则应放在石棉网上); (3)实验完毕后,应将钳子擦干净,放入实验柜中,干燥放置
自由夹与螺旋夹	铁制品。自由夹也叫弹簧夹、止水夹或皮管夹等。螺旋夹也叫节流夹	在蒸馏水储瓶、制气或其他实验装置中沟通或关闭流体的通路。螺旋夹还可控制流体的流量	一般将夹子夹在连接导管的胶管中部(关闭),或夹在玻璃导管上(沟通)。螺旋夹还可随时夹上或取下。应注意: (1)应使胶管夹在自由夹的中间部位; (2)在蒸馏水储瓶的装置中,夹子夹持胶管的部位应常变动; (3)实验完毕,应及时拆卸装置,将夹子擦净后放入柜中

2. 玻璃仪器的洗涤

化学实验中经常使用各种玻璃仪器,而这些仪器干净与否,往往会影响到实验结果的准确性。因此,实验前应将仪器洗涤干净,实验后也应立即洗净。洗涤仪器的方法很多,应根据实验要求、污物的性质和污染的程度选择适宜的洗涤方法。

1) 一般污物的洗涤方法

(1) 用水洗:可以洗去可溶性物质和附着在仪器上的尘土及不溶性物质。对于试管、烧杯、锥形瓶、量筒等口径较大的仪器,可先向其中注入少量的水,选大小合适的毛刷刷洗,然后用水冲洗。如将水倾出后,内壁能被水均匀润湿而不沾附水珠,即算洗净。最后用蒸馏水冲洗 2～3 次即可。

(2) 用合成洗涤剂洗:如仪器沾有油污或其他污迹,可用刷子沾少量洗涤剂刷洗,再用自来水冲洗干净,最后用蒸馏水冲洗 2～3 次即可。

用毛刷洗涤试管时,需注意毛刷顶端的毛必须顺着伸入试管,并用食指抵住试管底部,以避免穿破试管。另外,应一支一支地洗,不可同时抓一把试管洗涤。

(3) 用洗液洗:精确定量实验对仪器的洁净程度要求更高,或所用容量仪器形状特殊时,不宜用洗涤剂刷洗,常用洗液洗涤。常用的铬酸洗液配制,是将 10 g $K_2Cr_2O_7$ 溶于 30 mL 热水中,冷却后加浓硫酸至 200 mL。这种洗液具有很强的氧化性和去污能力。洗涤仪器时,先往仪器中注入少量洗液,然后将仪器倾斜并缓慢转动,使仪器内壁全部被洗液浸润,稍后将洗液倒回原瓶(不可倒入水池或废液桶,铬酸洗液变暗绿色失效后可另外回收再生使用),再用自来水将仪器壁残留的洗液洗去,最后用蒸馏水冲洗 2～3 次。

铬的化合物有毒,用洗液洗涤过的容器表面常残留微量的含铬化合物。因此,近年来建议用王水洗涤仪器,效果很好。但王水不稳定,应现用现配(1 体积浓硝酸和 3 体积浓盐酸混合)。

2) 特殊污物的洗涤方法

对于某些污物用通常的方法不能洗涤除去,则可通过化学反应将沾附在器壁上的物质转化为水溶性物质。例如,铁盐引起的黄色污物加入稀盐酸或稀硝酸浸泡片刻即可除去;接触、盛放高锰酸钾后的容器可用草酸溶液清洗(沾在手上的高锰酸钾也可同样清洗);沾在器壁上的二氧化锰用浓盐酸处理使之溶解;沾有碘时,可用碘化钾溶液浸泡片刻,或加入稀的氢氧化钠溶液温热,或用硫代硫酸钠溶液除去;银镜反应后沾附的银或有铜附着时,可加入稀硝酸,必要时可稍微加热,以促进溶解。

用自来水洗净的容器,还需要用蒸馏水或去离子水淋洗 2～3 次,洗净的玻璃仪器壁上不能挂有水珠。

3. 容量瓶、滴定管、移液管的洗涤和使用

常用的量器除量筒外,还有容量瓶、滴定管和移液管等。量筒只能用来量取对体积不需十分精确的液体,而容量瓶、滴定管和移液管则有较高的精确度,容积在 100 mL 以下的这些量器的精确限度一般可到 0.01 mL。

1) 容量瓶

容量瓶是一种细颈梨形的平底玻璃瓶,带有磨口瓶塞。瓶颈上刻有环形标线,表示在指定温度下(一般为 20 ℃)液体到达标线时的体积。常用的容量瓶有 25 mL、50 mL、100 mL、250 mL、1 000 mL 等多种规格。

容量瓶是主要用来精确地配制一定体积和一定浓度的溶液的量器。如果是用浓溶液(尤其是浓硫酸)配制稀溶液,应先在烧杯中加入少量去离子水,将一定体积的浓溶液沿玻璃棒分数次慢慢地注入水中,每次加入浓溶液后,应搅拌。如果是用固体溶质配制溶液,应先将固体溶质放入烧杯中,用少量去离子水溶解,然后将杯中的溶液沿玻璃棒小心地注入容量瓶中(图 3-2),再从洗瓶中挤出少量水淋洗烧杯及玻璃棒 2~3 次,并将每次淋洗的水注入容量瓶中。当溶液的体积增加至容积的 2/3 时,应将容量瓶内溶液初步混匀(注意! 此时不能倒转容量瓶)。最后,加水到标线处。但需注意,当液面接近标线时,应使用滴管小心地逐滴将水加到标线处(注意:观察时视线、液面与标线均应在同一水平面上)。塞紧瓶塞,将容量瓶倒转数次(此时必须用手指压紧瓶塞,以免脱落,另一只手托住容量瓶底部),并在倒转时加以摇荡,以保证瓶内溶液浓度上下各部分均匀。瓶塞是磨口的,不能张冠李戴,一般可用橡皮圈系在瓶颈上。

图 3-2　转移溶液到容量瓶中

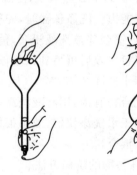

图 3-3　容量瓶的翻动

为了正确使用容量瓶,必须明确以下几点。

(1) 容量瓶的检查:使用容量瓶前,必须检查瓶塞是否漏水,环形标线的位置距离瓶口是否太近。如果漏水或标线离瓶口太近(不能混匀溶液),则不宜使用。检查瓶塞是否漏水的方法如下:加水至标线附近,盖好瓶塞后,左手用食指按住瓶塞,其余手指拿住瓶颈标线以上部分,右手用指尖托住瓶底边缘,如图 3-3 所示。将容量瓶倒立 2 min,如不漏水,将瓶直立,转动瓶塞,再倒立试漏一次。

(2) 容量瓶的洗涤:洗涤容量瓶时,先用自来水冲洗几次,倒出水后内壁不挂水珠,即可用蒸馏水荡洗三次后,备用。否则,必须用铬酸洗液洗涤,再用自来水充分冲洗,最后用蒸馏水荡洗三次,一般每次用蒸馏水 15~20 mL。

(3) 容量瓶是量器而不是容器,不宜长期存放溶液。如溶液需保存较长时间,应将溶液转移到试剂瓶中储存,试剂瓶应先用溶液洗三次,以保证溶液浓度不变。

（4）容量瓶不得在烘箱内烘烤，也不允许以任何方式加热。

2）滴定管

滴定管是滴定时准确测量溶液体积的容器，分为酸式和碱式两种（图 3-4）。酸式滴定管的下端有一玻璃旋塞（如何保护？），开启旋塞，酸液即自管内滴出。它使用较多，通常用来装酸性溶液或氧化性溶液，但不适用于装碱性溶液（为什么？）。

碱式滴定管的下端用乳胶管连接一个带尖嘴的小玻璃管。乳胶管内装有一个玻璃圆球，代替玻璃旋塞，以控制溶液的流出。碱式滴定管主要用来装碱性溶液。

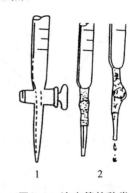

图 3-4　滴定管的种类
1—酸式滴定管；2—碱式滴定管

滴定管的使用方法如下。

（1）检查：使用前应检查酸式滴定管的旋塞是否配合紧密，碱式滴定管的乳胶管是否老化，玻璃圆球大小是否合适，然后检查是否漏液。对于酸式滴定管，关闭其旋塞，注满自来水，直立静置 2 min，仔细观察有无水滴漏下，特别要注意是否有水从旋塞缝隙处渗出，然后将旋塞旋转 180°，再直立观察 2 min。对于碱式滴定管，只要装满水，直立观察 2 min 即可。

若碱式滴定管漏液，可能是玻璃珠过小，或乳胶管老化，弹性不好，应根据具体情况更换处理。然后再检查，直到不漏液为止。若酸式滴定管漏液或旋塞转动不灵，则应给旋塞涂凡士林。方法是将酸式滴定管平放于桌上，取下旋塞，用碎片滤纸把旋塞和塞槽内壁擦干，然后分别在旋塞粗端（离塞孔约 3 mm）及塞槽细端的内壁（也要离塞孔约 3 mm）涂一薄层凡士林（涂多了或少了，会怎么样？）。涂好后，将旋塞安装上，转动，使凡士林均匀地分布在磨口上。再检查是否漏水，如不漏水，即可进行洗涤。

（2）润洗、装液和排气泡：将滴定管洗净后，在往滴定管装溶液之前，应用该溶液润洗滴定管 2～3 次，以除去滴定管内残留的水，确保溶液装入滴定管后浓度不发生变化。润洗时每次加入的滴定液约为 10 mL。

滴定液应直接由贮液试剂瓶倒入滴定管，而不得借用任何别的中转工具，如烧杯、漏斗等，以免造成浓度改变或污染。滴定液加满后，应先检查滴定管尖嘴内有无气泡，若有，应予排除，否则将影响滴定体积的准确测量。排除气泡的方法是将酸式滴定管旋塞打开，利用激流将气泡冲出；对于碱式滴定管，可将乳胶管稍向上弯曲，挤压玻璃球，使溶液从玻璃球和乳胶管之间的缝隙中流出，气泡即被逐出，如图 3-5 所示。然后将多余的溶液滴出，使管内液面处在"0.00"刻线以下或略低处。

（3）滴定管的读数：要将滴定管液面的位置准确读出，需掌握好两点：一是读数时滴定管要保持竖直，通常可将滴定管从滴定管夹上取下，用右手拇指和食指拿住管身上部无刻度的地方，让其自然下垂时读数；二是读数时，视线应与液面处于同一水平面，然后读取与弯月面相切的刻度，例如，图 3-6 所示的读数应读为 5.66，不能误读

图 3-5　碱式滴定管逐气泡法

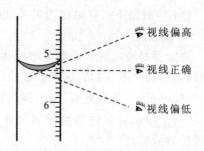

视线偏高
视线正确
视线偏低

图 3-6　读数时视线位置

为 5.45 或 5.81,也不能简化为 5.7。

　　读数时,对无色或浅色溶液应读取滴定管内液面弯月面最低的位置,对深色溶液(如高锰酸钾溶液、碘液),由于弯月面不清晰,可读取液面最高的位置。读数应估计到小数点后面第二位。为帮助读数,可使用读数衬卡,它是用贴有黑纸条或涂有黑色长方形(约 3 cm×1.5 cm)的白纸制成的。读数时,手持读数衬卡放在滴定管背后,使黑色部分在弯月面下约 1 mm 处。此时,弯月面反射成黑色,读此黑色弯月面的最低点即可。此外还应注意,读数时要待液位稳定不再变化后再读(装液或放液后,必须静置 30 s 后再读数);同时滴定管尖嘴处不应留有溶液,尖嘴管内不应留有气泡。

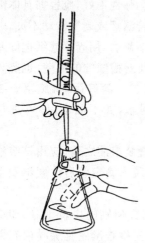

图 3-7　滴定

　　(4)滴定操作:将滴定管竖直地固定在滴定管架上。操作酸式滴定管时,旋塞柄在左方,由左手拇指、食指和中指配合动作,控制旋塞转动,无名指和小指向手心弯曲,轻贴于尖嘴管,如图 3-7 所示,旋转旋塞时要轻轻向手心用力,以免旋塞松动而漏液。操作碱式滴定管时,用左手拇指和食指在玻璃珠的右边稍上沿处挤压乳胶管,使玻璃珠与乳胶管间形成一条缝隙,溶液即可流出,但不要挤压玻璃珠下方的乳胶管,否则,气泡会进入玻璃嘴。

　　滴定操作可以在锥形瓶或烧杯中进行,但一般在锥形瓶中进行。用右手拇指、食指和中指持锥形瓶颈部,瓶底离滴定台面 2～3 cm,滴定管嘴伸入瓶口内约 1 cm,利用手腕的转动,使锥形瓶旋转。左手按上述方法操作滴定管,一边滴加溶液一边转动锥形瓶。

　　滴定过程中,要注意观察滴落点周围溶液颜色的变化,以便控制溶液的滴速。一般在滴定开始时,可以较快地连续式滴加,每秒约 2 滴(溶液不能成线流下)。按近终点时,则应逐滴滴入,每滴一滴都要将溶液摇匀,并注意是否到达终点(颜色突变)。最后,还应控制到所滴下的液滴为半滴,甚至是 1/4 滴,即溶液在滴定管尖悬而不落,用锥形瓶内壁沾下悬挂的液滴,再用洗瓶挤出少量蒸馏水冲洗内壁,摇匀,如此重复,直至到达终点为止。由于滴定过程中溶液因锥形瓶旋转搅动会附到锥形瓶内壁的上部,故在接近终点时,要用洗瓶挤出少量蒸馏水冲洗锥形瓶内壁,然后继续滴定至终点。

(5) 滴定结束后滴定管的处理:滴定结束后,管内剩余滴定液应倒入废液桶或回收瓶,而不能倒回原试剂瓶,然后用水洗净滴定管。如还需要用,则可用蒸馏水充满滴定管后垂夹在滴定管夹上,下嘴口距滴定台面 $1\sim2$ cm,并用滴定管帽盖住管口。如滴定完后不再使用,则洗净后应在酸式滴定管旋塞与塞槽之间夹一片纸(为什么?),然后保存备用。

3) 移液管

用移液管移取液体的操作方法是把移液管的尖端部分伸入液面下约 1 cm 处,不可深入太浅或太深(为什么?),用洗耳球把液体慢慢地吸入管中,待溶液上升到标线以上约 2 cm 处,立即用食指(不要用大拇指)按住管口。

将移液管持直并移出液面,见图 3-8(a),微微移动食指或用大拇指和中指轻轻转动移液管,使管内液体的弯月面慢慢下降到标线处(注意:视线、液面、标线均应在同一水平面上),即压紧管口[图 3-8(b)]。如管尖挂有液滴,可使管尖与容器内壁接触使液滴落下。再把移液管移入另一容器(如锥形瓶)中,并使管尖与容器壁接触。放开食指,让液体自由流出[图 3-8(c)],待管内液体不再流出后,稍停片刻(十几秒),才把移液管拿开,此时遗留在管内的液滴不必吹出,因移液管的容量只计算自由流出液体的体积,刻制标线时已把留在管内的液滴这个因素考虑在内了。

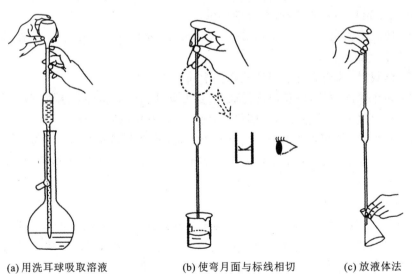

(a)用洗耳球吸取溶液　　(b)使弯月面与标线相切　　(c)放液体法

图 3-8　移液管的使用方法

移液管在使用前的洗涤方法与滴定管相仿,除分别用洗涤液、水及去离子水洗涤外,还需用少量要移取的液体洗涤。可先慢慢地吸入少量洗涤的水或液体至移液管中,用食指按住管口,然后将移液管平持,松开食指,转动移液管,使洗涤的水或液体与管口以下的内壁充分接触。再将移液管持直,让洗涤水或液体流出,如此反复洗涤数次。

用移液管吸取有毒或有恶臭的液体时,必须用配有洗耳球或其他装置的移液管。

此外,为了精确地移取少量的不同体积(如 1.00 mL、2.00 mL、5.00 mL 等)的液体,也常用标有精细刻度的吸量管。吸量管的使用方法与移液管相仿。

4. 温度计的使用

水银温度计是最常用的温度计,它是液体温度计中最主要的一种。水银温度计的测温物质是水银,装在一根下端带有玻璃球的均匀毛细管中,上端抽成真空。温度的变化就表现为水银体积的变化,毛细管中的水银柱将随之上升或下降。由于玻璃的膨胀系数很小,而毛细管又是均匀的,因此水银的体积变化可用水银柱的长短变化来表示,于是在毛细管上就直接标出刻度来表示温度。

水银温度计的优点是构造简单、读数方便,在相当大的温度范围内水银体积随温度的变化接近线性关系。

水银温度计的量程有 0~100 ℃、0~250 ℃、0~360 ℃ 等,刻度以 1 ℃ 为间隔的可估计到 0.1 ℃,刻度线以 0.1 ℃ 为间隔的可估计到 0.01 ℃。

使用水银温度计时应注意以下事项:

(1) 使用全浸式水银温度计时,应全部垂直浸入被测系统中。要在达到热平衡后,毛细管水银柱面不再移动时,才能读数。

(2) 使用精密温度计时,读数前须轻轻敲击水银面附近的玻璃壁,这样可以防止水银在管壁上黏附。

(3) 读数时,视线应与水银柱液面位于同一水平面上。

(4) 防止骤冷骤热,以免温度计破裂,还要防止强光直接照射水银球。

(5) 水银温度计是易破碎玻璃仪器,而且毛细管中的水银有毒,绝对不允许用做搅拌棒、支柱等。使用水银温度计时要非常小心,避免与硬物相碰。如果温度计需插在塞孔内,塞孔大小要合适,以免脱落或折断。如果温度计破损水银撒出,要立即用硫黄粉覆盖。

5. 干燥器的使用

干燥器是保持物品干燥的仪器,它由厚质玻璃制成,其结构如图 3-9 所示。上面是一个带磨口边的盖子(盖子的磨口边上一般涂有凡士林),器内的底部放有氯化钙或硅胶等干燥剂,中部有一个可取出的、带有若干孔洞的圆形瓷板,供存放装有干燥物的容器用。

打开干燥器时,不应把盖子往上提,而应把盖子往水平方向移开。盖子打开后,要把它翻过来放在桌子上(不要使涂有凡士林的磨口边触及桌面)。放入或取出物体后,必须将盖子盖好,此时应把盖子往前推移,使盖子的磨口与干燥器口吻合。搬动干燥器时,必须用两手的大拇指把盖子按住,以防盖子滑动。温度较高的物体必须冷

(a) 干燥器

(b) 开启方法

(c) 挪动方法

图 3-9　干燥器的结构及使用

却至略高于室温后，方可放入干燥器内。

6. 密度计的使用

密度计是用来测定液体密度的仪器。它是一支中空的玻璃浮柱，上部有标线，下部内装铅粒，形成一个重锤，如图 3-10 所示。一般将密度计分为两类：一类是测量密度大于水（即大于 $1\ g \cdot cm^{-3}$）的液体，称为重表；另一类是测量密度小于水（即小于 $1\ g \cdot cm^{-3}$）的液体，称为轻表。应根据液体的密度选用相应的密度计。

测量液体密度时，将待测密度的液体倒入大量筒中，然后将选好的密度计擦净，慢慢地放入液体中（如突然放入，将影响读数的准确性并有打碎密度计的危险）。待密度计稳定且不与器壁相接触时（为了密度计较快达到稳定和不与器壁接触，可用手轻扶密度计的上端），即可读数，读数时视线要与液体凹面最低处相平。

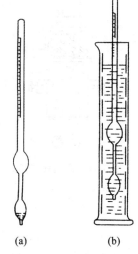
(a)　　　(b)

图 3-10　密度计和液体
　　　密度的测定

测量完毕后，必须将密度计洗净（如果所测液体为浓硫酸，应用滤纸或脱脂棉将浓硫酸擦去以后再洗，以免浓硫酸见水后发热，致使密度计骤热而裂）、擦干放回原处。

液体的密度与温度有关，进行精密计算时，必须同时测量液体的温度，根据换算表求出该液体的准确密度。

7. 气压计的使用

测量大气压力的仪器称为气压计。气压计种类很多，实验室常用的是福廷(Fortin)式气压计，如图 3-11 所示。它是以水银柱平衡大气压力，水银柱的高度即表示大气压力的大小。福廷式气压计的主要结构是一根一端密封的玻璃管，里面装水银。开口的一端插在水银槽内，玻璃管顶部水银面以上是真空。水银槽底为一个羚羊皮囊，转动羚羊皮囊下面的调节螺旋就可以调节水银面的高低。水银槽顶有一根倒置

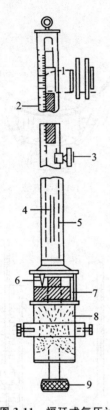

图 3-11　福廷式气压计

1—游标尺；2—黄铜管标尺；
3—游标尺调节螺旋；
4—温度计；5—黄铜管；
6—象牙针；7—水银槽；
8—羚羊皮囊；9—调节螺旋

的象牙针,其针尖是黄铜管上标尺刻度的零点。玻璃管外面套有黄铜管,黄铜管上部刻有刻度并开有长方形小窗,用来观察水银面的位置,窗前有游标尺。

读数时可按下列步骤进行：

(1) 慢慢旋转底部的调节螺旋,使水银面与象牙针尖刚好接触。

(2) 调节游标尺的位置,使其略高于水平面,然后慢慢下降,直到游标尺下沿与游标尺后面金属片的下沿相重合并与水银弯月面相切。按游标尺零点所对黄铜标尺的刻线读出大气压力的整数部分。小数部分从游标尺读取,即从游标尺上找一根正好与黄铜标尺上某一刻线相吻合的刻度线,这根刻度线的数值就是小数部分的读数。

二、基本操作

1. 试剂的取用

通常,固体试剂装在广口瓶内,液体试剂盛在细口瓶或滴瓶中,见光易分解的试剂(如硝酸银、碘化钾等)应装在棕色试剂瓶内,盛碱液的瓶子不要用玻璃塞,要用橡皮塞或软木塞。所用试剂瓶都应贴有标签,以标明试剂的名称和规格。取用时应注意：一不能沾污试剂瓶中的试剂；二要按需取用,杜绝浪费；三不能腐蚀称量工具；四要注意安全。

1) 液体试剂的取用

(1) 从平顶塞试剂瓶中取用试剂时,先取下瓶塞并将它仰放在实验台上,以免沾污。拿试剂瓶时注意让瓶上的标签贴着手心,倒出的试剂应沿试管壁或玻璃棒流入容器(图3-12和图 3-13),然后缓慢竖起试剂瓶,将瓶塞盖好,并将试剂瓶放回原处。

图 3-12　往试管中倒液体试剂

图 3-13　往烧杯中倒液体试剂

（2）从滴瓶中取用试剂时，要用本滴瓶中的滴管，不允许用别的滴管。取用时提起滴管，使管口离开液面，用手指捏紧滴管上部乳胶帽排除空气，再把滴管伸入试剂瓶中吸取试剂。往试管中滴加试剂时，切勿将滴管伸入试管中，以免污染滴管（图3-14）。滴加完后，应立即将滴管插回原滴瓶内。从滴瓶取用液体试剂时，有时要估计其取用量，此时可通过计算滴下的滴数来估计，一般20～25滴的体积为1 mL。

（3）用量筒量取液体时，应左手持量筒，并以大拇指指示所需体积的刻线处，右手持试剂瓶（试剂标签应向手心处），瓶口紧靠量筒口边缘，慢慢注入液体到所指刻线（图3-15）。读数时，视线应与液面在同一水平面上。如果不慎倾出过多的液体，只能把它弃去或给他人用，不得倒回原瓶。

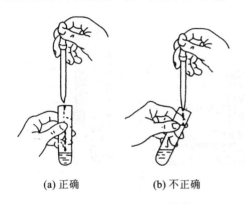

(a) 正确　　　　　(b) 不正确

图 3-14　往试管中滴加液体

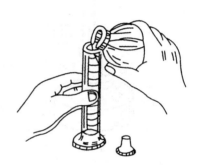

图 3-15　用量筒量取液体

2）固体试剂的取用

取用固体试剂时一般用牛角匙。牛角匙的两端为大、小两个匙，取用大量固体试剂时用大匙，取少量固体时用小匙。牛角匙必须干净且应专匙专用。往湿的或口径小的试管中加入固体试剂时，可将试剂放在事先用干净白纸折成的角形纸条上（纸条以能放入试管且长于试管为宜），然后小心送入试管底部，直立试管，再轻轻抽出纸条。

要求称取一定量固体时，用牛角匙取出的固体应放在纸上或表面皿上，根据要求在天平上称量。易潮解或具有腐蚀性的固体只能放在玻璃容器中称量。

所有取出的试剂都不能再倒入原试剂瓶中，可放入回收瓶。

应养成用毕即盖好瓶塞、瓶盖，恢复原来位置的好习惯，特别是在多人共用多种试剂时应如此。

2. 灯的使用和加热

1）灯的使用

在实验室的加热操作中，常使用酒精灯、酒精喷灯、电炉、电加热套和水浴锅等。酒精灯的加热温度为400～500 ℃，适用于温度不太高的实验，而酒精喷灯的温度最高可达1 000 ℃左右。

（1）酒精灯。

点燃酒精灯时要用火柴，切勿用已点燃的酒精灯直接去点燃别的酒精灯。熄灭灯焰时，切勿用口去吹，可将灯罩盖上，火焰即灭；然后提起灯罩，待灯口稍冷，再盖上灯罩，这样可防止灯口破裂。长时间加热时最好预先用湿布将灯身包围，以免灯内酒精受热大量挥发而发生危险。不用时，必须将灯罩盖好，以免酒精挥发。正常使用时，酒精灯的火焰可分为焰心、内焰和外焰三部分，外焰的温度最高，往内依次降低。故加热时应调节好受热器与灯焰的距离，用外焰来加热。

（2）酒精喷灯。

① 类型和构造如图 3-16 所示。

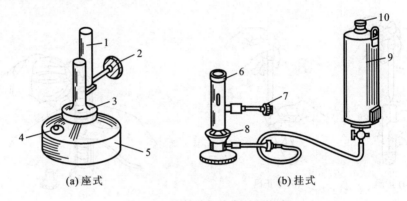

(a) 座式　　　　　　　　(b) 挂式

图 3-16　酒精喷灯的类型和构造

1—灯管；2—空气调节器；3—预热盘；4—铜帽；5—酒精壶；
6—灯管；7—空气调节器；8—预热盘；9—酒精贮罐；10—盖子

② 灯焰性质如图 3-17 所示。

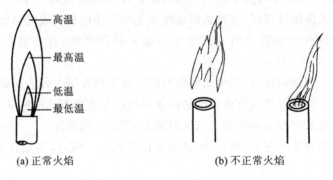

(a) 正常火焰　　　　　　　　(b) 不正常火焰

图 3-17　灯焰

③ 使用方法：使用挂式喷灯时，打开挂式喷灯酒精贮罐下口开关，先在预热盘中注入酒精，然后点燃盘中的酒精以加热铜质灯管。待盘中酒精将近燃完时，开启开关（逆时针转）。这时，酒精在灯管内汽化，并与来自气孔的空气混合，如果用火点燃管口气体，即可形成高温的火焰，调节开关阀门可以控制火焰的大小。用毕后，旋紧开

关,即可使火焰熄灭。此时酒精贮罐的下口开关也必须关闭。座式喷灯的使用方法与挂式喷灯的基本相同,仅少了开关贮罐这一道工序。如座式喷灯灯焰不易熄灭,可用盖板掩盖。座式喷灯连续使用不能超过 0.5 h,如果要超过 0.5 h,必须先暂时熄灭灯火,待冷却后,添加酒精再继续使用。

注意:在开启开关,点燃管口气体以前,必须充分灼热灯管,否则酒精不能全部汽化,会有液态酒精由管口喷出,可能形成"火雨"(尤其是挂式喷灯),甚至引起火灾。

2)加热

常用的受热仪器有烧杯、烧瓶、锥形瓶、蒸发皿、坩埚、硬质试管等,而有刻度的仪器、试剂瓶、广口瓶、抽滤瓶、各种容量器和表面玻璃等则不准加热。受热仪器一般不能骤热,受热后也不能立即与潮湿的或过冷的物体接触,以免由于骤热骤冷而破裂。加热液体时,液体的体积一般不应超过容器容积的 1/2。在加热前必须将容器外壁擦干。

(1)液体的加热。

① 直接加热:被加热液体在较高温度下稳定又无燃烧
危险时,可以将盛有液体的器皿放在石棉网上用酒精灯直
接加热。盛有液体的试管也可以直接放在火焰上加热(图
3-18)。

② 水浴、沙浴和油浴间接加热:被加热的物质需均匀
受热时,可根据受热温度不同选用水浴(不超过 100 ℃)、沙
浴或油浴(温度高于 100 ℃)间接加热(图 3-19、图 3-20)。

图 3-18　加热试管中液体

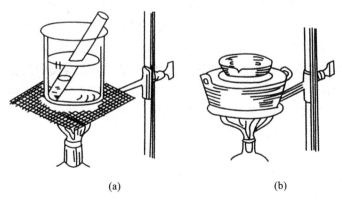

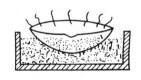

　　(a)　　　　　　　　　　(b)

图 3-19　水浴加热　　　　　　　　图 3-20　沙浴加热

对于低沸点易燃物质如乙醇、乙醚、丙酮等,必须选用水浴方式加热。用水浴加热时,水浴锅内盛水量不要超过其容量的 2/3,加热过程中要注意补充水,切勿烧干。

(2)固体的加热。

① 在试管中加热:加热少量固体时,可用试管直接加热。为避免凝结在试管口的水珠回流至灼热的管底,使试管炸裂,应将试管口稍向下倾斜,如图 3-21 所示。

② 在坩埚中灼烧:当需要高温加热固体时,可将固体放在坩埚中灼烧(图 3-22)。

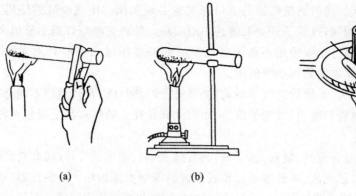

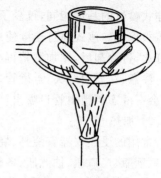

图 3-21　固体在试管中加热　　　　　图 3-22　坩埚的灼烧

用酒精喷灯的氧化焰加热坩埚,不要让还原焰接触坩埚底部,以免结成炭黑。开始加热时,火不要太大,应先使坩埚均匀受热,然后逐渐加大火焰,灼烧完毕,用坩埚钳夹取坩埚。当坩埚处于高温时,需将坩埚钳尖端在火焰中预热后方能夹取坩埚,热的坩埚应放在石棉网或干燥器中,坩埚钳用后应将其尖嘴向上平放在石棉网上。

3. 蒸发、结晶、固液分离和固体的干燥

在无机化学实验中,经常要进行蒸发(浓缩)、结晶(重结晶)、溶液与结晶(沉淀)的分离(过滤、离心分离)、洗涤、干燥等一系列操作。

1) 蒸发

为了使溶质从溶液中析出,常采用加热的方法,使溶液逐渐浓缩析出晶体。蒸发通常是在蒸发皿中进行,它的表面积较大,有利于加速蒸发。加入蒸发皿中的液体量不得超过其容积的 2/3,以防止液体溅出。如果液体量较多,蒸发皿一次盛不下,可随水分的蒸发继续添加液体。注意不要使蒸发皿骤冷,以免炸裂。根据溶质的热稳定性,可以选用酒精灯直接加热,或用水浴间接加热。若溶质的溶解度较大,应加热到溶液出现晶膜时停止加热;若溶质的溶解度较小,或高温下溶解度较大而室温下溶解度较小,则不必蒸发至液面出现晶膜就可以冷却。

2) 结晶及重结晶

利用不同物质在同一溶剂中的溶解度的差异,可以对含有杂质的化合物进行提纯。所谓杂质,是指含量较少的一些物质,包括不溶性杂质和可溶性杂质两类。在实际操作中,具体步骤是先在加热的条件下,使被提纯的物质溶于一定量水中形成饱和溶液,趁热过滤,除去不溶性杂质,再将滤液冷却,被提纯物质从溶液中结晶出来,而可溶性杂质仍留在母液中,过滤使晶体和母液分离,可得到较纯的晶体物质。这种操作过程称为结晶。如果一次结晶达不到提纯的目的,可进行第二次结晶即重结晶,有时甚至需要进行多次结晶。

重结晶提纯物质的方法,只适用于那些溶解度随温度上升而增大的物质,而温度对溶解度影响较小的物质则不适用。

若溶液产生过饱和现象,可采用搅动、摩擦容器内壁或投入几粒小晶体(晶种)等方法,溶质就会结晶析出。

3) 固液分离

(1) 倾析法。

当沉淀的结晶颗粒较大或密度较大,静置后容易沉降到容器的底部时,可用倾析法将沉淀与溶液快速分离。

有时为充分洗涤沉淀,也可采用倾析法。采用这种方法的优点是沉淀与洗涤液能充分混合,杂质容易洗净;沉淀留在烧杯里,倾出上层清液,速度较快。

用倾析法分离沉淀时,先将溶液静置,不要搅动沉淀,让沉淀沉降。待沉淀完全沉降后,将沉淀上面的清液小心地用玻璃棒倾出(图 3-23),沉淀留在烧杯里得以分离。

用倾析法洗涤沉淀时,先用洗瓶挤出少量蒸馏水,注入盛有沉淀的烧杯内,用玻璃杯充分搅动,静置。待沉淀完全沉降后,将清液沿玻璃棒倾出,沉淀留在烧杯内,再用蒸馏水进行洗涤。这样重复三次,可将沉淀洗净。

图 3-23　倾析法分离

(2) 过滤法。

过滤是最常用的分离方法之一。当溶液和沉淀的混合物通过过滤器(如滤纸)时,沉淀就留在过滤器上,溶液则通过过滤器而进入接收器中。

溶液的温度、黏度,过滤时的压力,过滤器孔隙的大小及沉淀物的状态,都会影响过滤速度。热溶液比冷溶液容易过滤;溶液的黏度越大,过滤速度越慢;减压过滤比常压过滤速度快。过滤器的孔隙要选择适当,太大会透过沉淀,太小易被沉淀堵塞,使过滤难以进行。当沉淀呈现胶状时,必须加热破坏,否则沉淀会透过滤纸。总之,要根据各方面的因素来选用不同的过滤方法。

常用的过滤方法是常压过滤、减压过滤和热过滤。

① 常压过滤:常压过滤最为简便和常用。先把滤纸折叠成四层并剪成扇形(图3-24)(圆形滤纸不用剪),展开后为圆锥体,一边为三层,另一边为一层,将其放入玻璃漏斗中。滤纸放入漏斗后,其边缘应略低于漏斗的边缘。

标准规格的漏斗的底角应为 60°,滤纸可以完全贴在漏斗壁上。如漏斗规格不标准,滤纸和漏斗不能密合,这时需要重新折叠滤纸,把它折成适当的角度,使滤纸与漏斗密合。

撕去折好滤纸外层折角的一个小角,用食指把滤纸按在漏斗内壁上,用水润湿滤纸,并使它紧贴在漏斗壁上,赶去滤纸与漏斗壁之间的气泡。否则,存在气泡,将减慢过滤速度。

过滤时,先将放好滤纸的漏斗安装在漏斗架上,把容积大于全部溶液体积 2 倍的

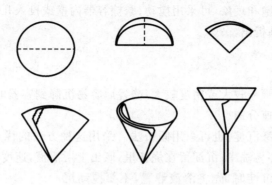

图 3-24　滤纸的折叠

图 3-25　常压过滤装置

清洁烧杯放在漏斗下面,并使漏斗颈末端与烧杯内壁接触。将溶液和沉淀沿玻璃棒靠近三层滤纸一边边缘慢倒入漏斗中,如图 3-25 所示。这样,滤纸可沿着杯壁下流,不会溅失。溶液过滤完后,用洗瓶挤出少量蒸馏水,洗涤原烧杯内壁和玻璃棒,再将此洗涤液倒入漏斗中。待洗涤液过滤完后,用洗瓶挤出少量蒸馏水,冲洗滤纸和沉淀。

常压过滤操作时应注意以下几点:

a. 漏斗必须放在漏斗架或铁架台的铁圈上,不得用手拿着。漏斗下要放清洁的接收器(通常是烧杯),而且漏斗颈末端要靠在接收器的内壁上,不得离开器壁。

b. 过滤时,要小心沿着玻璃棒倾泻过滤溶液,不得直接往漏斗中倒。

c. 引流的玻璃棒下端应靠近三层滤纸一边,以免滤纸破损,达不到过滤的目的。

d. 每次倾入漏斗中的待过滤溶液,不能超过漏斗中滤纸高度的 2/3。

e. 过滤完毕,要用少量蒸馏水冲洗玻璃棒和盛待过滤溶液的烧杯,最后用少量蒸馏水冲洗滤纸和沉淀。

② 减压过滤:减压过滤又称抽滤,其装置如图 3-26 所示。

减压过滤时,水泵中急速的水流不断将空气带走,从而使抽滤瓶内压力减小,在布氏漏斗内的液面与抽滤瓶内造成一个压力差,提高了过滤速度。在连接水泵的橡皮管和抽滤瓶之间要安装安全瓶,用以防止关闭水阀或水泵内流速的改变引起自来水倒吸。在停止过滤前应使抽滤系统先通大气,然后关泵,以防水倒吸。

抽滤用的滤纸直径应比布氏漏斗的内径略小,但又要把瓷孔全部盖住。将滤纸放入漏斗润湿后,慢慢打开水龙头,先抽气使滤纸贴紧,然后往漏斗里转移溶液,其他操作与常压过滤相同。

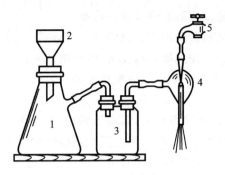

图 3-26　减压过滤装置

1—抽滤瓶；2—布氏漏斗；3—安全瓶；4—抽气管；5—水龙头

③ 热过滤：如果溶液中溶质在温度下降时很容易结晶析出，为避免溶质在过滤时沉淀在滤纸上，这时可趁热过滤。过滤时把玻璃漏斗放在铜质的热漏斗内（图 3-27），并用酒精灯加热漏斗，以维持溶液温度。

也可以在过滤前把普通漏斗放在水浴上用蒸汽加热或加入热水，然后使用。热过滤选用的玻璃漏斗的颈部越短越好，以免溶液在漏斗颈内停留时间过长，因降温析出晶体而堵塞漏斗。

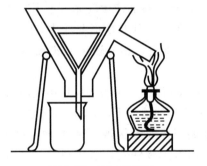

图 3-27　热过滤装置

图 3-28　电动离心机

（3）离心分离法。

少量溶液与沉淀的混合物，可以用离心机进行离心分离，以代替过滤，操作简单而迅速。常用的离心机有手摇离心机和电动离心机（图 3-28）两种。

将盛有沉淀的离心试管放入套筒内。如果是手摇离心机，插上摇柄，然后顺时针方向摇动，启动时要慢，逐渐加快。停止离心操作时，必须先除下摇柄，任试管套管自然停止转动。不可用手去按离心机轴，否则不仅容易损坏离心机，而且骤然停止转动会使已沉降沉淀又翻腾起来。如果是电动离心机，接通电源后用转速选择开关选择适宜的转速，启动离心机即可。

为了防止由于两支套管中质量不均衡引起振动而造成离心机轴的磨损，不允许只在一支套管中放入离心试管，必须在其对称位置上放入质量相当的另一支试管后，才能进行离心操作。如果只有一支试管中的沉淀需要分离，则可另取一支试管盛以相应质量的水,放入对称位置的套管中维持均衡。

离心操作完毕后,从套管取出离心试管,取一小滴管,然后插入试管中(插入深度以尖端不接触沉淀为限)。先捏紧其橡皮头,吸出溶液并移至另一容器中。这样反复数次,尽量把溶液移出,留下沉淀。最后根据实验需要留舍溶液或沉淀。

4) 固体的干燥

如果分出来的沉淀的热稳定性高,需要干燥时,可把沉淀放在表面皿上,在电烘箱中烘干;也可把沉淀放在蒸发皿上,用水浴或酒精灯加热烘干。

带结晶水的晶体不能烘烤,可以用有机溶剂洗涤后晾干。

有些易吸水潮解或需要长时间保持干燥的固体,应放在干燥器内。

4. 气体的发生、净化、干燥和收集

1) 气体的发生

实验室中常用启普发生器来制备 H_2、CO_2、H_2S 等气体。启普发生器是由一个葫芦状的玻璃容器和球形漏斗组成的,如图 3-29 所示。

使用时,在启普发生器中间的圆球玻璃内盛放参加反应的固体(如 Zn、$CaCO_3$、FeS 等),在狭缝处放些玻璃丝来承受固体,以免固体掉入下部球内。酸液从球形漏斗注入,沿漏斗颈流到容器底部。使用时,打开导气管旋塞,由于容器内压力减小,酸液即从底部通过狭缝上升到中间的圆球内,与固体接触而产生气体。不用时,将旋塞关闭,继续产生的气体使容器压力增大,将酸液压入底部和球形漏斗中,使固体与酸液脱离接触,反应停止。若再使用,重新打开旋塞即可。调节旋塞可以控制气体流量的大小。

当启普发生器内的固体即将用完或酸液浓度降低,产生的气体量不足时,应补充固体或酸液。补充固体时,在酸液与固体脱离接触的情况下,用橡皮塞塞紧球形漏斗的上口,再拔出中间圆球侧口的塞子,将原来的固体残渣从侧口取出,再更换或补加固体。更换酸液时,可把下球侧口的塞子拔掉,倒掉废酸液。塞好塞子,再向球形漏斗中加入新的酸液。

启普发生器不能加热,装入的固体反应物必须是较大的块粒,不适合用于小颗粒或粉末状固体反应物。所以制备 HCl、Cl_2、SO_2 等气体时不能使用启普发生器,而改用由蒸馏瓶(或锥形瓶、圆底烧瓶)与滴液漏斗组成的简易气体发生装置,如图 3-30 所示。把固体加入蒸馏瓶(或锥形瓶、圆底烧瓶)内,酸液装在滴液漏斗中。使用时,打开滴液漏斗的旋塞,使酸液均匀地滴在固体上,即产生气体。当反应速率变慢时,如果加热后仍不反应,则需要更换固体药品。

在实验室中,如需大量气体,可使用气体钢瓶。气体钢瓶中的气体是在工厂中充入的,例如:氧气、氮气、氩气来源于液态空气的分馏;氢气来源于水的电解;氯气来源于烧碱工厂;氨气来源于合成氨工厂等。各种钢瓶均涂上不同颜色的油漆以示区别,如氧气钢瓶是蓝色,氯气钢瓶是草绿色(带有白色横条),氢气钢瓶是深绿色(带有红色横条),氨气钢瓶是黄色,氮气钢瓶是黑色(带有棕色横条),氩气钢瓶是灰色等。使

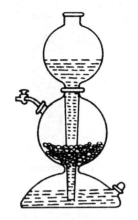

图 3-29　启普发生器

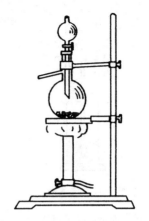

图 3-30　简易气体发生装置

用时要认清各种标记,不要用错气体。

气体钢瓶使用不当,就会发生爆炸。使用时必须注意以下事项:

(1) 钢瓶应放在阴凉、干燥、远离热源(如阳光、暖气、炉火)的地方,盛放可燃气体的钢瓶必须与氧气钢瓶分开存放。

(2) 绝对不可使油或其他易燃物、有机物沾在气体钢瓶上(特别是气门嘴和减压阀处),也不得用棉、麻等物堵漏,以防燃烧引起事故。

(3) 使用钢瓶中的气体时,要用减压器(气压表)。可燃气体的钢瓶的气门是逆时针拧紧的,即螺纹是反扣的(如氢气、乙炔气);不可燃或助燃性气体钢瓶的气门是顺时针拧紧的,即螺纹是正扣的。各种气体的气压表不得混用。

(4) 钢瓶内的气体绝不能全部用完,一定要保留 0.05 MPa 以上的残留压力(表压)。可燃性气体如乙炔应剩余 0.2~0.3 MPa,氢气应保留 2 MPa,以防重新充气时发生危险。

2) 气体的净化和干燥

实验室制备的气体常常带有酸雾和水汽,所以需要净化和干燥。通常酸雾可用水或玻璃棉除去,可根据气体的性质选用浓硫酸、无水氯化钙、固体氢氧化钠或硅胶等干燥剂吸去水汽。液体(如水、浓硫酸等)一般装在洗气瓶内(图 3-31),固体(如氯化钙、硅胶等)则装在干燥塔中(图 3-32)。气体中如还含有其他杂质,则应根据具体情况分别用不同试剂吸收。例如,用锌粒制取氢气时,由于锌粒中含有硫、砷等杂质,因此产生的氢气中就含有硫化氢、砷化氢等气体,它们可以通过高锰酸钾溶液和醋酸铅溶液除去。

不同性质的气体应根据具体情况,分别采用不同的洗涤液和干燥剂进行处理。

3) 气体的收集

难溶于水的气体(如氢气、氧气),可用排水集气法收集。

易溶于水而比较轻的气体(如氨气),可用瓶口向下的排气法收集。

图 3-31　洗气瓶

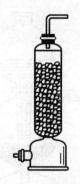

图 3-32　干燥塔

能溶于水而比空气重的气体(如氯气、二氧化碳等),可用瓶口向上的排气法收集。

三、试纸的使用

实验室常用的试纸有石蕊试纸、pH 试纸、淀粉-KI 试纸和醋酸铅试纸。

1. 石蕊试纸

用石蕊试纸检查溶液的酸碱性时,可先将试纸剪成小块,放在干燥、清洁的表面皿上,再用玻璃棒蘸取待测量的溶液,滴到试纸上,在 30 s 内观察试纸的颜色变化,确定溶液的酸碱性(酸性呈红色,碱性呈蓝色)。不得将试纸浸入溶液中进行实验,以免沾污溶液。

检查挥发性物质的酸碱性时,可先将石蕊试纸润湿,然后悬空放在气体出口处,观察试纸的颜色变化。

2. pH 试纸

pH 试纸是用于检验溶液和气体的酸碱性的,有 pH 广范试纸(pH=1~14)和变化范围小的精密试纸。pH 试纸的使用方法和石蕊试纸的大致相同。在 pH 试纸显色 30 s 内,将显色的颜色与标准色标相比较,就能确定其近似的 pH。

3. 淀粉-KI 试纸和醋酸铅试纸

淀粉-KI 试纸用于定性检验氧化性物质(如 Cl_2、Br_2)。使用时,将试纸润湿沾在玻璃棒上放在试管口或伸入试管内,如果试纸变蓝,则表示物质具有氧化性。应该注意,当物质的氧化性很强,且浓度较大时,会进一步将 I_2 氧化生成无色的 IO_3^- 而使试纸退色。因此,使用时必须认真观察试纸颜色的变化,否则会得出错误的结论。

醋酸铅试纸用于检验硫化氢气体。当含有 S^{2-} 的溶液酸化时,逸出的 H_2S 遇到湿润的醋酸铅试纸,立即与试纸上的 $Pb(Ac)_2$ 反应,生成黑色的 PbS 沉淀而使试纸呈黑色。

四、常见专用仪器设备及其使用方法

1. 天平

台秤、分析天平和电子天平都是实验室常用的称量仪器,台秤能迅速称量物质的质量,但精确度不高,一般只能准确到 0.1 g;分析天平的准确度能达到 0.000 1 g;电子天平的准确度能达到其最大称量值的 10^{-5}。下面对这几种实验室常用的称量仪器及常用称量方法进行介绍。

1) 台秤

台秤又名托盘天平,其构造如图 3-33 所示。

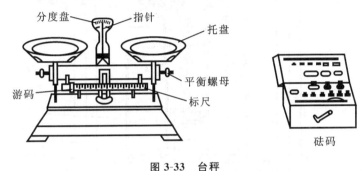

图 3-33　台秤

（1）使用前先调整台秤的零点。将游码拨至标尺左端"0"处,观察指针摆动时在分度盘两侧摆动距离是否相等。若相等,表明台秤已调至平衡,可以使用;否则调节右侧的平衡螺母直至平衡。

（2）物品的称量。遵循"左物右码"的原则,即称量物放在左盘,砝码放在右盘。对于不同规格的台秤,5 g(或 10 g)以上的砝码放在砝码盒内,取用时用镊子夹取,5 g(或 10 g)以下的质量,可借助游码来调节,使指针在刻度盘左、右两边摇摆的距离几乎相等为止。记下砝码和游码的数值至小数点后第一位,即左盘称量物的质量。称量固体药品时,应在两盘内各放一张质量相仿的称量纸,然后用药匙将药品放在左盘的纸上(称 NaOH、KOH 等易潮解或有腐蚀性的固体时,应衬以表面皿)。称量液体药品时,要用已称量过质量的容器盛放药品,操作方法同前(注意:台秤不能称量热的物品)。

（3）称量结束后。称量后,取下盘中的物品,把砝码放回砝码盒中,将游码退至左边刻度"0"处。将秤盘放在一侧或用橡皮圈架起,以免摆动。

台秤应保持清洁,如果不小心把药品洒在台秤上,必须立刻清除。

2) 分析天平

分析天平的精度一般能够达到万分之一克(0.1 mg)。分析天平的种类繁多,根据结构特点,可以分为等臂(双盘)天平和不等臂(单盘)天平,我国常用的有半机械加码电光天平(简称半自动电光天平)和单盘天平。

（1）半机械加码电光天平。

半机械加码电光天平整个放在玻璃罩内,称量时不受外界空气流动等因素的影响。罩内放有硅胶等吸湿剂,以保持天平各部件的干燥。半机械加码电光天平称量时左盘放称量物,右盘放砝码,与全自动电光天平不同。全自动电光天平称量时左盘放砝码,右盘放称量物。半机械加码电光天平结构如图 3-34 所示。

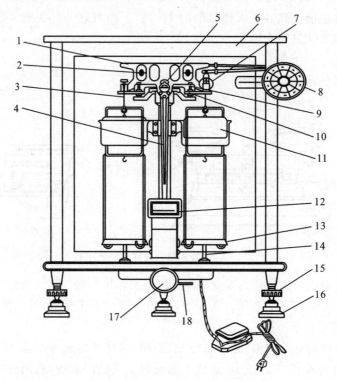

图 3-34　半机械加码电光天平

1—横梁；2—平衡螺丝；3—吊耳；4—指针；5—支点刀；6—框罩；7—环码；
8—机械加码器；9—支柱；10—托叶；11—阻尼器；12—微分刻度标尺光屏；13—秤盘；
14—盘托；15—螺旋脚；16—垫脚；17—升降旋钮；18—零点微调杆(或扳手)

① 横梁。横梁是天平的主要部件,一般由轻质、坚固的铝铜合金制成。梁上等距离安装有三个玛瑙刀,梁的两端各装有两个平衡螺丝,用来调节横梁的平衡位置(即粗调零点),梁的中间装有垂直向下的指针,用以指示平衡位置。支点刀的后方装有重心调节螺丝,用以调整天平的灵敏度。

② 立柱。天平正中是立柱,安装在天平底板上。柱的上方嵌有一块玛瑙平板,与支点刀口相接触。柱的上部装有能升降的托架,关闭天平时能托住横梁,使之与玛瑙刀口脱离接触,以减少磨损。

③ 悬挂系统。悬挂系统包括三个部分。一是吊耳,它的平板下面嵌有玛瑙平板,并与梁两端的玛瑙刀口接触,使吊钩及秤盘、阻尼器内筒能自由摆动。二是阻尼

器,它由两个特制的金属圆筒构成,外筒固定在立柱上,内筒挂在吊耳上。两筒间隙均匀,没有摩擦。开启天平后,内筒能上、下自由运动,由于筒内空气阻力的作用,天平横梁能够很快停摆而达到平衡。三是秤盘,两个秤盘分别挂在吊耳上,左盘放称量物,右盘放砝码。

④ 读数系统。指针固定在天平横梁中央,指针的下部装有微分刻度标尺光屏,在屏上可以看到标尺的投影,中间为零,左负右正。若投影与光屏中央的垂直刻度线重合,则说明天平处于平衡位置。

⑤ 天平的升降旋钮。天平的升降旋钮位于天平底板正中央,是天平的制动装置,它连接着托梁架、盘托和光源开关。使用天平时,顺时针旋转升降旋钮,托梁架即降下,梁上的三个刀口与相应的玛瑙刀相接触,吊耳与秤盘自由摆动,同时接通了光源,屏幕上显示出标尺的投影,天平进入工作状态。停止称量时,逆时针旋转升降旋钮,横梁、吊耳及盘托被托住,刀口与玛瑙平板脱离,光源切断,天平进入休止状态。

⑥ 天平箱及水平调节。分析天平放在天平箱内,用以保护天平不受灰尘、潮湿、气流等的影响。天平箱的下部装有三只脚,后边的一只垫脚用于固定天平,前边的两只螺旋脚用于调节天平使其处于水平状态,天平立柱的后方装有气泡水平仪,用来指示天平的水平情况。

⑦ 机械加码器。转动机械加码器,可使天平横梁右端上加 10～990 mg 环码。机械加码操作简单,同时可以减少因多次开、关天平门而造成的气流影响。

⑧ 砝码。每台天平都附有一盒配套使用的砝码,盒内装有 1 g、2 g、2 g、5 g、10 g、20 g、20 g、50 g、100 g 的砝码共 9 个。取用砝码时要用镊子,用完及时放回盒内并盖严。

半机械加码电光天平是一种精密而贵重的仪器,为了保持仪器的精密度,得到准确的称量结果并保持天平的使用寿命,在使用时应按照以下步骤进行。

① 取下防尘罩,叠平后放在天平箱上面。检查天平是否处于水平状态,两秤盘是否洁净,硅胶(干燥剂)是否靠住秤盘,环码盘是否在"0.00"位置及环码有无脱落等。

② 调节零点。打开电源,开启升降旋钮,此时可以看到标尺投影在光屏上移动,当标尺稳定后,如果屏幕中央的刻度线和标尺上的"0.00"不重合,可调节零点微调杆移动屏幕位置,使屏中刻度线恰好与标尺中的"0.00"线重合,即为零点。如果屏幕调至尽头仍不能与"0.00"线重合,则应关闭天平,调节横梁上的平衡螺丝,再开启天平继续调节零点微调杆直至零点,然后关闭天平,准备称量。

③ 称量。将要称量的物体放在台秤上进行粗称,然后放在分析天平左盘中心,根据在台秤上称得的数据在天平右盘上加砝码至克位。半开天平,观察标尺移动的方向或指针的倾斜方向,光标总是倾向于重盘所在的方向,以此判断所加砝码是否合适。若不合适,则加减砝码直至合适。然后关闭天平门,操作机械加码器,加减环码,直至投影屏上的零点标线与标尺投影在某一读数重合为止,完全开启天平,准备

读数。

④ 读数。待标尺停稳后,读出标尺上的质量,即 10 mg 以下的质量。根据

$$称量物质量＝砝码总质量＋环码总质量＋标尺质量$$

计算出称量物的质量,并将称量的数据及时记在记录本上。

⑤ 关闭天平。称量、记录完成后,随即关闭天平,取出称量物,将砝码放回砝码盒,将机械加码器调至零位,关闭天平门,盖上防尘罩。

(2) 单盘天平。

半机械加码电光天平属于双盘天平,而单盘天平只有一个天平盘,挂在天平梁的一臂上,天平盘的上部挂着全部的砝码,另一臂上挂有平衡锤和阻尼器,使天平维持平衡状态。单盘天平是一种比较先进的分析天平,结构如图 3-35 所示。

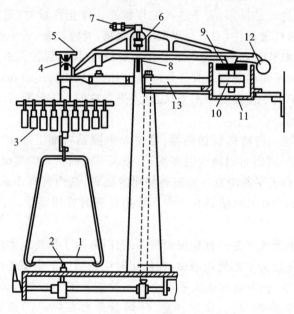

图 3-35　单盘天平

1—托盘;2—托点;3—砝码;4—承重刀和刀承;5—挂钩;6—感量螺丝;7—平衡螺丝;
8—支点刀和刀承;9—空气阻尼片;10—平衡锤;11—空气阻尼筒;12—微分刻度板;13—横梁支架

单盘天平采用减砝码的方式进行称量,将称量物放在天平盘上,然后减去与称量物相同质量的砝码,减去的砝码的质量就是称量物的质量,能够从读数装置上直接读出。

单盘天平具有灵敏度恒定、准确、称量速度快、操作方便等优点。单盘天平在进行称量时采用全机械加码,称量速度快;砝码跟称量物在同一臂上,没有不等臂误差,提高了称量的准确性;称量过程中天平梁的负荷量没有变化,天平梁不会发生形变,因此天平灵敏度恒定。

目前单盘天平的型号、数量日益增多,精度也不断提高,在国外已出现取代双盘

天平的趋势。

3）电子天平

（1）电子天平的分类。

电子天平是新一代天平，它由高稳定性传感器和单片微机组成，通过电磁力补偿调节的方式实现力平衡，或通过电磁力矩调节的方式实现力矩平衡，从而进行质量的测定。图 3-36 所示为 BP210S 型电子天平。

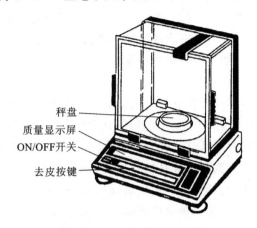

　　　　秤盘
质量显示屏
ON/OFF开关
　　去皮按键

图 3-36　BP210S 型电子天平

电子天平按精度可分为以下几类。

① 常量电子天平：称量范围一般为 $100 \sim 200$ g，精确度能达到最大称量值的 10^{-5}。

② 半微量电子天平：称量范围一般为 $20 \sim 100$ g，精确度能达到最大称量值的 10^{-5}。

③ 微量电子天平：称量范围一般为 $3 \sim 50$ g，精确度能达到最大称量值的 10^{-5}。

④ 超微量电子天平：称量范围一般为 $2 \sim 5$ g，精确度能达到最大称量值的 10^{-6}。

（2）电子天平使用的一般步骤。

① 使用前首先清洁秤盘，检查并调节天平至水平状态。

② 接通电源，按下"ON"键，系统开始自检，自检结束后显示屏显示"0.0000"，如果空载时有数据，按一下清除键归零。

③ 称量，将称量物轻轻放在秤盘上，待显示屏上数字稳定后，读数，并记下称量结果。

④ 称量完毕，取下称量物。若较长时间不用天平，应切断电源，盖好防尘罩。

4）称量方法

用天平称取试样时，大致有直接称量法、指定质量称量法和递减称量法三种方法。

（1）直接称量法。

　　直接称量法是直接称取某一物体质量的方法。将天平调零后,将称量物(如坩埚、小烧杯、表面皿等)直接置于天平的左盘,根据粗称的结果在右盘上放置合适的克位以上砝码,关闭天平门,加、减环码至投影屏上中央刻线与标尺上某一读数重合,读取称量物的质量。

　　(2) 指定质量称量法。

　　当称量物不吸水、在空气中性质稳定(如金属试样、矿石试样等)时,可采用此法。此时常用表面皿、称量纸等作为称量器皿。称量时先准确称出称量器皿的质量,然后根据要称取的试样质量,在天平右盘放同等质量的砝码,在左盘的称量器皿上加入略少于欲称量质量的试样,然后轻轻振动药匙增加试样,使平衡点达到所需数值。

　　(3) 递减称量法。

　　对于易吸湿、氧化、挥发等在空气中不稳定的试样可采用递减称量法。

　　称量时先在干净的称量瓶中装一些试样,在天平上准确称得其质量,记为 $m_1(g)$,然后取出称量瓶,倒出一部分试样(约为所需的量),再称得其质量,记为 $m_2(g)$,前后两次质量之差 m_1-m_2,即为倒出样品的质量。如此继续操作,可称取多份试样。即

$$第一份试样质量(g)=m_1-m_2$$
$$第二份试样质量(g)=m_2-m_3$$

　　应注意的是,如果一次倾出的试样量不足,可按上述操作继续倾出,但若超出所需要的质量范围,就不能将倾出的试样再倒回到称量瓶中,此时只能弃去倾出的试样,重新称量。

　　2. 酸度计

　　酸度计是测量溶液 pH 最常用的仪器,它主要是利用一对电极在不同 pH 的溶液中能产生不同的电动势的原理工作的。这对电极包括一个玻璃电极(图 3-37)和一个饱和甘汞电极(图 3-38),玻璃电极称为指示电极,饱和甘汞电极称为参比电极。玻璃电极是用一种导电玻璃吹制成的极薄的空心小球,球内有 $0.1\ mol \cdot L^{-1}$ HCl 溶液和 Ag-AgCl 电极,将玻璃电极插入待测溶液中,便组成一个氢电极:

$$Ag, AgCl(s) \mid HCl(0.1\ mol \cdot L^{-1}) \mid 玻璃 \mid 待测溶液$$

　　玻璃电极的导电玻璃薄膜把两种溶液隔开,即有电势产生。小球内 H^+ 浓度是固定的,所以氢电极的电极电势随待测溶液的 pH 不同而改变。在 298.15 K 时,玻璃电极的电极电势为

$$E_{玻璃}=E^{\ominus}_{玻璃}+0.059\ 16\ V \times pH$$

式中: $E_{玻璃}$ 为玻璃电极的电极电势; $E^{\ominus}_{玻璃}$ 为玻璃电极的标准电极电势。

　　测定时将玻璃电极和饱和甘汞电极插入待测溶液中组成原电池,并连接上电流表,即可测定出该原电池的电动势 E。

$$E=E_{甘汞}-E_{玻璃}=E_{甘汞}-E^{\ominus}_{玻璃}-0.059\ 16\ V \times pH$$

待测溶液的 pH 为

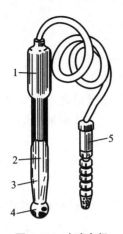

图 3-37　玻璃电极

1—胶木帽；2—Ag-AgCl 电极；3—HCl 溶液；

4—玻璃球；5—电极插头

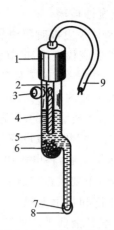

图 3-38　饱和甘汞电极

1—胶木帽；2—铂丝；3—小橡皮塞；

4—汞、甘汞内部电极；5—饱和 KCl 溶液；

6—KCl 晶体；7—陶瓷芯；8—橡皮套；9—电极引线

$$\mathrm{pH} = \frac{E_{甘汞} - E_{玻璃}^{\ominus} - E}{0.059\ 16\ \mathrm{V}}$$

$E_{甘汞}$ 为一定值，如果 $E_{玻璃}^{\ominus}$ 已知，即可由原电池的电动势 E 求出待测溶液的 pH。$E_{玻璃}^{\ominus}$ 可以用一种已知 pH 的缓冲溶液代替待测溶液而求得。

酸度计一般是把测得的电动势直接用 pH 表示出来。为了方便起见，仪器加装了定位调节器，当测量已知 pH 的标准缓冲溶液时，利用调节器，把读数直接调节在标准缓冲溶液的 pH 处。这样在以后测量待测溶液的 pH 时，指针就可以直接指示溶液的 pH，省去了计算手续。一般把前一步称为"校准"，后一步称为"测量"。已经校准过的酸度计，在一定时间内可以连续测量许多待测溶液。

温度对溶液的 pH 有影响，可以根据能斯特（Nernst）方程予以校准，在酸度计中已装配有温度补偿器进行校正。

使用玻璃电极时，要注意以下几点：

（1）玻璃电极的下端球形玻璃薄膜极薄，切忌让其与硬物接触，使用时必须小心操作，一旦玻璃球破裂，玻璃电极就不能使用了。

（2）初次使用时，应先把玻璃电极放在蒸馏水中浸泡数小时，最好是 24 h。不用时也最好把玻璃电极浸泡在蒸馏水中，以便下次使用时简化浸泡和校正手续。

（3）玻璃电极上的有机玻璃管具有良好的绝缘性能，切忌让其与化学药品或油污接触。

（4）不可使玻璃球沾有油污，若发生这种情况，则应先将玻璃球浸入酒精中，再置于乙醚或四氯化碳中，然后移回酒精中，最后用蒸馏水冲洗，并浸泡在蒸馏水中。

（5）测量强碱性溶液的 pH 时，应尽快操作，测量完毕后立即用蒸馏水淋洗电极,以免碱液腐蚀玻璃。

　　使用饱和甘汞电极时要注意以下几点:

　　(1) 使用前应检查饱和 KCl 溶液是否浸没内部电极小瓷管的下端,是否有 KCl 晶体存在,弯管内是否有气泡将溶液隔开。

　　(2) 拔去下端的橡皮套,电极的下端为一陶瓷芯,在测量时允许有少量 KCl 溶液流出,测量时拔去支管上的小橡皮塞,以保持足够的液压差,防止被测溶液流入而沾污电极。把橡皮套和小橡皮塞保存好,以免丢失。

　　(3) 测量结束后,将电极用蒸馏水淋洗,然后套上橡皮套和小橡皮塞,以防电极中的水分蒸发,不要将饱和甘汞电极浸泡在蒸馏水中。

　　(4) 对于饱和甘汞电极,应防止其下端陶瓷芯堵塞,还要经常向管内补充饱和 KCl 溶液,一般其液面不应低于参比电极的甘汞糊状物。

　　下面重点介绍 pHS-3 型数字酸度计。

　　pHS-3 型数字酸度计是采用 4 位 LED 显示的 pH/mV 计,可广泛应用于环保、医药、轻工、食品、化工、地质、农业、国防等领域测定水溶液的 pH。如配上适当的离子选择性电极,则可用于离子浓度分析,还可作为电位滴定分析的终点显示仪表使用。

　　1) 仪器结构特征

　　pHS-3 型数字酸度计如图 3-39 所示。

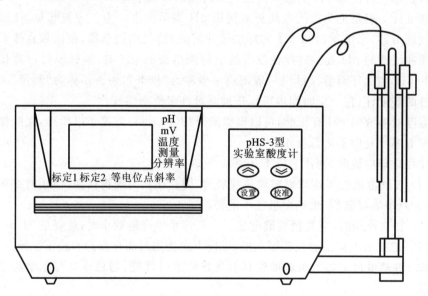

图 3-39　pHS-3 型数字酸度计示意图

　　2) 仪器操作

　　(1) 准备工作:

　　① 接好电源;

② 在仪器下端接入 BNC 短路插头,将电源开关拨到"ON"(接通),调节校准控制钮"CALIB",使仪器稳定显示"7.00";

③ 完成上述步骤后,取下短路插头,仪器处于备用状态。

(2)测量操作:

① 将电极插头插入仪器的输入端,顺时针旋转电极插头至牢固地固定;

② 将电极小心地装入电极架的孔中;

③ 使用仪器测量 pH;

④ 测量完成后,卸下电极,此时逆时针方向转动电极插头,直至电极插头从插座中脱出。

3)注意事项

(1)温度:所有待测溶液和标准缓冲溶液均应处于同一温度下,温度变化能引起测量误差。这是因为 pH 电极的工作曲线斜率、参比电极的电势、缓冲溶液的 pH 等都与温度有关。

(2)清洗电极:玻璃电极在使用前须"活化",即在蒸馏水中浸泡 24 h。在两次测量之间,电极均应认真进行冲洗,并甩掉剩余水滴或用滤纸吸干,不要擦干。

(3)搅动:适当搅动测量溶液,以使玻璃球体与溶液接触良好,电极应插入溶液约 3 cm 深。

(4)校准:为了保证高精度,在每天开始工作时应进行一次两点标准缓冲溶液校准,保证斜率正确。在一天内以后的测量,可以进行一点校准。

3. 电导率仪

电导率仪是测量电解质溶液的电导率的仪器。电解质的电导除与电解质种类、溶液浓度及温度有关外,还与所用电极的面积 A、两极间距离 l 有关。在电导率仪中,常用的电极有铂黑电极或铂光亮电极(统称为电导电极),对于某一给定的电极来说,l/A 为常数,叫做电极常数。每一电导电极的常数由制造厂家给出。下面重点介绍 DDS-11A 型电导率仪。

(1)仪器面板和电导电极分别如图 3-40、图 3-41 所示。

(2)仪器使用方法:

① 在开电源开关前,先检查电表 1 指针是否指在零点。若指针不指在零点,则需用电表 1 上的螺丝调节。

② 将校正与测量开关 5 拨到"校正"位置。

③ 接上电源,打开电源开关 2,并预热 5～10 min。

④ 将高周和低周开关 4 扳向所需位置(当测量 $\kappa < 3 \times 10^{-2}$ S·m^{-1} 溶液时,选用低周;其他情况选用高周)。

⑤ 将量程选择开关 7 扳到所需的测量范围挡。如预先不知待测溶液电导率的大小,可先将该开关扳至最大量程挡,然后逐挡下降,以防表针打弯。

⑥ 将电极常数调节器 12 调到电导电极的电极常数相应的位置上。

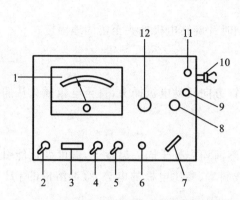

图 3-40　DDS-11A 型电导率仪面板示意图

1—电表；2—电源开关；3—指示灯；

4—高周和低周开关；5—校正与测量开关；

6—校正调节器；7—量程选择开关；

8—电容补偿器；9—电导电极插口；10—电极夹；

11—10 mV 输出插口；12—电极常数调节器

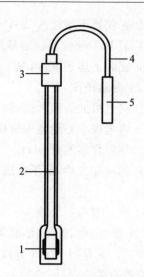

图 3-41　电导电极示意图

1—铂片；2—玻璃管；3—胶木帽；

4—电极引线；5—电极插头

⑦ 将电极夹 10 夹紧电导电极的胶木帽，电极插头插入电极插口 9，上紧螺丝。用少量待测溶液冲洗电极 2～3 次。将电极浸入待测溶液(应将电极上的铂片全部浸入待测溶液)。

⑧ 将校正与测量开关 5 拨到"测量"位置，这时电表 1 上的指示数值乘以量程选择开关 7 所指的倍率即为待测液体的实际电导率[量程选择开关用①、③、⑤、⑨、⑪各挡时，看电表 1 上面(黑色)刻度，而当用②、④、⑥、⑧、⑩各挡时，则看下面(红色)刻度]。

测量过程中要随时检查指针是否指在满刻度上，如有变动，立即调节校正调节器，使表针指在满刻度位置。

⑨ 测量完毕后，速将校正与测量开关 5 扳回"校正"位置，关闭电源开关，用去离子水冲洗电导电极数次后，将电导电极放入专用的盒内。

4. 分光光度计

分光光度计是化学实验室常用分析仪器之一，能在近紫外、可见光光谱区内对样品物质进行定性和定量分析，广泛应用于化学化工、医药卫生、生物化学、环境保护等领域。

分光光度计的基本工作原理是溶液中的有色物质对光的选择性吸收。各种物质都具有各自的吸收光谱，当某单色光通过溶液时，其能量就会因被吸收而减弱，光能量减弱的程度与物质的浓度有一定的比例关系，服从朗伯-比尔(Lambert-Beer)

定律：

$$A = \varepsilon cl$$

式中：A 为吸光度，它是入射光强度 I_0 与透过光强度 I_t 比值的对数，即 $A = \lg \dfrac{I_0}{I_t}$；c 为有色物质溶液的浓度；l 为液层厚度；ε 为摩尔吸光系数，其数值大小与入射光的波长、溶液的性质、温度等有关。

　　若入射光的波长、溶液的温度和比色皿（液层厚度）均一定，则吸光度 A 与溶液的浓度成正比。分光光度计就是按上述原理而设计的。

　　1）721A 型分光光度计

　　721A 型分光光度计采用了 3 位半数字面板显示，可分别测量透过率、吸光度和浓度。波长范围为 360～800 nm，吸光度范围为 0～2。该仪器由光源灯、单色器、比色皿座架、光电管、稳压电源、对数放大器及数字面板表等部件构成。

　　仪器面板如图 3-42 所示。

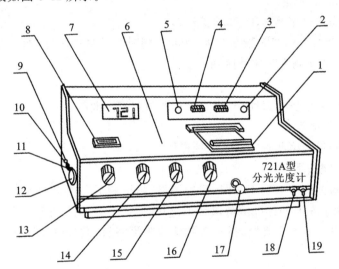

图 3-42　721A 型分光光度计外形图

1—检测室盖板；2—浓度调节；3—小数点按键；4—T、A、C 按键；5—消光调零；6—仪器盖板；
7—数字表头；8—波长观察窗；9—K 值调节；10—消光粗调；11—零位粗调；
12—波长调节窗口（打开小盖板）；13—光亮粗调；14—波长选择；15—零位细调；
16—光亮细调；17—比色皿拉杆；18—电源指示灯；19—电源开关

操作步骤如下。

（1）测试前的准备：

① 把波长盘调整到所需波长。

② 把仪器检测室盖板打开（即暗电流情况下）。

③ 将"T"键按下。

④ 将电源"开关"接通，指示灯即亮。

⑤ 调整面板上"零位细调",使指示在"0.00",即透过率"T"的零点。

⑥ 把仪器检测室盖板合上,调整面板上"光亮粗调"和"光亮细调",使指示在"100.0",然后将检测室盖板打开,待仪器预热 30 min。

(2) 透过率的测量:

① 按下"T"键。将检测室盖板打开,调节"零位细调"电位器,使指示为"0.00",同时"一"号闪烁("00.0"表示零偏正,"-00.0"表示零偏负,应该调到"00.0"与"-00.0"变化,表示零位合适)。

② 合下检测室盖板,用参比溶液调节"光亮粗调"和"光亮细调",使指示为"100.0",需重复几次①、②项操作达到要求(如果在测量过程中或改变波长后将检测室盖板合上指示在"1",表示透过率已超出规定的"199.9"范围,须将"光亮粗调"和"光亮细调"逆时针旋转调至所需指示值)。

③ 将被测溶液置于光路中,指示读数即为被测溶液的透过率值。

(3) 吸光度的测量:

① 方法同透过率测量①、②项操作。

② 将"A"键按下,此时指示应为".000",同时"一"号在闪烁,如果指示读数不是此值,应调整"消光调零",使其达到要求。

③ 重复①、②项。

④ 将被测溶液置于光路中,指示读数即为被测溶液的吸光度值。

(4) 浓度的测量:

① 方法同吸光度测量①、②、③项操作。

② 将"C"键按下。

③ 将已知标准溶液置于光路,然后调整"浓度调节",使指示为"100.0"(一般情况用吸光度为 1 左右的标准溶液调至 100.0)。

④ 将被测溶液置于光路,指示读数即为被测溶液的浓度(按比例计算被测溶液的值)。

注意事项如下:

(1) 为了尽可能减小测量误差,被测溶液的浓度应小于已知标准溶液的浓度。

(2) 已知标准溶液的浓度,其吸光度值在 1 以下,调整"浓度调节",使指示在适当值(以可能的最大整数值),此时小数点切换键都不必按下。

(3) "1""2""3"按键是在测量浓度时更换小数点用,根据被测溶液的浓度而定,对吸光度及透过率的测量不起作用。

2) 722 型光栅分光光度计

722 型光栅分光光度计是以碘钨灯为光源、衍射光栅为色散元件的数字显示式可见分光光度计。使用波长范围为 330~800 nm,波长精度为 2 nm,试样架可置 4 个比色皿,单色光的带宽为 6 nm。本仪器由光源室、单色器、试样室、光电管、电子系统和数字显示器组成。

仪器面板如图 3-43 所示。

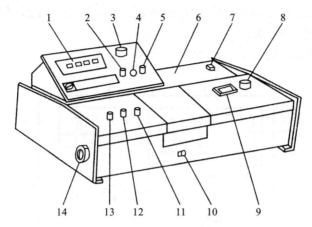

图 3-43　722 型光栅分光光度计外形图

1—数字显示器;2—吸光度调零旋钮;3—选择开关;4—吸光度调斜率电位器;5—浓度旋钮;

6—光源室;7—电源开关;8—波长手轮;9—波长刻度窗;10—试样架拉手;

11—"100％T"旋钮;12—"0％T"旋钮;13—灵敏度调节旋钮;14—干燥器

仪器的操作步骤如下:

(1) 将灵敏度调节旋钮置于"1"挡(放大倍率最小)。

(2) 开启电源,指示灯亮,选择开关置于"T"挡,将波长调至测试用波长,仪器预热 10～20 min。

(3) 打开试样室盖(光门自动关闭),调节"0％T"旋钮,使数字显示为"00.0"。

(4) 将盛参比溶液的比色皿置于试样架的第一格内,盛试样溶液的比色皿置于第二格内,盖上试样室盖,光门自动打开,将参比溶液推入光路,调节"100％T"旋钮,使数字显示为"100.0"。如果显示不到"100.0",则增大灵敏度挡,再调"100％T"旋钮直到显示为"100.0"。

(5) 重复步骤(3)和(4),连续几次调节仪器的"0％T"和"100％T",直到仪器显示稳定,即可进行测量工作。

(6) 将选择开关置于"A"挡,吸光度应显示为".000",若不是,则调节吸光度调零旋钮,使显示为".000"。然后将被测样品拉入光路,这时显示值即为被测试样的吸光度值。

(7) 浓度的测量:选择开关置于"C"挡,将已标定浓度的样品放入光路,调节浓度旋钮,使数字显示为标定值,将被测样品放入光路,即可读出被测样品的浓度值。

(8) 仪器使用完毕,关闭光源,洗净比色皿,将比色皿放回盒内。

5. 马弗炉

马弗炉是一种实验室常用的加热设备。TM6220S 型陶瓷纤维马弗炉采用陶瓷纤维作绝热材料,具有省时、节能的特点。空载时,由室温升至 900 ℃不到 20 min。

马弗炉由炉和控制箱两部分组成。炉包括炉腔和门,炉腔和门的主体均为陶瓷纤维。门在炉的正前方,开门时抓住把手斜着向上往怀里拉,然后顺着弹簧的力量向上推;反方向操作,即可关门。

马弗炉控制箱面板如图 3-44 所示,实物如图 3-45 所示。

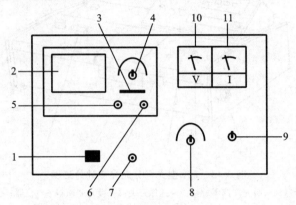

图 3-44　控制箱面板示意图

1—电源开关;2—显示屏;3—测量-设定选择开关;4—温度设定旋钮;5—红色指示灯;
6—绿色指示灯;7—黄色指示灯;8—定时器旋钮;9—功率调节旋钮;10—电压表;11—电流表

图 3-45　马弗炉实物图

使用时把需加热的样品装在坩埚中,放进炉腔,关上炉门。然后按下列步骤操作:

(1)打开控制箱电源开关,显示屏显示当前温度 T_0。

(2)测量-设定选择开关指向"设定",此时显示屏显示设定温度,调节温度设定旋钮,确定设定温度 T。若 T 大于 T_0,则红灯亮;若 T 小于 T_0,则绿灯亮。

(3)测量-设定选择开关指向"测量",顺时针转动定时器旋钮至达到设定温度后想保持的时间上,立即开始加热,调整电流至合适的值,控制加热速度。

(4)到达设定温度 T 后,黄色指示灯亮,定时器开始倒计时,加热时断时续,温度维持在 T 左右。如果波动太大,可调整电流。

(5)预定时间到后铃响,停止加热,绿灯亮。温度自然下降,不要急于开炉门,尽量避免炉温骤降。

第四章　物理化学量及常数的测定

实验一　摩尔气体常数的测定

一、实验目的

（1）了解置换法测定摩尔气体常数的原理和方法。

（2）掌握理想气体状态方程和分压定律的有关计算。

（3）练习测量气体体积的操作以及分析天平、气压计的使用。

二、实验原理

从理想气体状态方程可知

$$R = \frac{pV}{nT}$$

通过一定的方法测得理想气体的 p、V、n、T，即可计算出摩尔气体常数 R。

本实验通过一定量的金属镁与过量的稀硫酸反应，置换出氢气，即

$$Mg + H_2SO_4 \Longrightarrow MgSO_4 + H_2 \uparrow$$

氢气的物质的量（n），可根据准确称量的镁条的质量 $[m(Mg)]$ 求出，氢气的体积（V）由量气管测出，实验时的温度（T）和压力（p）分别由温度计和气压计读出。由于氢气是在水面上收集的，气体中还混有水蒸气，因此气压计读出的压力（p）是混合气体的总压。实验温度下水的饱和蒸气压 $[p(H_2O)]$ 可由附录查出或根据表中的数据插值计算。根据分压定律，氢气的分压 $[p(H_2)]$ 可由下式求得：

$$p(H_2) = p - p(H_2O)$$

根据以上所得各项数据，可计算出摩尔气体常数 R。

三、仪器与药品

（1）仪器：分析天平，量气管（50 mL，也可用 50 mL 碱式滴定管代替），试管（25 mL），长颈漏斗，橡皮管，滴定管夹，烧瓶夹，量筒（10 mL），滴管，气压计，精密温度计。

（2）药品：

① 单质：镁条。

② 酸：H_2SO_4 溶液（3 mol·L^{-1}）。

四、实验内容及步骤

1. 安装实验装置

按图 4-1 所示,将橡皮管一端接量气管 1,另一端接长颈漏斗 2,由漏斗往量气管

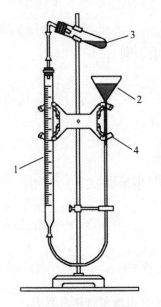

内注水至略低于刻度"0"的位置。上下移动漏斗以赶尽附着在橡皮管和量气管内壁的气泡,然后将试管 3 与量气管另一端连接,并将橡皮塞塞紧。

2. 检查装置气密性

将漏斗上下移动一段距离,若量气管内液面只在初始时刻稍有升降以后便维持不变(观察 3～5 min),即表明装置不漏气。若液面不断下降,则表明装置漏气,应重复检查各接口处是否严密。经检查与调整后,再重复实验,直至不漏气为止,然后把漏斗移至原来的位置。

3. 称取镁条

用分析天平准确称取两份已擦去表面氧化物的镁条,每份质量为 0.030 0～0.035 0 g(精确至 0.000 1 g)。

4. 测定摩尔气体常数 R

(1) 取下试管,用滴管加入 6～8 mL 3 mol·L^{-1} H_2SO_4 溶液(切勿使酸液沾湿液面上端的试管壁),将试管按一定倾斜度固定好,将已称好的镁条用水稍微润湿后小心贴在试管壁上部,确保镁条不

图 4-1　摩尔气体常数测定实验装置

1—量气管;2—长颈漏斗;

3—试管;4—滴定管夹

与酸液接触,然后将试管的塞子塞紧。检查量气管液面是否处于"0"刻度以下,再次检查装置的气密性。

(2) 上下移动漏斗,使其液面与量气管液面在同一水平面上,记下量气管液面位置 V_1。将试管底部略微抬高,使镁条与酸液接触,这时,反应产生的氢气进入量气管,管内的水被压入漏斗。为避免量气管内压力过大造成漏气,可适当下移漏斗,使两边液面大体保持同一水平。

(3) 反应完毕,待试管冷却至室温,再次移动漏斗,使其液面与量气管液面处于同一水平面,记下液面位置 V_2。2 min 后,再记录液面位置,直至两次读数一致,即表明管中气体温度已与室温相同。

(4) 测量并记录室温与大气压。

五、数据记录与处理

(1) 将数据与结果记录于表 4-1 中。

表 4-1　数据记录与结果

实 验 序 号	1	2
室温 T/K		
大气压 p/Pa		
镁条质量 $m(Mg)/g$		
反应前量气管读数 V_1/mL		
反应后量气管读数 V_2/mL		
氢气的体积 V/mL		
氢气的物质的量 n/mol		
室温下水的饱和蒸气压 $p(H_2O)/Pa$		
氢气的分压 $p(H_2)/Pa$		
摩尔气体常数 $R/(J \cdot mol^{-1} \cdot K^{-1})$		
R 的平均值$/(J \cdot mol^{-1} \cdot K^{-1})$		

注:实际测得 $V = V(H_2) + V(H_2O)$,本实验 $V(H_2O)$ 可忽略。

(2) 计算相对误差,分析产生误差的原因。

六、思考题

(1) 在读取量气管液面刻度时,为什么要使漏斗和量气管两个液面在同一水平面上?

(2) 讨论下列情况对实验结果有何影响:①量气管中的气泡未赶尽;②反应过程中实验装置漏气;③镁条表面有氧化膜;④反应过程中,从量气管中压入漏斗的水过多而使水从漏斗中溢出。

实验二　化学反应的摩尔焓变的测定

一、实验目的

(1) 学习用热量计测定化学反应的摩尔焓变的原理和方法。
(2) 学习准确浓度溶液的配制方法。
(3) 掌握利用外推法校正温度改变值的作图方法。

二、实验原理

化学反应常伴随着能量的变化,当生成物的温度与反应物的温度相同,且在反应过程中除膨胀功以外不做其他功时,该化学反应所吸收或放出的热量,称为化学反应热效应。若反应是在恒压条件下进行的,则反应的热效应称为恒压热效应(Q_p),在化学热力学中用摩尔焓变(ΔH)表示,ΔH 数值上等于 Q_p。因此,通常可用量热的方法测定反应的摩尔焓变。对于放热反应,ΔH 为负值;对于吸热反应,ΔH 为正值。

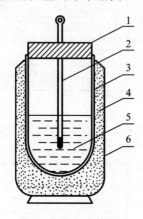

图 4-2　保温式热量计

1—保温杯盖；2—0.1 K 温度计；
3—真空隔热层；4—隔热材料；
5—水或反应物；6—保温杯外壳

本实验采用保温式热量计(图 4-2)测定锌和硫酸铜反应的摩尔焓变。

在恒压条件下,1 mol 锌置换硫酸铜溶液中的铜离子时,放出 216.8 kJ 的热量,即

$$Zn + CuSO_4 = ZnSO_4 + Cu$$

$$\Delta H = -216.8 \ kJ \cdot mol^{-1}$$

测定化学反应热效应的基本原理是能量守恒定律,即反应所放出的热量促使反应体系温度升高。因此,对上面的反应,其热效应与溶液的质量(m)、溶液的比热容(c)和反应前后体系温度的变化(ΔT)有如下关系:

$$Q_p = -(cm\Delta T + C_p\Delta T)$$

式中,C_p 为热量计的热容量($J \cdot K^{-1}$),即热量计本身每升温 1 K 所吸收的热量。

由溶液的密度(ρ)和体积(V)可得溶液的质量,即

$$m = \rho V$$

若上述反应以每摩尔锌置换铜离子时所放出的热量(kJ)来表示,综合以上两式,可得

$$\Delta H = \frac{Q_p}{n} = -\frac{(c\rho V + C_p)\Delta T}{n \times 1\ 000}$$

式中:ΔH 为反应热效应($kJ \cdot mol^{-1}$);V 为 $CuSO_4$ 溶液的体积(mL);ρ 为溶液的密度($g \cdot mL^{-1}$);c 为溶液的比热容($J \cdot g^{-1} \cdot K^{-1}$);$\Delta T$ 为溶液反应前后的温差(K);n 为体积为 V(mL)的 $CuSO_4$ 溶液中 $CuSO_4$ 的物质的量(mol)。

热量计的热容量可由以下方法求得:在热量计中首先加入温度为 T_1、质量为 m_1 的冷水,再加入温度为 T_2、质量为 m_2 的热水,两者混合后,水温为 T_3。

热量计得热为　　　　　　　$q_0 = (T_3 - T_1)C_p$

冷水得热为　　　　　　　　$q_1 = (T_3 - T_1)m_1 c_{水}$

热水失热为　　　　　　　　$q_2 = (T_2 - T_3)m_2 c_{水}$

因此　　　　　　　　　　　$q_0 = q_2 - q_1$

$$C_p = \frac{[m_2(T_2 - T_3) - m_1(T_3 - T_1)]c_{水}}{T_3 - T_1}$$

式中,$c_{水}$ 为水的比热容。

由上式可见,本实验的关键在于能否测得准确的温度值。为获得准确的温度变化值(ΔT),除精细观察反应时的温度变化外,还要对影响 ΔT 的因素进行校正。其校正的方法如下:在反应过程中,每隔 30 s 记录一次温度,然后以温度(T)对时间(t)作图,绘制 $T\text{-}t$ 曲线,如图 4-3 所示。按虚线外推到开始混合的时间($t=0$),求出温度变化的最大值(ΔT),这个外推的 ΔT 值能较客观地反映出由反应热所引起的温度变化。

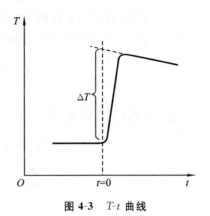

图 4-3 $T\text{-}t$ 曲线

三、仪器与药品

(1) 仪器:保温式热量计,精密温度计(0.1 K),移液管(50 mL),洗耳球,电子天平,台秤,秒表,容量瓶(250 mL),烧杯(100 mL),量筒(50 mL)。

(2) 药品:

① 单质:锌粉(化学纯)。

② 盐:$CuSO_4$ 溶液(0.200 mol·L^{-1})。

四、实验内容及步骤

1. $c(CuSO_4)=0.200$ mol·L^{-1} $CuSO_4$溶液的配制

在电子天平上称取 12.484 g $CuSO_4 \cdot 5H_2O$,放入烧杯中,加入适量的蒸馏水使其全部溶解,然后转移至 250 mL 容量瓶中。用少量(每次约 10 mL)的蒸馏水将烧杯淋洗 3 次,将淋洗液全部倒入容量瓶中,最后加蒸馏水稀释至刻度。塞紧容量瓶瓶塞,将其反复翻转 10 次以上,使其中溶液充分混匀。

2. 热量计热容量的测定

(1) 用量筒量取 50.0 mL 去离子水,倒入热量计中,盖好后适当摇动,待系统达到热平衡后(需 5~10 min),记录温度 T_1(精确到 0.1 K)。

(2) 在 100 mL 烧杯中加入 50.0 mL 去离子水,加热到高于 T_1 30 K 左右,静置 1~2 min,待热水系统温度均匀时,迅速测量温度 T_2(精确到 0.1 K)。

(3) 尽快将热水倒入热量计中,然后不断地摇荡保温杯,并立即计时和记录水温。每隔 30 s 记录一次温度,直至温度上升到最高点,再继续测定 3 min。

将上述实验重复一次,取两次实验所得结果的平均值,作 $T\text{-}t$ 图,用外推法求最高温度 T_3,并计算热量计的热容量 C_p。

3. 锌与硫酸铜反应的摩尔焓变的测定

(1) 用 50 mL 移液管吸取 100.00 mL 0.200 mol·L^{-1} $CuSO_4$溶液,放入干燥的热量计中,盖好盖子,不断地摇荡保温杯,每隔 30 s 记录一次温度读数,至温度稳定时,该温度为 T_4。再记录 5~8 次温度读数。

(2) 用台秤称取 3 g 锌粉,加入热量计中,迅速盖紧盖子,与此同时开始记录时间及温度变化。在不断摇荡保温杯的条件下,每隔 30 s 记录一次温度读数。至温度迅速上升时,可每隔 10 s 记录一次温度读数。至温度升到最高点后,再记录 3~4 min 的温度变化为止,该最高温度为 T_5。

五、数据记录与处理

(1) 热量计热容量的测定:见表 4-2。

表 4-2　热量计热容量的测定

实 验 序 号	1	2
冷水温度 T_1/K		
热水温度 T_2/K		
混合水温度 T_3/K		
热水温度降低值(T_2-T_3)/K		
冷水温度升高值(T_3-T_1)/K		
热量计的热容量 C_p/(J·K^{-1})		

(2) 锌与硫酸铜反应的摩尔焓变(ΔH)的测定:见表 4-3。

表 4-3　锌与硫酸铜反应的摩尔焓变的测定数据

实 验 序 号	1	2	3	...
硫酸铜溶液温度 T_4/K				
反应后溶液温度 T_5/K				
反应中温升$(\Delta T=T_5-T_4)$/K				

设溶液的比热容近似于水的比热容(4.18 J·g^{-1}·K^{-1}),溶液的密度近似于水的密度(1.0 g·mL^{-1}),计算 ΔH。

(3) 已知在恒压下,上述反应的摩尔焓变 $\Delta H = -216.8$ kJ·mol^{-1}。计算实验的相对误差并分析造成误差的原因(如操作与计算正确,所得结果的误差可小于3%)。

六、思考题

(1) 为什么放热反应的温度-时间曲线的后半段逐渐下降,而吸热反应则相反?

(2) 实验中硫酸铜的浓度和体积要求比较精确,为什么锌粉只用台秤称量?

(3) 实验产生误差的可能原因是什么?

实验三　化学平衡常数的测定

一、实验目的

(1) 了解用比色法测定平衡常数的原理和方法。

(2) 学习分光光度计的使用方法。

二、实验原理

通常对于一些能生成有色离子的反应,可利用比色法测定离子的平衡浓度,从而求得反应的平衡常数。本实验采用目测比色法和分光光度法测定化学反应的平衡常数。

(1) 目测比色法:利用自然光作为入射光,根据朗伯-比尔定律可知,溶液的吸光度 A 与溶液中有色物质的浓度 c 和液层厚度 l 的乘积成正比,即

$$A = kcl \tag{4-1}$$

目测比色法除采用与系列标准溶液对比外,也可通过调节液层的厚度,使其颜色相同(即 A 相同),从而求得有色物质的浓度。在指定条件下(k 不变),若使待测溶液的吸光度与标准溶液(已知准确浓度)的吸光度相同,则由式(4-1)可得

$$c'l' = cl \tag{4-2}$$

这样,将已知的标准溶液浓度 c' 和厚度 l',以及待测溶液的厚度 l 的数值代入式(4-2),即可求出待测溶液中有色物质的浓度 c。

本实验测定的是反应

$$Fe^{3+}(aq) + HSCN(aq) \Longrightarrow [Fe(SCN)]^{2+}(aq) + H^+(aq)$$

的平衡常数:

$$K = \frac{\dfrac{c^{eq}([Fe(SCN)]^{2+})}{c^{\ominus}} \dfrac{c^{eq}(H^+)}{c^{\ominus}}}{\dfrac{c^{eq}(Fe^{3+})}{c^{\ominus}} \dfrac{c^{eq}(HSCN)}{c^{\ominus}}}$$

为了抑制 Fe^{3+} 与水作用产生棕色的 $[Fe(OH)]^{2+}$(它会干扰比色测定),反应系统中应保持较大的酸度,例如,$c(H^+) = 0.50\ mol \cdot L^{-1}$。而在此条件下,系统中所用试剂(配位剂)$SCN^-$ 基本以 HSCN 形式存在。

待测溶液中 $[Fe(SCN)]^{2+}$ 的平衡浓度 $c^{eq}([Fe(SCN)]^{2+})$ 可通过与 $[Fe(SCN)]^{2+}$ 标准溶液比色而测得。Fe^{3+}、HSCN 以及 H^+ 的平衡浓度与其对应的起始浓度的关系分别为

$$c^{eq}(Fe^{3+}) = c_0(Fe^{3+}) - c^{eq}([Fe(SCN)]^{2+}) \tag{4-3}$$

$$c^{eq}(HSCN) = c_0(HSCN) - c^{eq}([Fe(SCN)]^{2+}) \tag{4-4}$$

$$c^{eq}(H^+) \approx c_0(H^+)$$

将各物质的平衡浓度 c^{eq} 代入即可求得 K 值。

(2) 分光光度法:不以自然光作为入射光,采用单色光进行比色分析,在指定条件下,让光线通过置于厚度同为 l 的比色皿中的溶液。此时式(4-1)就可简化为

$$A'/A = c'/c \tag{4-5}$$

三、仪器与药品

(1) 仪器:烧杯(干燥、50 mL,5 只),滴管,移液管或吸量管(10 mL,4 支),洗耳球,白瓷板,洗瓶,滤纸,温度计(公用),721 型(或 722 型)分光光度计,比色管(干燥、25 mL,5 支),比色管架,直尺。

(2) 药品(盐):Fe(NO₃)₃ 溶液(0.002 00 mol·L⁻¹、0.200 mol·L⁻¹),KSCN 溶液(0.002 00 mol·L⁻¹)。

四、实验内容及步骤

1. 溶液的配制

1) 配制[Fe(SCN)]²⁺标准溶液

用移液管或吸量管分别准确量取 10.00 mL 0.200 mol·L⁻¹ Fe(NO₃)₃溶液、2.00 mL 0.002 00 mol·L⁻¹ KSCN 溶液、8.00 mL H₂O,注入已编号的干燥小烧杯中,轻轻摇荡,混合均匀。

2) 配制待测溶液

在 4 只干燥的小烧杯中分别按表 4-4 所示比例,混合待测溶液,具体配制方法如上述[Fe(SCN)]²⁺标准溶液的配制。

表 4-4　待测溶液的配制　　　　　　　　　　　　　　(单位:mL)

实　验　编　号	1	2	3	4
0.002 00 mol·L⁻¹ Fe(NO₃)₃溶液	5.00	5.00	5.00	5.00
0.002 00 mol·L⁻¹ KSCN 溶液	5.00	4.00	3.00	2.00
H₂O	0	1.00	2.00	3.00

2. 平衡常数的测定

可任选下列方法之一测定平衡常数;若有可能,则完成全部实验内容。

1) 目测比色法

将已配制好的编号 1~4 的待测溶液分别注入 4 支干燥的比色管中。用直尺测量并记录各比色管中溶液的厚度 l(在本实验中即为溶液的高度),精确至±0.1 mm。

往另一支干燥的比色管中,注入[Fe(SCN)]²⁺标准溶液至高度为 50~60 mm。将 1 号待测溶液的比色管与标准溶液的比色管并列,并用白纸围住,使光线从底部进入。为了便于观察,比色时在比色管底部桌面上放置一块白瓷板,手握比色管,从比

色管口垂直向下看。

比色时,若标准溶液的颜色较深,可用已经标准溶液洗涤过的滴管(或干燥滴管),从该比色管中吸出部分标准溶液;若颜色较浅,可再滴加部分标准溶液于比色管中。如此反复进行,直到标准溶液与 1 号待测溶液的红色深浅一致。用直尺量出比色管中标准溶液的厚度 l',精确至 ± 0.1 mm。(是否可将上述调节标准溶液厚度的方法,改为调节待测溶液厚度来达到实验目的? 前者有何优越性?)

如上操作,依次测定对应 2 号、3 号、4 号待测溶液厚度 l 和标准溶液厚度 l'。将数据记录于表 4-5 中。

表 4-5　目测比色法实验数据

实　验　编　号		1	2	3	4
待测溶液厚度 l/mm					
标准溶液厚度 l'/mm					
起始浓度 c_0 /(mol · L^{-1})	Fe^{3+} 溶液				
	SCN$^-$ 溶液				
平衡浓度 c^{eq} /(mol · L^{-1})	H$^+$ 溶液				
	[Fe(SCN)]$^{2+}$ 溶液				
	Fe^{3+} 溶液				
	HSCN 溶液				
平衡常数 K					
实验时室温 $T=$　　　K;　K 的平均值＝					

2) 分光光度法

按分光光度计的操作步骤,调整好微安计零点。选定单色光的波长为 447 nm。

取 4 个厚度为 1 cm 的比色皿,分别注入空白溶液(可用去离子水),标准溶液,1 号、2 号待测溶液至约为比色皿 4/5 容积处。

将盛有空白溶液、标准溶液的比色皿放入比色皿框的第一、二格中,将盛有其他溶液的比色皿依次放入其余的位置中。

按分光光度计的操作步骤测量各溶液的吸光度,数据记录入表 4-6 中。若比色皿有限,待测溶液可予更换,但整个测定过程中需保留空白溶液及标准溶液的比色皿。

表 4-6　分光光度法实验数据

实　验　编　号	1	2	3	4	标准
吸光度 A(比色皿厚度　　　cm)					

续表

实验编号		1	2	3	4	标准
起始浓度 $c_0/(\text{mol} \cdot \text{L}^{-1})$	Fe^{3+} 溶液					
	SCN^- 溶液					
平衡浓度 $c^{eq}/(\text{mol} \cdot \text{L}^{-1})$	H^+ 溶液					—
	$[Fe(SCN)]^{2+}$ 溶液					
	Fe^{3+} 溶液					
	HSCN 溶液					
平衡常数 K						
实验时室温 $T=$　　　K；　K 的平均值$=$						

测量完毕,关闭分光光度计电源,从比色皿框中取出比色皿,弃去其中的溶液,用去离子水洗净后放回原处。

五、思考题

(1) 目测比色法与分光光度法是如何测得$[Fe(SCN)]^{2+}$的平衡浓度的？如何利用$[Fe(SCN)]^{2+}$的平衡浓度进一步求得 Fe^{3+} 与 HSCN 反应的平衡常数？

(2) 本实验中所用的 $Fe(NO_3)_3$ 溶液为何要用 HNO_3 溶液配制？HNO_3 溶液的浓度对该平衡常数的测定有何影响？

(3) 能否将调节标准溶液厚度的方法改为调节待测溶液厚度来达到实验目的？前者有何优越性？

(4) 使用 721 型(或 722 型)分光光度计与比色皿时有哪些应注意之处？

实验四　化学反应速率及反应活化能的测定

一、实验目的

(1) 了解浓度、温度和催化剂对化学反应速率的影响。

(2) 测定过二硫酸铵与碘化钾的反应速率,并计算该反应的速率常数、活化能和反应级数。

(3) 学会用作图法处理实验数据。

二、实验原理

1. 反应速率的测定

$(NH_4)_2S_2O_8$ 和 KI 在水溶液中发生如下反应：

$$S_2O_8^{2-}(aq) + 3I^-(aq) = 2SO_4^{2-}(aq) + I_3^-(aq) \tag{1}$$

理论上该反应对应的速率方程式为

$$v = -\frac{dc(S_2O_8^{2-})}{dt} = kc^m(S_2O_8^{2-}) \cdot c^n(I^-)$$

式中：$dc(S_2O_8^{2-})$ 为 $S_2O_8^{2-}$ 在 dt 时间内浓度的改变量；m、n 为反应级数。

在实验中由于无法测定 dt 时间内 $S_2O_8^{2-}$ 浓度的改变量，故通常以"Δt"代替"dt"，即以平均速率 $\Delta c(S_2O_8^{2-})/\Delta t$ 代替瞬间速率 $dc(S_2O_8^{2-})/dt$。这是本实验产生误差的主要原因之一。此时上式可改写为

$$v = -\frac{\Delta c(S_2O_8^{2-})}{\Delta t} = kc^m(S_2O_8^{2-}) \cdot c^n(I^-)$$

为了能够测出在一定时间（Δt）内 $S_2O_8^{2-}$ 浓度的变化量，在 $(NH_4)_2S_2O_8$ 和 KI 混合之前，先在 KI 溶液中加入一定体积已知浓度的 $Na_2S_2O_3$ 溶液和作为指示剂的淀粉溶液。这样在反应(1)进行的同时，还将发生下面的反应：

$$2S_2O_3^{2-}(aq) + I_3^-(aq) = S_4O_6^{2-}(aq) + 3I^-(aq) \tag{2}$$

反应(2)进行得非常快，几乎瞬时即可完成。而反应(1)比反应(2)要慢得多，所以由反应(1)生成的碘（$I_3^- = I_2 + I^-$）立即与 $S_2O_3^{2-}$ 作用，生成无色的 $S_4O_6^{2-}$ 和 I^-。因此，在反应开始后的一段时间内，看不到碘与淀粉作用所显示的蓝色。但是，一旦 $Na_2S_2O_3$ 耗尽，反应(1)生成的微量 I_3^- 立即与淀粉作用，使溶液呈现蓝色。

从反应(1)和反应(2)的化学计量关系可以看出，$S_2O_8^{2-}$ 浓度的减少量等于 $S_2O_3^{2-}$ 浓度的减少量的一半，即

$$\Delta c(S_2O_8^{2-}) = \Delta c(S_2O_3^{2-})/2$$

则

$$v = -\frac{\Delta c(S_2O_8^{2-})}{\Delta t} = -\frac{\Delta c(S_2O_3^{2-})}{2\Delta t}$$

式中，Δt 为反应开始到溶液刚出现蓝色所用的时间。

因为在 Δt 时间内，$S_2O_3^{2-}$ 全部耗尽，所以 $\Delta c(S_2O_3^{2-})$ 在数值上等于反应开始时 $S_2O_3^{2-}$ 浓度的负值。则

$$v = -\frac{\Delta c(S_2O_3^{2-})}{2\Delta t} = \frac{c_0(S_2O_3^{2-})}{2\Delta t} = kc^m(S_2O_8^{2-}) \cdot c^n(I^-)$$

2. 反应级数和反应速率常数的计算

根据

$$v = kc^m(S_2O_8^{2-}) \cdot c^n(I^-)$$

可得

$$\frac{v_1}{v_2} = \frac{kc_1^m(S_2O_8^{2-}) \cdot c_1^n(I^-)}{kc_2^m(S_2O_8^{2-}) \cdot c_2^n(I^-)}$$

若固定 $c(S_2O_8^{2-})$，改变 $c(I^-)$，可得下式：

$$\frac{v_1}{v_2} = \frac{c_1^n(I^-)}{c_2^n(I^-)} = \left(\frac{c_1(I^-)}{c_2(I^-)}\right)^n$$

两边取对数，即可求出反应级数 n 的值，同理可求出反应级数 m 的值。

将 m、n 代入反应速率方程式中,可求得反应速率常数 k。

3. 反应活化能的计算

根据阿仑尼乌斯方程,反应速率常数与反应温度之间存在如下关系:

$$\lg k = A - \frac{E_a}{2.303RT}$$

式中:E_a 为反应的活化能;R 为摩尔气体常数,$R = 8.314$ J・mol^{-1}・K^{-1};T 为热力学温度。

求出不同温度下的 k 值后,以 $\lg k$ 对 $1/T$ 作图,可得一直线,由直线的斜率 $\left(-\dfrac{E_a}{2.303R}\right)$ 可求得反应的活化能 E_a。

Cu^{2+} 可以加快 $(NH_4)_2S_2O_8$ 与 KI 反应的速率,Cu^{2+} 的加入量不同,反应速率加快的程度也不同。

三、仪器、药品及材料

(1) 仪器:恒温水浴锅 1 台,烧杯 5 只(50 mL,分别标上 1、2、3、4、5 号),量筒 6 个[10 mL 4 个,分别标上 0.2 mol・L^{-1} $(NH_4)_2S_2O_8$、0.2 mol・L^{-1} KI、0.2 mol・L^{-1} KNO$_3$、0.2 mol・L^{-1} $(NH_4)_2SO_4$;5 mL 2 个,分别标上 0.05 mol・L^{-1} Na$_2$S$_2$O$_3$、0.2%淀粉],秒表 1 块,玻璃棒或电磁搅拌器。

(2) 药品:

① 盐:$(NH_4)_2S_2O_8$ 溶液(0.2 mol・L^{-1}),KI 溶液(0.2 mol・L^{-1}),Na$_2$S$_2$O$_3$ 溶液(0.05 mol・L^{-1}),KNO$_3$ 溶液(0.2 mol・L^{-1}),$(NH_4)_2SO_4$ 溶液(0.2 mol・L^{-1}),Cu(NO$_3$)$_2$ 溶液(0.02 mol・L^{-1})。

② 其他:淀粉溶液(0.2%)。

(3) 材料:坐标纸。

四、实验内容及步骤

1. 浓度对反应速率的影响

在室温下,按表 4-7 所列反应物用量,用量筒准确量取各试剂,除 0.2 mol・L^{-1} $(NH_4)_2S_2O_8$ 溶液外,其余各试剂均可按用量混合在各编号烧杯中,当加入 0.2 mol・L^{-1} $(NH_4)_2S_2O_8$ 溶液时,立即计时,并把溶液混合均匀(用玻璃棒搅拌或把烧杯放在电磁搅拌器上搅拌),等溶液变蓝时停止计时,记下时间 Δt 和室温。

计算每次实验的反应速率 v,并填入表 4-7 中。

表 4-7　浓度对反应速率的影响　　　　　　　　　　(室温:　℃)

实 验 编 号	1	2	3	4	5
$V[(NH_4)_2S_2O_8]$/mL	20	10	5	20	20

续表

实 验 编 号	1	2	3	4	5
$V(KI)/mL$	20	20	20	10	5
$V(Na_2S_2O_3)/mL$	8	8	8	8	8
$V(KNO_3)/mL$	0	0	0	10	15
$V[(NH_4)_2SO_4]/mL$	0	10	15	0	0
$V(淀粉)/mL$	4	4	4	4	4
反应时间 $\Delta t/s$					

2. 温度对反应速率的影响

按表 4-7 中实验编号 1 的试剂用量分别在高于室温 10 K、20 K 和 30 K 的温度下进行实验。这样就可测得这三个温度下的反应时间,并算出三个温度下的反应速率及速率常数,把数据和实验结果填入表 4-8 中。

表 4-8 温度对反应速率的影响

实 验 编 号	1	6	7	8
反应温度 T/K	t	$t+10$ K	$t+20$ K	$t+30$ K
反应时间 $\Delta t/s$				

3. 催化剂对反应速率的影响

在室温下,按表 4-7 中实验编号 1 的试剂用量,再分别加入 1 滴、5 滴、10 滴 0.02 mol·L^{-1}Cu(NO$_3$)$_2$溶液[为使总体积和离子强度一致,不足 10 滴的用 0.2 mol·L^{-1} (NH$_4$)$_2$SO$_4$溶液补充],进行实验。将数据和实验结果填入表 4-9 中。

表 4-9 催化剂对反应速率的影响

实 验 编 号	9	10	11
Cu(NO$_3$)$_2$用量/滴	1	5	10
反应时间 $\Delta t/s$			
反应速率 $v/(mol·L^{-1}·s^{-1})$			

五、数据处理

1. 浓度对反应速率的影响

用表 4-7 中实验编号 1、2、3 的数据,依据初始速率法求 m;用实验编号 1、4、5 的数据,求出 n,然后求出 $(m+n)$;再由公式 $k = \dfrac{v}{c^m(S_2O_8^{2-})·c^n(I^-)}$ 求出各实验的 k,并把计算结果填入表 4-10 中。

表 4-10　浓度对反应速率的影响

实 验 编 号	1	2	3	4	5
$c_0(S_2O_8^{2-})/(mol \cdot L^{-1})$					
$c_0(I^-)/(mol \cdot L^{-1})$					
$c_0(S_2O_3^{2-})/(mol \cdot L^{-1})$					
反应时间 $\Delta t/s$					
$\Delta c(S_2O_3^{2-})/(mol \cdot L^{-1})$					
$v/(mol \cdot L^{-1} \cdot s^{-1})$					
$k/[(mol \cdot L^{-1})^{1-m-n} \cdot s^{-1}]$					
反应温度/K					

从上述实验及数据处理中,能得出什么结论?

2. 温度对反应速率的影响

按表 4-7 中实验编号 1 的试剂用量分别在高于室温 10 K、20 K 和 30 K 的温度下测得的反应时间,计算出三个温度下的反应速率及速率常数,利用各次实验的 k 和 T,作 $\lg k$-$1/T$ 图,求出直线的斜率,进而求出反应(1)的活化能 E_a。把数据和实验结果填入表 4-11 中。

表 4-11　温度对反应速率的影响

实 验 编 号	1	6	7	8
反应温度 T/K	t	$t+10$ K	$t+20$ K	$t+30$ K
反应时间 $\Delta t/s$				
$v/(mol \cdot L^{-1} \cdot s^{-1})$				
$k/[(mol \cdot L^{-1})^{1-m-n} \cdot s^{-1}]$				
$\lg k$				
$1/T$				
$E_a/(kJ \cdot mol^{-1})$				

从上述实验及数据处理中,能得出什么结论?

3. 催化剂对反应速率的影响

将表 4-9 中的反应速率与表 4-7 中的进行比较,能得出什么结论?

六、思考题

(1) 在浓度对反应速率影响的实验中,有些溶液中加入了 KNO_3 或 $(NH_4)_2SO_4$,其目的是什么?

(2) 反应中加入定量的 $Na_2S_2O_3$，其作用是什么？

(3) 下列情况对实验结果有什么影响？

① 取用溶液的量筒没有分开；

② 在测定活化能的实验中，溶液混合后不搅拌。

(4) 根据反应方程式能否直接确定反应级数？

(5) 实验中当蓝色出现后，反应是否就终止了？

实验五　碘化铅溶度积常数的测定（分光光度法）

一、实验目的

(1) 了解用分光光度计测定溶度积常数的原理和方法。

(2) 学习 721 型（或 72 型、722 型）分光光度计的使用方法。

二、实验原理

碘化铅是难溶电解质，在其饱和溶液中存在下列沉淀-溶解平衡：

$$PbI_2(s) \rightleftharpoons Pb^{2+}(aq) + 2I^-(aq)$$

PbI_2 的溶度积常数表达式为

$$K_{sp}^{\ominus}(PbI_2) = [c(Pb^{2+})/c^{\ominus}] \cdot [c(I^-)/c^{\ominus}]^2$$

在一定温度下，如果测定出 PbI_2 饱和溶液中的 $c(I^-)$ 和 $c(Pb^{2+})$，则可以求得 $K_{sp}^{\ominus}(PbI_2)$。

若将已知浓度的 $Pb(NO_3)_2$ 溶液和 KI 溶液按不同体积比混合，生成的 PbI_2 沉淀与溶液达到平衡，通过测定溶液中的 $c(I^-)$，再根据系统的初始组成及沉淀反应中 Pb^{2+} 与 I^- 的化学计量关系，可以计算出溶液中的 $c(Pb^{2+})$。由此可求得 PbI_2 的溶度积常数。

本实验采用分光光度法测定溶液中的 $c(I^-)$。尽管 I^- 是无色的，但可在酸性条件下用 KNO_2 将 I^- 氧化为 I_2（保持 I_2 浓度在其饱和浓度以下），I_2 水溶液呈棕黄色。用分光光度计在 525 nm 波长下测定由各饱和溶液配制的 I_2 溶液的吸光度 A，然后由标准曲线查出 $c(I^-)$，则可计算出饱和溶液中的 $c(I^-)$。

三、仪器、药品及材料

(1) 仪器：721 型（或 72 型、722 型）分光光度计，比色皿（2 cm）4 个，烧杯（50 mL）6 只，试管（ø12 mm×150 mm）6 支，吸量管（1 mL 3 支，5 mL 3 支，10 mL 1 支），漏斗 3 个。

(2) 药品：

① 酸：HCl 溶液（6.0 mol·L^{-1}）。

② 盐:Pb(NO$_3$)$_2$溶液(0.015 mol·L^{-1}),KI 溶液(0.035 mol·L^{-1}、0.003 5 mol·L^{-1}),KNO$_2$溶液(0.020 mol·L^{-1})。

(3) 材料:滤纸,镜头纸,橡皮塞。

四、实验内容及步骤

1. 绘制 A-c(I$^-$)标准曲线

在 5 支干燥的小试管中分别加入 1.00 mL、1.50 mL、2.00 mL、2.50 mL、3.00 mL 0.003 5 mol·L^{-1} KI 溶液,并加入去离子水使总体积为 4.00 mL,再分别加入 2.00 mL 0.020 mol·L^{-1} KNO$_2$溶液及 1 滴 6.0 mol·L^{-1} HCl 溶液。摇匀后,分别倒入比色皿中。以水做参比溶液,在 525 nm 波长下测定吸光度 A。以吸光度 A 为纵坐标,以相应 I$^-$ 浓度为横坐标,绘制 A-c(I$^-$)标准曲线。

注意:氧化后得到的 I$_2$ 浓度应小于室温下 I$_2$ 的溶解度。不同温度下,I$_2$ 的溶解度如下:

温度/℃	20	30	40
溶解度/[g·(100 g(H$_2$O))$^{-1}$]	0.029	0.056	0.078

2. 制备 PbI$_2$饱和溶液

(1) 取 3 支洁净、干燥的大试管,按表 4-12 所列体积用吸量管加入 0.015 mol·L^{-1} Pb(NO$_3$)$_2$溶液、0.035 mol·L^{-1} KI 溶液、去离子水,使每支试管中溶液的总体积为 10.00 mL。

表 4-12　试剂用量

试 管 编 号	V[Pb(NO$_3$)$_2$]/mL	V(KI)/mL	V(H$_2$O)/mL
1	5.00	3.00	2.00
2	5.00	4.00	1.00
3	5.00	5.00	0.00

(2) 用橡皮塞塞紧试管,摇荡试管,大约 20 min 后,将试管静置 3~5 min。

(3) 在装有干燥滤纸的干燥漏斗上,将制得的含有 PbI$_2$固体的饱和溶液过滤,同时用干燥的试管接取滤液。弃去沉淀,保留滤液。

(4) 在 3 支干燥小试管中用吸量管分别注入 1 号、2 号、3 号 PbI$_2$饱和溶液 2.00 mL,再分别注入 2.00 mL 0.020 mol·L^{-1} KNO$_2$溶液、2.00 mL 去离子水和 1 滴 6.0 mol·L^{-1} HCl 溶液。摇匀后,分别倒入 2 cm 比色皿中,以水做参比溶液,在 525 nm 波长下测定溶液的吸光度。

五、数据记录与处理

将有关实验数据填入表 4-13 中。

表 4-13　PbI$_2$ 溶度积常数测定

试 管 编 号	1	2	3
$V[Pb(NO_3)_2]/mL$			
$V(KI)/mL$			
$V(H_2O)/mL$			
$V_总/mL$			
稀释后溶液的吸光度			
由标准曲线查得的平衡时 $c(I^-)/(mol \cdot L^{-1})$			
平衡时溶液中 $n(I^-)/mol$			
初始 $n(Pb^{2+})/mol$			
初始 $n(I^-)/mol$			
沉淀中 $n(I^-)/mol$			
沉淀中 $n(Pb^{2+})/mol$			
平衡时溶液中 $n(Pb^{2+})/mol$			
平衡时 $c(Pb^{2+})/(mol \cdot L^{-1})$			
$K_{sp}^{\ominus}(PbI_2)$			

注：由于饱和溶液中 K^+、NO_3^- 浓度不同,影响 PbI$_2$ 的溶解度,因此实验中为保证溶液中离子强度一致,各种溶液都应以 0.20 mol $\cdot$ L^{-1} KNO$_3$ 溶液为介质配制,但测得的 $K_{sp}^{\ominus}(PbI_2)$ 比在水中的大。本实验未考虑离子强度的影响。

六、思考题

（1）配制 PbI$_2$ 饱和溶液时为什么要充分摇荡?

（2）如果使用湿的小试管配制比色溶液,对实验结果将产生什么影响?

实验六　碘酸铜溶度积常数的测定(分光光度法)

一、实验目的

（1）了解分光光度法测定碘酸铜溶度积常数的原理和方法,加深对溶度积常数概念的理解。

（2）学会分光光度计的使用。

（3）巩固溶液配制、移液等基本操作。

二、实验原理

碘酸铜是难溶强电解质,在其饱和水溶液中,存在着下列平衡:

$$Cu(IO_3)_2(s) \Longrightarrow Cu^{2+}(aq) + 2IO_3^-(aq)$$

在一定温度下,平衡溶液中 Cu^{2+} 相对浓度与 IO_3^- 相对浓度平方的乘积是一个常数,即

$$K_{sp}^{\ominus} = \frac{c(Cu^{2+})}{c^{\ominus}} \cdot \left[\frac{c(IO_3^-)}{c^{\ominus}}\right]^2$$

式中:$c(Cu^{2+})$、$c(IO_3^-)$ 为平衡时物质的量浓度;$K_{sp}^{\ominus}$ 称为溶度积常数,它和其他平衡常数一样,随温度的不同而改变。因此,如果能测得在一定温度下碘酸铜饱和溶液中 $c(Cu^{2+})$ 和 $c(IO_3^-)$,就可以求出该温度下的 $K_{sp}^{\ominus}$。

本实验是由硫酸铜和碘酸钾作用制备碘酸铜饱和溶液,然后利用饱和溶液中的 Cu^{2+} 与过量 $NH_3 \cdot H_2O$ 作用生成深蓝色的配离子 $[Cu(NH_3)_4]^{2+}$,这种配离子对波长为 600 nm 的光具有强吸收,而且在一定浓度下,它对光的吸收程度(用吸光度 A 表示)与溶液浓度成正比。因此,用分光光度计测得碘酸铜饱和溶液中 Cu^{2+} 与 $NH_3 \cdot H_2O$ 作用后生成的 $[Cu(NH_3)_4]^{2+}$ 溶液的吸光度,利用标准曲线并通过计算就能确定饱和溶液中 $c(Cu^{2+})$。

利用平衡时 $c(Cu^{2+})$ 与 $c(IO_3^-)$ 的关系,就能求出碘酸铜的溶度积常数 $K_{sp}^{\ominus}$。

标准曲线的绘制方法:配制一系列 $[Cu(NH_3)_4]^{2+}$ 标准溶液,用分光光度计测定该系列中各标准溶液的吸光度,然后以吸光度 A 为纵坐标,相应的 Cu^{2+} 浓度为横坐标作图,得到的直线为标准曲线(也称工作曲线)。

三、仪器与药品

(1) 仪器:台秤,吸量管(2 mL),移液管(20 mL),容量瓶(50 mL),烧杯,定量滤纸,长颈漏斗,温度计(273~373 K),722 型分光光度计。

(2) 药品:$CuSO_4 \cdot 5H_2O$,$CuSO_4$ 溶液(0.100 mol·L^{-1}),KIO_3(s),$NH_3 \cdot H_2O$(6 mol·L^{-1}),$BaCl_2$ 溶液(0.1 mol·L^{-1})。

四、实验内容及步骤

1. $Cu(IO_3)_2$ 沉淀的制备

在烧杯中用 1.5 g $CuSO_4 \cdot 5H_2O$ 和 2.5 g KIO_3 与适量水反应,搅拌下加热至 70~80 ℃,保持 15 min,静置至室温,弃去上层清液,采用倾析法用蒸馏水洗涤沉淀至无 SO_4^{2-} 为止,制得 $Cu(IO_3)_2$ 沉淀。

2. $Cu(IO_3)_2$ 饱和溶液的制备

将上述制得的 $Cu(IO_3)_2$ 沉淀配制成 60 mL 饱和溶液。用干的双层滤纸过滤,将饱和溶液收集于干燥的烧杯中。

3. 标准曲线的绘制

分别吸取 0.40 mL、0.80 mL、1.20 mL、1.60 mL 和 2.00 mL 0.100 mol·L^{-1} $CuSO_4$ 溶液于 5 个 50 mL 容量瓶中,各加入 6 mol·L^{-1} $NH_3·H_2O$ 4 mL,摇匀,用蒸馏水稀释至刻度,再摇匀。

以蒸馏水作参比液,选用 1 cm 比色皿,选择入射光波长为 600 nm,用分光光度计分别测定各溶液的吸光度。以吸光度 A 为纵坐标,相应 Cu^{2+} 浓度为横坐标,绘制标准曲线。

4. 饱和溶液中 Cu^{2+} 浓度的测定

吸取 20.00 mL 过滤后的 $Cu(IO_3)_2$ 饱和溶液于 50 mL 容量瓶中,加入 4 mL 6 mol·L^{-1} $NH_3·H_2O$,摇匀,用水稀释至刻度,再摇匀。

按上述测定标准曲线同样条件测定溶液的吸光度。根据标准曲线求出饱和溶液中 $c(Cu^{2+})$。

五、数据记录及处理

(1) 绘制标准曲线(表 4-14)。

表 4-14　标准曲线的绘制

编　　号	1	2	3	4	5
$V(CuSO_4)$/mL	0.40	0.80	1.20	1.60	2.00
相应的 $c(Cu^{2+})$/(mol·L^{-1})					
吸光度/A					

(2) 根据 $Cu(IO_3)_2$ 饱和溶液吸光度,通过标准曲线求出饱和溶液中 Cu^{2+} 浓度,计算 $K_{sp}^{\ominus}$。

六、思考题

(1) 怎样制备 $Cu(IO_3)_2$ 饱和溶液? 制备 $Cu(IO_3)_2$ 时,何种物质过量?

(2) 如果 $Cu(IO_3)_2$ 溶液未达饱和状态,对测定结果有何影响?

(3) 假如在过滤 $Cu(IO_3)_2$ 饱和溶液时有 $Cu(IO_3)_2$ 固体穿透滤纸,将对实验结果产生什么影响?

实验七　硫酸钡的溶度积常数的测定(电导率法)

一、实验目的

(1) 了解用电导率法测定难溶电解质溶度积常数的原理和方法。

(2) 加深对弱电解质解离平衡的理解。

(3) 掌握电导率仪的使用方法。

二、实验原理

在难溶电解质 $BaSO_4$ 的饱和溶液中,存在下列平衡:

$$BaSO_4(s) \Longrightarrow Ba^{2+}(aq) + SO_4^{2-}(aq)$$

其溶度积常数为

$$K_{sp}(BaSO_4) = [c(Ba^{2+})/c^{\ominus}] \cdot [c(SO_4^{2-})/c^{\ominus}] = c^2(BaSO_4)$$

由于难溶电解质的溶解度很小,很难直接测定,本实验利用浓度与电导率的关系,通过测定溶液的电导率,计算 $BaSO_4$ 的溶解度[$c(BaSO_4)$],从而计算其溶度积常数。

电解质溶液中摩尔电导率(Λ_m)、电导率(κ)与浓度(c)间存在着下列关系:

$$\Lambda_m = \frac{\kappa}{c} \tag{4-6}$$

对难溶电解质来说,它的饱和溶液可近似地看成无限稀释溶液,离子间的影响可忽略不计,这时溶液的摩尔电导率为极限摩尔电导率(Λ_∞)。$BaSO_4$ 的极限摩尔电导率可由物理化学手册查得。因此,只要测得 $BaSO_4$ 饱和溶液的电导率[$\kappa(BaSO_4)$],根据式(4-6),就可计算出 $BaSO_4$ 的溶解度 $c(BaSO_4)$。

$$c(BaSO_4) = \kappa(BaSO_4) \frac{1}{\Lambda_\infty(BaSO_4)} (mol \cdot m^{-3})$$

$$= \kappa(BaSO_4) \frac{1}{1\,000\Lambda_\infty(BaSO_4)} (mol \cdot L^{-1})$$

则

$$K_{sp}(BaSO_4) = \left[\kappa(BaSO_4) \frac{1}{1\,000\Lambda_\infty(BaSO_4)}\right]^2$$

三、仪器、药品及材料

(1) 仪器:电导率仪,水浴锅,温度计,烧杯(100 mL),玻璃棒,滴管,移液管(20 mL)。

(2) 药品:$BaCl_2$ 溶液(0.05 mol · L^{-1}),H_2SO_4 溶液(0.05 mol · L^{-1}),$AgNO_3$ 溶液(0.1 mol · L^{-1})。

(3) 材料:擦镜纸或滤纸片。

四、实验内容及步骤

(1) $BaSO_4$ 饱和溶液的制备:用移液管移取 20 mL 0.05 mol · L^{-1} H_2SO_4 溶液和 20 mL 0.05 mol · L^{-1} $BaCl_2$ 溶液分别置于 100 mL 烧杯中,加热到接近沸腾(刚有气泡出现),在搅拌下趁热将 $BaCl_2$ 溶液慢慢滴加到(每分钟 2~3 滴) H_2SO_4 溶液中,然后将盛有沉淀的烧杯放置于沸水浴中加热并搅拌 10 min。静置冷却 20 min 后,用倾析法倾倒上清液,再用近沸的蒸馏水洗涤 $BaSO_4$ 沉淀,重复洗涤沉淀 3~4 次,直到检

验上清液中无 Cl^- 为止(为了提高洗涤效果,每次应尽量不留母液)。最后在洗净的 $BaSO_4$ 沉淀中加入 40 mL 蒸馏水,在不断搅拌状态下煮沸 3～5 min,冷却至室温。

(2)用电导率仪测定实验制得的 $BaSO_4$ 饱和溶液的电导率。

五、数据记录及处理

将有关数据及处理结果记录于表 4-15 中。

表 4-15 硫酸钡溶度积常数的测定

室温/℃	
$\kappa(BaSO_4)/(S \cdot m^{-1})$	
$K_{sp}(BaSO_4)$	

六、注意事项

(1)实验所用蒸馏水的电导率应在 $5 \times 10^{-4} S \cdot m^{-1}$ 左右,这样才可使 $K_{sp}(BaSO_4)$ 能较好地接近文献值。

(2)为了保证 $BaSO_4$ 饱和溶液的饱和度,在测定 $\kappa(BaSO_4)$ 时一定要保证盛 $BaSO_4$ 饱和溶液的小烧杯中下层有 $BaSO_4$ 晶体,上层是澄清液。

(3)上述计算所得的 $K_{sp}(BaSO_4)$ 只是近似值,因为测得的 $BaSO_4$ 饱和溶液电导率 $\kappa(BaSO_4)$ 包括 H_2O 的电导率 $\kappa(H_2O)$。精确计算时,在测定 $\kappa(BaSO_4)$ 的同时还应测定制备 $BaSO_4$ 饱和溶液所用的蒸馏水的电导率 $\kappa(H_2O)$,然后按下式计算:

$$K_{sp}(BaSO_4) = \left\{ \frac{1}{1\,000 \Lambda_\infty(BaSO_4)} \left[\kappa(BaSO_4) - \kappa(H_2O) \right] \right\}^2$$

(4)25 ℃时,无限稀释条件下 $\Lambda_\infty(BaSO_4) = 286.88 \times 10^{-4} S \cdot m^2 \cdot mol^{-1}$。

七、思考题

(1)为什么制得的 $BaSO_4$ 沉淀要反复洗涤至上清液中无 Cl^- 存在?

(2)使用电导率仪时有哪些注意事项?

实验八 醋酸解离度和解离平衡常数的测定

Ⅰ pH 法测定醋酸解离度和解离平衡常数

一、实验目的

(1)测定醋酸解离度和解离平衡常数。

(2)学习使用酸度计。

(3) 掌握容量瓶、移液管、滴定管的基本操作。

二、实验原理

醋酸是弱电解质,在溶液中存在下列平衡:

$$HAc(aq) \rightleftharpoons H^+(aq) + Ac^-(aq)$$

$$K_a^\ominus = \frac{[c(H^+)/c^\ominus] \cdot [c(Ac^-)/c^\ominus]}{c(HAc)/c^\ominus} = c\alpha^2/(1-\alpha)$$

式中:$c(H^+)$、$c(Ac^-)$、$c(HAc)$分别是 H^+、Ac^-、HAc 的平衡浓度;c 为醋酸的起始浓度;$K_a^\ominus$ 为醋酸的解离平衡常数。通过对已知浓度的醋酸的 pH 的测定,按 pH = $-\lg[H^+]$换算成$[H^+]$,根据解离度 $\alpha = [H^+]/c$,计算出解离度 α,再代入上式即可求得解离平衡常数 $K_a^\ominus$。

三、仪器和药品

(1) 仪器:移液管(25 mL),吸量管(5 mL),容量瓶(50 mL),烧杯(50 mL),锥形瓶(250 mL),碱式滴定管,铁架台,滴定管夹,洗耳球,pH-3 型酸度计。

(2) 药品:HAc 溶液(约 0.2 mol·L^{-1}),标准缓冲溶液(pH = 6.86,pH = 4.00),酚酞指示剂,NaOH 标准溶液(约 0.2 mol·L^{-1})。

四、实验内容及步骤

1. 醋酸溶液浓度的标定

用移液管吸取 25 mL 约 0.2 mol·L^{-1}醋酸溶液 3 份,分别置于 3 个 250 mL 锥形瓶中,各加入 2~3 滴酚酞指示剂。分别用 NaOH 标准溶液滴定至溶液呈现微红色,半分钟不退色为止。记下所用 NaOH 标准溶液的体积,从而求得 c(HAc) 醋酸溶液的精确浓度(保留 4 位有效数字)。

2. 配制不同浓度的醋酸溶液

用移液管和吸量管分别取 25 mL、5 mL、2.5 mL 已标定过浓度的醋酸溶液于 3 个 50 mL 容量瓶中,用蒸馏水稀释至刻度,摇匀,并求出各份稀释后的醋酸溶液的精确浓度($c/2$、$c/10$、$c/20$)的值。测定各份醋酸溶液的 pH。

用 4 只干燥的 50 mL 烧杯分别取 30~40 mL 上述 3 种浓度的醋酸溶液及未经稀释的醋酸溶液,由稀到浓分别用酸度计测定它们的 pH(保留 3 位有效数字),并记录室温。

3. 计算解离度与解离平衡常数

根据 4 种醋酸溶液的浓度,用 pH 计算解离度与解离平衡常数。

五、数据记录与处理

将原始数据和计算结果记录于表 4-16、表 4-17 中。

表 4-16 醋酸溶液浓度的标定

编 号	1	2	3
NaOH 标准溶液的浓度/(mol · L^{-1})			
所取 HAc 溶液的体积/mL			
NaOH 标准溶液的用量/mL			
HAc 溶液浓度的测定值/(mol · L^{-1})			
HAc 溶液浓度的平均值/(mol · L^{-1})			

表 4-17 醋酸溶液的 pH 测定及平衡常数、解离度的计算   (t= ℃)

HAc 溶液编号	c(HAc)/(mol · L^{-1})	pH	[H$^+$]/(mol · L^{-1})	α	$K_a^{\ominus}$
1					
2					
3					
4					

六、思考题

(1) 标定醋酸溶液浓度时,可否用甲基橙作指示剂？为什么？

(2) 当醋酸溶液浓度变小时,[H$^+$]、α 如何变化？$K_a^{\ominus}$ 值是否随醋酸溶液的浓度变化而变化？

(3) 如果改变所测溶液的温度,则解离度和解离平衡常数有无变化？

Ⅱ　pH 法测定醋酸解离平衡常数

一、实验目的

(1) 学习溶液的配制方法,了解用 pH 法测定醋酸解离常数的原理和方法。

(2) 加深对弱电解质解离平衡的理解。

(3) 学习酸度计的使用方法,学习移液管、容量瓶的基本操作。

二、实验原理

醋酸(CH$_3$COOH,简写 HAc)是一元弱酸,在水溶液中存在如下解离平衡:

$$HAc(aq) + H_2O(l) \Longrightarrow H_3O^+(aq) + Ac^-(aq)$$

其解离常数的表达式为

$$K_a^{\ominus}(HAc) = \frac{[c(H_3O^+)/c^{\ominus}] \cdot [c(Ac^-)/c^{\ominus}]}{c(HAc)/c^{\ominus}}$$

若弱酸 HAc 的初始浓度为 c_0 mol · L^{-1},Ac$^-$ 的平衡浓度为 x mol · L^{-1},并且

忽略水的解离,则平衡时有

$$c(HAc) = (c_0 - x) \text{ mol} \cdot L^{-1}$$

$$c(H_3O^+) = c(Ac^-) = x \text{ mol} \cdot L^{-1}$$

$$K_a^{\ominus}(HAc) = \frac{x^2}{c_0 - x}$$

在一定温度下,用酸度计测定一系列已知浓度的弱酸溶液的 pH。然后根据 pH $= -\lg[c(H_3O^+)/c^{\ominus}]$,求出 $c(H_3O^+)$,即 x,代入上式,可求同一系列的 $K_a^{\ominus}(HAc)$,取其平均值,即为该温度下醋酸的解离常数。

三、仪器、药品及材料

(1) 仪器:酸度计,容量瓶(50 mL)3 个(编为 1、2、3 号),烧杯(50 mL)4 只(编为 1、2、3、4 号),移液管(25 mL)1 支,吸量管(5 mL)1 支,洗耳球 1 个。

(2) 药品(酸):HAc 标准溶液(0.1 mol · L^{-1},实验室标定浓度)。

(3) 材料:碎滤纸。

四、实验内容及步骤

1. 不同浓度醋酸溶液的配制

(1) 向干燥的 4 号烧杯中倒入已知浓度的 HAc 溶液约 50 mL。

(2) 用移液管或吸量管自 4 号烧杯中分别吸取 2.50 mL、5.00 mL、25.00 mL 已知浓度的 HAc 溶液,放入 1、2、3 号容量瓶中,加去离子水至刻线,摇匀。

2. 不同浓度醋酸溶液 pH 的测定

(1) 将上述 1、2、3 号容量瓶中的 HAc 溶液分别对号倒入干燥的 1、2、3 号烧杯中。

(2) 用酸度计按 1~4 号烧杯(HAc 浓度由小到大)的顺序,依次测定醋酸溶液的 pH,并记录实验数据(保留两位有效数字)。

五、数据记录与处理

将实验数据记入表 4-18 中。

表 4-18　pH 法测定醋酸解离常数

温度_____℃　酸度计型号_____　醋酸标准溶液的浓度_____mol · L^{-1}

烧杯编号	$c(HAc)/(\text{mol} \cdot L^{-1})$	pH	$c(H_3O^+)/(\text{mol} \cdot L^{-1})$	$K_a^{\ominus}(HAc)$
1				
2				
3				
4				

实验测得的 4 个 $K_a^{\ominus}(HAc)$ 值,由于实验误差可能不完全相同,可用下列方法处

理,求 $\overline{K}_{a}^{\ominus}(\text{HAc})$ 和标准偏差 S:

$$\overline{K}_{a}^{\ominus}(\text{HAc})=\frac{\sum\limits_{i=1}^{n}K_{ai}^{\ominus}(\text{HAc})}{n}$$

$$S=\sqrt{\frac{\sum\limits_{i=1}^{n}\left[K_{ai}^{\ominus}(\text{HAc})-\overline{K}_{a}^{\ominus}(\text{HAc})\right]^{2}}{n-1}}$$

六、思考题

(1) 实验所用烧杯、移液管(或吸量管)分别用哪种 HAc 溶液润洗? 容量瓶是否要用 HAc 溶液润洗? 为什么?

(2) 用酸度计测定溶液的 pH 时,分别用什么标准溶液定位?

(3) 测定 HAc 溶液的 pH 时,为什么要按 HAc 浓度由小到大的顺序测定?

(4) 实验所测的 4 种醋酸溶液的解离度分别为多少? 由此可以得出什么结论?

Ⅲ　缓冲溶液法测定醋酸解离平衡常数

一、实验目的

(1) 利用测缓冲溶液 pH 的方法测定弱酸的 pK_a。

(2) 学习移液管、容量瓶的使用方法,并练习配制溶液。

二、实验原理

在 HAc 和 NaAc 组成的缓冲溶液中,由于同离子效应,当达到解离平衡时, $c(\text{HAc})\approx c_0(\text{HAc})$,$c(\text{Ac}^-)\approx c_0(\text{NaAc})$。酸性缓冲溶液 pH 的计算公式为

$$\text{pH}=pK_{a}^{\ominus}(\text{HAc})-\lg\frac{c(\text{HAc})}{c(\text{Ac}^-)}\approx pK_{a}^{\ominus}(\text{HAc})-\lg\frac{c_0(\text{HAc})}{c_0(\text{NaAc})}$$

对于由相同浓度 HAc 和 NaAc 组成的缓冲溶液,则有

$$\text{pH}=pK_{a}^{\ominus}(\text{HAc})$$

本实验中,量取两份相同体积、相同浓度的 HAc 溶液,在其中一份中滴加 NaOH 溶液至恰好中和(以酚酞为指示剂),然后加入另一份 HAc 溶液,即得到等浓度的 HAc-NaAc 缓冲溶液,测其 pH 即可得到 $pK_{a}^{\ominus}(\text{HAc})$ 及 $K_{a}^{\ominus}(\text{HAc})$。

三、仪器与药品

(1) 仪器:酸度计,烧杯(50 mL 4 只、100 mL 2 只),容量瓶(50 mL 3 个),移液管(25 mL),吸量管(5 mL、10 mL),量筒(10 mL、25 mL)。

(2) 药品：

① 酸：HAc 溶液($0.10\ mol \cdot L^{-1}$)。

② 碱：NaOH 溶液($0.10\ mol \cdot L^{-1}$)。

③ 指示剂：酚酞(0.2%)。

四、实验内容及步骤

用酸度计测定等浓度的 HAc 和 NaAc 混合溶液的 pH。

(1) 配制不同浓度的 HAc 溶液。实验室备有已编号的小烧杯和容量瓶。用 4 号烧杯盛已知浓度的 HAc 溶液。用 10 mL 吸量管从烧杯中吸取 5.00 mL、10.00 mL $0.10\ mol \cdot L^{-1}$ HAc 溶液分别放入 1 号、2 号容量瓶中，用 25 mL 移液管从烧杯中吸取 25.00 mL $0.10\ mol \cdot L^{-1}$ HAc 溶液放入 3 号容量瓶中，分别加去离子水至刻线，摇匀。

(2) 制备等浓度的 HAc 和 NaAc 混合溶液。从 1 号容量瓶中用 10 mL 吸量管移出 10.00 mL 已知浓度的 HAc 溶液于 1 号烧杯中，加入 1 滴酚酞后，用滴管滴入 $0.10\ mol \cdot L^{-1}$ NaOH 溶液至酚酞变色，半分钟内不退色为止。再从 1 号容量瓶中取出 10.00 mL HAc 溶液加入 1 号烧杯中，混合均匀，测定混合溶液的 pH。这一数值就是 HAc 的 $pK_a^{\ominus}$(为什么?)。

(3) 用 2 号、3 号容量瓶中的已知浓度的 HAc 溶液和实验室中准备的 $0.10\ mol \cdot L^{-1}$ HAc 溶液(作为 4 号溶液)，重复上述实验，分别测定它们的 pH。

五、数据处理

上述所测的 4 个 $pK_a^{\ominus}$(HAc)，由于实验误差可能不完全相同，可用下列方法处理，求 $pK_a^{\ominus}$(HAc)$_{平均}$ 和标准偏差 S：

$$pK_a^{\ominus}(HAc)_{平均} = \frac{\sum\limits_{i=1}^{n} pK_{ai}^{\ominus}(HAc)}{n}$$

$$S = \sqrt{\frac{\sum\limits_{i=1}^{n} \left[pK_{ai}^{\ominus}(HAc) - pK_a^{\ominus}(HAc)_{平均} \right]^2}{n-1}}$$

六、思考题

(1) 更换被测溶液或洗涤电极时，酸度计的读数开关应处于放开还是按下状态?

(2) 由测定等浓度的 HAc 和 NaAc 混合溶液的 pH 来确定 HAc 的 $pK_a^{\ominus}$，基本原理是什么?

Ⅳ　电导率法测定醋酸解离平衡常数

一、实验目的

（1）利用电导率法测定弱酸解离常数。
（2）了解电导率仪的使用方法。

二、实验原理

一元弱酸或弱碱的解离常数 $K_a^\ominus$ 或 $K_b^\ominus$ 和解离度 α 具有一定关系。例如醋酸溶液：

$$HAc(aq) \Longrightarrow H^+(aq) + Ac^-(aq)$$

起始浓度/$(mol \cdot L^{-1})$ 　　　　　　c　　　　　　0　　　　　　0

平衡时浓度/$(mol \cdot L^{-1})$ 　　$c - c\alpha$　　　　$c\alpha$　　　　$c\alpha$

$$K_a^\ominus(HAc) = \frac{(c\alpha)^2}{c - c\alpha} = \frac{c\alpha^2}{1 - \alpha} \tag{4-7}$$

解离度可以通过测定溶液的电导率来求得，从而求得解离常数。

导体导电能力的大小，通常以电阻（R）或电导（G）表示，电导为电阻的倒数，即

$$G = \frac{1}{R}$$

电阻的单位为 Ω，电导的单位是 S，$1\ S = 1\ \Omega^{-1}$。

和金属导体一样，电解质溶液的电阻也符合欧姆定律。温度一定时，两极间溶液的电阻与两极间的距离 l 成正比，与电极面积 A 成反比。

$$R \propto \frac{l}{A} \quad 或 \quad R = \rho \frac{l}{A}$$

ρ 称为电阻率，它的倒数称为电导率，以 κ 表示，$\kappa = \frac{1}{\rho}$，单位为 $S \cdot m^{-1}$。

将 $R = \rho \dfrac{l}{A}$，$\kappa = \dfrac{1}{\rho}$ 代入 $G = \dfrac{1}{R}$ 中，则可得

$$G = \kappa \frac{A}{l} \tag{4-8}$$

式中，κ 为电导率，表示在相距 1 m、面积为 1 m^2 的两个电极之间溶液的电导。在电导池中，所用的电极距离和面积是一定的，所以对某一电极来说，$\dfrac{A}{l}$ 为常数。

在一定温度下，同一电解质不同浓度的溶液的电导率与两个变量，即溶解的电解质总量和解离度有关。如果把含 1 mol 电解质的溶液放在相距 1 m 的两个平行电极间，这时无论怎样稀释溶液，溶液的电导率只与电解质的解离度有关。在此条件下测得的电导率称为该电解质的摩尔电导率。如以 Λ_m 表示摩尔电导率，V 表示 1 mol 电解质溶液的体积（L），c 表示溶液的物质的量浓度（$mol \cdot L^{-1}$），κ 表示溶液的电导率，则

$$\Lambda_m = \kappa V = \kappa \frac{10^{-3}}{c} \tag{4-9}$$

对于弱电解质来说,在无限稀释时,可视为完全解离,这时溶液的摩尔电导率称为极限摩尔电导率(Λ_∞)。在一定温度下,弱电解质的极限摩尔电导率是一定的。表4-19列出醋酸溶液的极限摩尔电导率 Λ_∞。

表 4-19　醋酸溶液的极限摩尔电导率

温度/℃	0	18	25	30
$\Lambda_\infty/(S \cdot m^2 \cdot mol^{-1})$	0.024 5	0.034 9	0.039 07	0.042 18

对于弱电解质来说,某浓度时的解离度等于该浓度时的摩尔电导率与极限摩尔电导率之比,即

$$\alpha = \frac{\Lambda_m}{\Lambda_\infty} \tag{4-10}$$

将式(4-10)代入式(4-7),得

$$K_a^\ominus(HAc) = \frac{c\alpha^2}{1-\alpha} = \frac{c\Lambda_m^2}{\Lambda_\infty(\Lambda_\infty - \Lambda_m)} \tag{4-11}$$

这样,可以从实验测定浓度为 c 的醋酸溶液的电导率 κ 后,将其代入式(4-9),算出 Λ_m,将 Λ_m 的值代入式(4-11),即可算出 $K_a^\ominus(HAc)$。

三、仪器、药品及材料

(1) 仪器:DDS-11A 型电导率仪,滴定管(酸式)2 根,吸量管(10 mL、5 mL、2 mL),烧杯(50 mL)5 只,铁架台,蝶形夹。

(2) 药品(酸):HAc 标准溶液(0.1 mol·L^{-1},实验室标定浓度)。

(3) 材料:滤纸片。

四、实验内容及步骤

1. 配制不同浓度的 HAc 溶液

将 5 只烘干的 50 mL 烧杯编成 1~5 号。

在 1 号烧杯中,用滴定管准确放入 24.00 mL 已标定的 0.1 mol·L^{-1} HAc 溶液。

在 2 号烧杯中,用滴定管准确放入 12.00 mL 已标定的 0.1 mol·L^{-1} HAc 溶液,再从另一根滴定管准确放入 12.00 mL 去离子水。

用同样的方法,按照表 4-20 中的烧杯编号配制不同浓度的醋酸溶液。

表 4-20　不同浓度醋酸溶液的电导率

烧杯编号	$V(HAc)/mL$	$V(H_2O)/mL$	$c(HAc)/(mol \cdot L^{-1})$	$\kappa/(S \cdot m^{-1})$
1	24.00	0		

续表

烧杯编号	V(HAc)/mL	V(H₂O)/mL	c(HAc)/(mol · L⁻¹)	κ/(S · m⁻¹)
2	12.00	12.00		
3	6.00	18.00		
4	3.00	21.00		
5	1.50	22.50		

2. 测定不同浓度 HAc 溶液的电导率

按照电导率仪的操作步骤(见第三章),由稀到浓测定 5 号至 1 号溶液的电导率,将数据记录在表 4-20 中。

五、数据记录与处理

电极常数_____,室温_____℃。

在此温度下,查表得 HAc 的极限摩尔电导率 $\Lambda_\infty =$ _____ S · m² · mol⁻¹。

按表 4-21 进行数据处理。

表 4-21　电导率法测定醋酸解离常数

编　　　号	1	2	3	4	5
$c(HAc)/(mol \cdot L^{-1})$					
$\kappa/(S \cdot m^{-1})$					
$\Lambda_m/(S \cdot m^2 \cdot mol^{-1})$					
$\alpha = \dfrac{\Lambda_m}{\Lambda_\infty}$					
$c\alpha^2$					
$1-\alpha$					
$K_a^\ominus(HAc) = \dfrac{c\alpha^2}{1-\alpha}$					

六、注意事项

(1) 若室温不同于表中所列温度,极限摩尔电导率 Λ_∞ 可用内插法求得。

(2) 电导率的单位为 S · m⁻¹,而在 DDS-11A 型电导率仪上读出的 κ 的单位为 μS · cm⁻¹,在计算时应进行换算。

七、思考题

(1) 通过测定弱电解质溶液的电导率来测定其解离常数的原理是什么?

(2) 在测定 HAc 溶液电导率时,为什么按由稀到浓的顺序进行?

实验九　凝固点降低法测定硫的相对分子质量

一、实验目的

(1) 了解凝固点降低法测定相对分子质量的原理和方法。
(2) 观察硫-萘体系冷却过程,练习绘制冷却曲线。

二、实验原理

当溶剂中溶解有溶质时,溶剂的凝固点就要下降。当溶质和溶剂不生成固溶体,而是形成难挥发的非电解质稀溶液时,溶液的凝固点下降值 ΔT_f 与溶质的浓度(b)或摩尔质量(M)有以下关系:

$$\Delta T_f = T_f^\circ - T_f = K_f b = K_f \frac{1\,000 m_B}{M m_A}$$

式中:ΔT_f 为凝固点下降值(K);T_f° 为纯溶剂的凝固点(K);T_f 为溶液的凝固点(K);K_f 为溶剂摩尔凝固点下降常数(K·kg·mol^{-1}),它与溶剂性质有关,不同溶剂有不同的 K_f 值;b 为溶质的质量摩尔浓度(即每 1 000 g 溶剂中所含溶质的物质的量,单位为mol·kg^{-1});M 为溶质的摩尔质量(g·mol^{-1});m_B 和 m_A 分别表示溶质和溶剂的质量(g)。

利用溶液凝固点下降值与溶液浓度的关系,可测定溶质的相对分子质量。本实验以一定量(m_A)的萘为溶剂($K_f = 6.9$),将一定量(m_B)的硫溶解于其中,通过实验测得 ΔT_f,便可通过下式算出硫的相对分子质量:

$$M = 1\,000 K_f \frac{m_B}{m_A \Delta T_f}$$

纯溶剂的凝固点就是它的液相和固相共存时的平衡温度。若将纯溶剂逐步冷却,在凝固之前,温度将随时间均匀下降。凝固时由于放出热量(熔化热),使因冷却而散失的热量得到了补偿,故温度将保持不变,直到全部液体凝固后温度才继续均匀下降。其冷却曲线如图 4-4(a)所示,A 点所对应的温度 T° 为纯溶剂的凝固点。但实际过程中常发生过冷现象,即在其凝固点以下才开始析出固体,当开始结晶时由于放出热量,温度又开始上升,待液体全部凝固,温度再均匀下降。这种冷却曲线如图4-4(b)所示,B 点所对应的温度 T° 才是溶剂的凝固点(一般可加强搅拌来避免或减弱过冷现象)。

溶液的凝固点是该溶液的液相与溶剂的固相共存时的平衡温度。若将溶液逐步冷却,其冷却曲线与纯溶剂的不同,因为一旦溶剂开始从溶液中结晶析出,溶液的浓度便随着增大,溶液的凝固点也随之进一步下降。但又因为在溶剂结晶析出的同时伴有热量放出,温度下降的速率就与溶剂第一次开始凝固析出之前有所不同,因而在

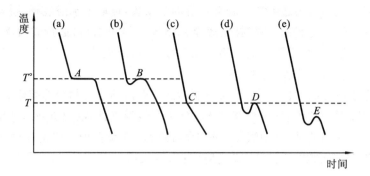

图 4-4 冷却曲线

冷却曲线(c)上就出现一个转折点 C,这个转折点对应的温度就是溶液的凝固点,它相当于溶剂从溶液中第一次开始凝固析出的温度。这时如有过冷现象,则会出现冷却曲线(d)上的 D 点,这时温度回升后出现的最高点才是溶液的凝固点。如果过冷现象严重,则得冷却曲线(e),会使凝固点的测定结果偏低。

三、仪器与药品

(1) 仪器:分析天平,台秤,烧杯(高型,600 mL),0.10 ℃刻度温度计(50~100 ℃),大试管(50 mL),线圈搅棒,煤气灯。

(2) 药品:

① 单质:硫黄粉(升华硫)。

② 有机物:萘(AR),环己烷(CP)。

四、实验内容及步骤

1. 纯萘凝固点的测定

按图 4-5 所示安装仪器。用台秤称取 20.0 g 萘,小心倒入一支大试管中,塞上胶塞。加热至大部分萘开始熔化时,取下胶塞,换上装有 0.10 ℃刻度温度计和线圈搅棒的胶塞,继续加热至萘全部熔化后,停止加热。在不断搅拌下,在 85~75 ℃温度区间每隔 30 s 记录一次时间和温度读数(可用放大镜观察温度)。

2. 硫萘溶液凝固点的测定

将上述试管中的萘重新加热至全部熔化,慢慢取出温度计和线圈搅棒(连同胶塞),小心将事先用分析天平称好的硫粉(1.00 g 左右)倒入试管内,重新装上温度计和线圈搅棒,继续加热和搅拌使硫溶于萘中,得

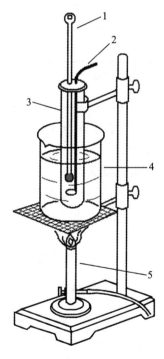

图 4-5 凝固点测定装置

1—温度计;2—线圈搅棒;3—试管;
4—水浴烧杯;5—煤气灯

到的硫萘溶液应是均匀透明的。若有不溶的残余硫,可取下水浴烧杯,隔着石棉网小心用煤气灯加热试管底部,并搅拌至硫全部溶解。停止加热,重新放回水浴烧杯,加热使硫萘溶液温度达85 ℃以上。移开煤气灯,在不断搅拌下,在85~75 ℃温度区间每隔30 s记录一次时间和温度读数。

实验完毕,清洗试管。方法是水浴加热试管至硫萘混合物全部熔化后,取出装有温度计和线圈搅棒的胶塞(未全部熔化时切不可拔温度计,以免折断),把熔融物倒在一个折叠成漏斗型的纸上(勿溅在皮肤上),冷后放入垃圾桶。残留在试管中的硫萘混合物可用约5 mL的环己烷溶解,然后倒入回收瓶中。

五、数据处理

(1) 实验数据记录如下:

萘的质量 m_A _____ g;

硫的质量 m_B _____ g。

将冷却过程中温度和时间记录于表 4-22、表 4-23。

表 4-22 萘冷却过程中温度和时间记录

时间/min	
温度/℃	

表 4-23 硫萘溶液冷却过程中温度和时间记录

时间/min	
温度/℃	

(2) 在坐标纸上作出萘和硫萘溶液的冷却曲线,求出它们的凝固点 T_f°、T_f 以及 ΔT_f。

萘的凝固点 T_f° _____ ℃;

硫萘溶液的凝固点 T_f _____ ℃;

硫萘的凝固点下降值 ΔT_f _____ ℃。

(3) 计算硫在萘中的相对分子质量和分子式。

(4) 计算相对误差。

六、注意事项

若硫萘溶液加热一段时间后始终不透明,最好更换硫粉。另外,由于萘蒸气是可燃的,加热时不可过热。

七、思考题

(1) 为什么在本实验中萘可以用台秤称取而硫则要求用分析天平来称取?

（2）讨论下列情况对实验结果有何影响：①萘或硫放入试管时损失一些；②硫中含有杂质；③溶质在溶液中产生解离、缔合等情况。

实验十 $I_3^- \rightleftharpoons I_2 + I^-$ 平衡常数的测定

一、实验目的

（1）了解测定 $I_3^- \rightleftharpoons I_2 + I^-$ 平衡常数的原理和方法，加深对化学平衡和平衡常数的理解。

（2）巩固滴定操作。

二、实验原理

碘溶解于碘化钾溶液，主要生成 I_3^-。在一定温度下，它们建立如下平衡：

$$I_3^- (aq) \rightleftharpoons I^- (aq) + I_2 (aq)$$

其平衡常数

$$K^\ominus = \frac{\left[c(I^-)/c^\ominus\right]\left[c(I_2)/c^\ominus\right]}{c(I_3^-)/c^\ominus} \tag{4-12}$$

式中，$c(I^-)$、$c(I_2)$、$c(I_3^-)$ 为平衡时各组分的物质的量浓度。$K^\ominus$ 越大，表示 I_3^- 越不稳定，故 $K^\ominus$ 又称为 I_3^- 的不稳定常数。

为了测定上述平衡体系中各组分的平衡浓度，可将已知浓度的 KI 溶液与过量的固体碘一起振荡，达到平衡后用 $Na_2S_2O_3$ 标准溶液滴定上层清液，便可求得溶液中碘的总浓度。设这个总浓度为 c，则

$$c = c(I_2) + c(I_3^-) \tag{4-13}$$

其中 $c(I_2)$ 可用 I_2 在纯水中的饱和浓度代替。根据式（4-13）可得 $c(I_3^-) = c - c(I_2)$。

由于形成一个 I_3^- 要消耗一个 I^-，因此平衡时 I^- 的浓度为

$$c(I^-) = c_0(I^-) - c(I_3^-)$$

式中，$c_0(I^-)$ 为碘化钾的起始浓度。

将 $c(I^-)$、$c(I_2)$、$c(I_3^-)$ 代入式（4-12），便可求出该温度下的平衡常数 $K^\ominus$。

三、仪器与药品

（1）仪器：台秤，振荡器，量筒（10 mL、100 mL），移液管（50 mL），吸量管（10 mL），锥形瓶（250 mL），碘量瓶（100 mL、500 mL），酸式滴定管（25 mL），洗耳球。

（2）药品：$I_2(s)$，KI 溶液（0.100 mol·L^{-1}、0.200 mol·L^{-1}、0.300 mol·L^{-1}），$Na_2S_2O_3$ 标准溶液（0.050 0 mol·L^{-1}），淀粉溶液（0.5%）。

四、实验内容及步骤

（1）取 3 个 100 mL 干燥的碘量瓶和 1 个 500 mL 碘量瓶，编号（500 mL 碘量瓶

为 4 号),按表 4-24 所列的量配好溶液。

表 4-24　溶液的配制

编　号	1	2	3	4
$c(KI)/(mol \cdot L^{-1})$	0.100	0.200	0.300	0
$V(KI)/mL$	50.0	50.0	50.0	0
$m(I_2)/g$	0.5	0.5	0.5	0.5
$V(H_2O)/mL$	0	0	0	250.0

(2) 将上述配好的溶液在室温下强烈振荡 25 min,静置,待过量的固体 I_2 沉于瓶底后,取上层清液分析。

(3) 在 1~3 号碘量瓶中分别吸取上层清液 5.00 mL 并置于锥形瓶中,加入约 20 mL 蒸馏水,用 $Na_2S_2O_3$ 标准溶液滴定至淡黄色,然后加入 1 mL 淀粉溶液,继续滴定至蓝色刚好消失,记下消耗 $Na_2S_2O_3$ 标准溶液的体积。

(4) 于 4 号碘量瓶中量取 100.0 mL 上层清液,以 $Na_2S_2O_3$ 标准溶液滴定,记录消耗的体积。

五、数据记录与处理

将有关数据记录在表 4-25 中,并进行相关计算。

表 4-25　平衡常数的测定

编　号		1	2	3	4
取样体积/mL		5.00	5.00	5.00	100.00
$Na_2S_2O_3$ 标准溶液 体积/mL	I				
	II				
	平均值				
$Na_2S_2O_3$ 浓度/$(mol \cdot L^{-1})$					
总浓度 $c/(mol \cdot L^{-1})$					
$c(I_2)/(mol \cdot L^{-1})$		—	—	—	
$c(I_3^-)/(mol \cdot L^{-1})$					—
$c(I^-)/(mol \cdot L^{-1})$					—
$K^{\ominus}$					—
$K^{\ominus}$ 平均值					

六、注意事项

(1) 由于碘容易挥发,吸取上层清液后应尽快滴定,不要放置太久,在滴定时不宜过于剧烈地摇动溶液。

（2）本实验所有含碘废液都要回收。

七、思考题

（1）在固体碘和 KI 溶液反应时，如果碘的量不够，对实验结果有何影响？碘的用量是否一定要准确称量？

（2）在实验过程中，如果出现下列情况，对实验结果将分别产生什么影响？

① 吸取上层清液进行滴定时不小心吸进一些碘微粒；

② 饱和的碘水放置很久才进行滴定；

③ 3 个碘量瓶没有充分振荡。

（3）用 $Na_2S_2O_3$ 标准溶液滴定时，为何滴定至淡黄色时再加入淀粉？

实验十一 反应级数的测定

一、实验目的

（1）了解测定 Fe^{3+} 与 I^- 反应的级数的原理和方法。

（2）加深对浓度与反应速率定量关系（反应速率方程式）的理解。

（3）学习用作图法处理实验数据。

二、实验原理

一定温度下，化学反应的速率与反应物浓度的定量关系可用反应速率方程式表示。如反应：

$$2Fe^{3+}(aq)+2I^-(aq)\!\!=\!\!=\!\!2Fe^{2+}(aq)+I_2(aq) \tag{1}$$

反应速率方程式为

$$v=k\big[c(Fe^{3+})\big]^x\big[c(I^-)\big]^y$$

式中：k 为反应速率常数；浓度项的指数和（$x+y$）为总反应级数。或者说，该反应的级数对反应物 Fe^{3+} 为 x 级，对 I^- 为 y 级。对于不同的反应，x 和 y 的数值可以是正整数或分数，也可以是 0，它们都是由实验测定得到的。

测定 Fe^{3+} 的级数 x 时，应使反应温度、I^- 浓度等其他反应条件保持不变，通过测定 Fe^{3+} 不同起始浓度 c_0 时的反应速率 v，然后以 $\lg v$ 对 $\lg c_0(Fe^{3+})$ 或以 $\ln v$ 对 $\ln c_0(Fe^{3+})$ 作图，所得直线的斜率即为 x。

本实验测定的是间隔时间 Δt 内的平均反应速率，它是通过测定消耗相同量的 $Na_2S_2O_3$ 所需的 Δt 来确定的。向反应体系中加入 $Na_2S_2O_3$ 可使反应（1）生成的 I_2 立即转变为无色的 I^- 和 $S_4O_6^{2-}$，反应方程式如下：

$$2S_2O_3^{2-}(aq)+I_2(aq)\!\!=\!\!=\!\!S_4O_6^{2-}(aq)+2I^-(aq) \tag{2}$$

当加入反应体系中的 $Na_2S_2O_3$ 耗尽时,反应(1)产生的 I_2 即与淀粉作用生成特征的蓝色。因此,只需测定从反应溶液混合至蓝色出现的时间间隔 Δt,由已知的 $Na_2S_2O_3$ 的起始浓度 $c_0(S_2O_3^{2-})$[即 $\Delta c(S_2O_3^{2-})$]可求得反应速率 v。

又由反应(1)与反应(2)的化学计量关系可知,反应中 Fe^{3+} 的物质的量与 $S_2O_3^{2-}$ 的物质的量的消耗量相当,或者说,它们的浓度变化(以 $mol \cdot L^{-1}$ 计)相等,即在时间间隔 Δt 内,$\Delta c(Fe^{3+}) = \Delta c(S_2O_3^{2-}) = c_0(S_2O_3^{2-})$。因此,平均反应速率可表示为

$$v = -\frac{1}{\nu(Fe^{3+})}\frac{\Delta c(Fe^{3+})}{\Delta t} = -\frac{1}{\nu(S_2O_3^{2-})}\frac{\Delta c(S_2O_3^{2-})}{\Delta t} = \frac{1}{\nu(S_2O_3^{2-})}\frac{c_0(S_2O_3^{2-})}{\Delta t}$$

基于反应(2)这一快速反应的存在,反应(1)消耗的 I^- 将及时由反应(2)生成。因此,只要保持 I^- 起始浓度恒定,则在出现蓝色前的反应过程中,I^- 的浓度可认为不发生变化,这也是选择本反应来测定反应级数的优点。

同理,测定 I^- 的反应级数 y 时,应使反应温度、Fe^{3+} 的浓度等其他反应条件保持不变,通过测定 I^- 不同起始浓度时的反应速率 v,然后以 $\lg v$ 对 $\lg c_0(I^-)$ 或 $\ln v$ 对 $\ln c_0(I^-)$ 作图,所得直线的斜率即为 y。由此求得的 x 和 y 值可得总反应级数($x + y$)。

三、仪器与药品

(1) 仪器:烧杯(100 mL 4 只,150 mL 4 只),滴管,量筒(10 mL、50 mL),棕色滴定管(50 mL 4 根),滴定管夹(2 个),滴定台(2 组),白瓷板,洗瓶,玻璃棒,水浴锅(可用塑料盆代替),温度计(0~100 ℃),秒表。

(2) 药品:HNO_3 溶液(0.15 $mol \cdot L^{-1}$),$Fe(NO_3)_3$ 溶液(0.04 $mol \cdot L^{-1}$),KI 溶液(0.04 $mol \cdot L^{-1}$),$Na_2S_2O_3$ 溶液(0.004 $mol \cdot L^{-1}$),淀粉溶液(1%)。

四、实验内容及步骤

1. 溶液准备

用标签标注 4 根滴定管,并分别装入已配制好的 $Fe(NO_3)_3$ 溶液、KI 溶液、HNO_3 溶液和 $Na_2S_2O_3$ 溶液。纯净水、淀粉溶液可分别用 50 mL、10 mL 的量筒量取。

2. 对反应物 Fe^{3+} 级数的测定

(1) 取 8 只烧杯,分为 A、B 两组(各 4 只),按表 4-26 编号 Ⅰ~Ⅳ 的配比,准确量取各种溶液,置于相应烧杯中,混合均匀,配成 A 液和 B 液。B 液在未与 A 液混合前,若出现蓝色,表示溶液已被污染,需重新配制。

A 液由 $Fe(NO_3)_3$、HNO_3 与 H_2O 组成,B 液由 KI、$Na_2S_2O_3$、淀粉与 H_2O 组成。如表 4-26 所示。测定反应物 Fe^{3+} 的级数时,可改变 4 组中 $Fe(NO_3)_3$ 溶液的体积,以改变 $c_0(Fe^{3+})$,HNO_3 溶液的体积也应作相应改变,以维持总体积不变。B 组中每只烧杯中的 B 液组成相同,以保持 $c(I^-)$ 不变。

表 4-26 反应级数测定的溶液配比 （单位:mL）

实 验 编 号		反应物 Fe^{3+} 级数的测定						
		I	II	III	IV共用	V	VI	VII
		反应物 I^- 级数的测定						
A 液	$0.04\ mol \cdot L^{-1} Fe(NO_3)_3$	25.00	20.00	15.00	10.00	10.00	10.00	10.00
	$0.15\ mol \cdot L^{-1} HNO_3$	5.00	10.00	15.00	20.00	20.00	20.00	20.00
	H_2O	20.0	20.0	20.0	20.0	20.0	20.0	20.0
B 液	$0.04\ mol \cdot L^{-1} KI$	10.00	10.00	10.00	10.00	15.00	20.00	25.00
	$0.004\ mol \cdot L^{-1} Na_2S_2O_3$	10.00	10.00	10.00	10.00	10.00	10.00	10.00
	H_2O	25.0	25.0	25.0	25.0	20.0	15.0	10.0
	1%淀粉	5.0	5.0	5.0	5.0	5.0	5.0	5.0

（2）设置水浴温度为 25 ℃。为便于观察反应中颜色的变化,可在水浴锅底部放一块白瓷板。分别将盛放第 I 组 A 液、B 液的 2 只烧杯水浴 2～3 min,以使烧杯中溶液的温度与水浴温度一致。测量并记录此时水浴的温度。也可以采用往塑料盆中加入适量温水（其液面应高于烧杯内反应溶液的液面）的水浴方法,其余操作相同。

（3）迅速将第 I 组的 B 液倒入 A 液中（注意勿将烧杯外的自来水带入 A 液）,倾倒完毕后,立即用玻璃棒小心搅动,用秒表开始计时,混匀烧杯内的混合溶液,以利于反应的进行。混合时,B 液烧杯内应无溶液残留,倾倒动作要快,但又不能让溶液溅出烧杯。

（4）当反应溶液刚出现蓝色时,立即按停秒表,记录时间。反应溶液从混合至出现蓝色的间隔时间即为反应时间 Δt。记录水浴的温度,将数据记录在表 4-27 中。

表 4-27 反应物 Fe^{3+} 级数的测定

实 验 编 号		I	II	III	IV
100 mL 混合溶液中各反应物的起始浓度 $c_0/(mol \cdot L^{-1})$	$Fe(NO_3)_3$				
	KI				
	$Na_2S_2O_3$				
水浴的温度 T/K					
反应时间 $\Delta t/s$					
$S_2O_3^{2-}$ 的浓度变化 $\Delta c(S_2O_3^{2-})/(mol \cdot L^{-1})$					
反应速率 $v/(mol \cdot L^{-1} \cdot s^{-1})$					
纵坐标 lgv					
$c_0(Fe^{3+})/(mol \cdot L^{-1})$					

实　验　编　号	Ⅰ	Ⅱ	Ⅲ	Ⅳ
横坐标 $\lg c_0(\mathrm{Fe^{3+}})$				
x				

(5) 重复步骤(2)、(3)和(4)，依次混合第Ⅱ组、第Ⅲ组、第Ⅳ组的反应溶液。

(6) 根据实验所得数据，计算出相应的 $\lg c_0(\mathrm{Fe^{3+}})$ 与 $\lg v$ 的数值，以 $\lg c_0(\mathrm{Fe^{3+}})$ 为横坐标、$\lg v$ 为纵坐标作图，求得反应物 $\mathrm{Fe^{3+}}$ 的级数 x。为从图中求直线的斜率 k，可在直线上选两个点 (X_1,Y_1)、(X_2,Y_2)。按直线方程 $Y_1=kX_1+b$ 和 $Y_2=kX_2+b$，可得：$k=(Y_2-Y_1)/(X_2-X_1)=\Delta Y/\Delta X$。为了减小误差，所取的两点不宜相隔太近，通常可选择与两端相近的两点。

3. 反应物 $\mathrm{I^-}$ 级数的测定

按表 4-26，在完成第Ⅳ组实验的基础上，进行第Ⅴ～Ⅷ组实验。在测定反应物 $\mathrm{I^-}$ 的级数时，A 液的组成保持不变，即 $\mathrm{Fe^{3+}}$ 溶液的体积不变。在各组溶液组成中，依次增加 B 液中 KI 溶液的体积，$\mathrm{H_2O}$ 的体积也作相应的改变，以维持总体积 50 mL 不变。按照测定反应物 $\mathrm{Fe^{3+}}$ 级数相同的方法，测定水浴的平均温度与每组反应的间隔时间 Δt，并将数据记录在表 4-28 中。

表 4-28　反应物 $\mathrm{I^-}$ 级数的测定

实　验　编　号		Ⅰ	Ⅱ	Ⅲ	Ⅳ
100 mL 混合溶液中各反应物的起始浓度 $c_0/(\mathrm{mol\cdot L^{-1}})$	KI				
	$\mathrm{Fe(NO_3)_3}$				
	$\mathrm{Na_2S_2O_3}$				
水浴的平均温度 T/K					
反应时间 $\Delta t/\mathrm{s}$					
$\mathrm{S_2O_3^{2-}}$ 的浓度变化 $\Delta c(\mathrm{S_2O_3^{2-}})/(\mathrm{mol\cdot L^{-1}})$					
反应速率 $v/(\mathrm{mol\cdot L^{-1}\cdot s^{-1}})$					
纵坐标 $\lg v$					
$c_0(\mathrm{I^-})/(\mathrm{mol\cdot L^{-1}})$					
横坐标 $\lg c_0(\mathrm{I^-})$					
y					

由测得的数据，算出相应的 $\lg c_0(\mathrm{I^-})$ 与 $\lg v$ 的数值，以 $\lg c_0(\mathrm{I^-})$ 为横坐标、$\lg v$ 为纵坐标作图，求得反应物 $\mathrm{I^-}$ 的级数 y。

五、注意事项

(1) $\mathrm{Fe^{3+}}$ 的浓度在反应过程中会略有减小，但是实验中所取的时间间隔 Δt 较短,且实验在设计中使 $\Delta c(Fe^{3+})$［相当于 $\Delta c(S_2O_3^{2-})$］比 $c_0(Fe^{3+})$ 要小得多,如 $c_0(Fe^{3+})=0.004\sim0.01\ mol\cdot L^{-1}$,$\Delta c(S_2O_3^{2-})=0.000\ 4\ mol\cdot L^{-1}$,因此,可近似地将 Fe^{3+} 的浓度视为不变。

(2) 配制 $Fe(NO_3)_3$ 溶液时,为防止 Fe^{3+} 与水作用生成 $Fe(OH)_3$,要加入适量 HNO_3。例如,要配制 250 mL $Fe(NO_3)_3$ 溶液,可先取 3 mL 6 $mol\cdot L^{-1}$ HNO_3,再加适量的水,溶解 $Fe(NO_3)_3$,然后移至 250 mL 容量瓶中,加入去离子水至刻度。

(3) 本实验中所用淀粉溶液必须临时配制。配制时应先用少量冷水将淀粉调至糊状,然后慢慢加入沸水中,再煮沸 5 min,冷却即可。

六、思考题

(1) 结合本实验思考:如何测定某一反应的总反应级数? 实验时应固定什么条件,改变什么条件? 测定反应物 Fe^{3+} 的级数时的水浴温度与测定反应物 I^- 的级数时的水浴温度是否需要相同?

(2) 实验中为什么可由反应溶液从混合到出现蓝色所需时间间隔 Δt 来求得反应速率? 反应溶液出现蓝色后,反应是否就已终止?

(3) 反应溶液出现蓝色的时间间隔 Δt 的长短取决于哪些因素? 实验中应如何操作,才能较准确地测得 Δt 的数值?

(4) 作图时应注意哪些问题? 为什么要用 $lgc_0(Fe^{3+})$［或 $lgc_0(I^-)$］与 lgv 作图? 若用 $c_0(Fe^{3+})$、v 分别作横坐标、纵坐标进行作图,结果如何?

(5) 本实验对 $c_0(Fe^{3+})$、$c_0(I^-)$ 和 $c_0(S_2O_3^{2-})$ 的数值大小有何要求? 如与要求有较大差别,实验结果会怎样?

实验十二 无机盐的纸层析分离

一、实验目的

(1) 熟悉纸层析分离的操作技术。
(2) 了解纸层析分离阳离子的原理和方法。

二、实验原理

纸层析分离法又称纸上色层分离法,是以滤纸为载体的色谱分离方法。液态试样在滤纸上点样后,用有机溶剂进行展开。滤纸吸收水分生成的水合纤维素配合物作为固定相,展开剂作为流动相,由于各组分在固定相和流动相之间的分配系数不同,吸附的情况也不相同,从而将各组分分离。各组分的比移值 R_f 可以表示为原点至斑点中心距离与原点至溶剂前沿距离的比值。

各种离子在固定相和流动相之间的分配关系,类似于在两相之间的萃取。由于固定相的作用,经过一段时间后,离子移动的距离均小于溶剂移动的距离。在相同条件下,不同物质的 R_f 值是一定的,因此,可以根据 R_f 值进行定性鉴定。如要进行定量测定,可将分离后的滤纸分段剪下,将斑点灰化后溶解,用比色等方法测其含量。本实验采用纸层析的方法,分离与鉴定溶液中的 Cu^{2+}、Fe^{3+}、Co^{2+} 和 Ni^{2+}。

三、仪器、药品及材料

(1) 仪器:广口瓶(500 mL 2 个),小滴瓶(1 个),烧杯(50 mL 5 只,500 mL 1 只),瓷盘,毛细管,喷雾器,铅笔,直尺,镊子,小刷子。

(2) 药品:浓盐酸,浓氨水,$FeCl_3$ 溶液(0.1 mol·L^{-1}),$CoCl_2$ 溶液(1.0 mol·L^{-1}),$NiCl_2$ 溶液(1.0 mol·L^{-1}),$CuCl_2$ 溶液(1.0 mol·L^{-1}),$K_4[Fe(CN)_6]$ 溶液(0.1 mol·L^{-1}),$K_3[Fe(CN)_6]$ 溶液(0.1 mol·L^{-1}),丙酮,丁二酮肟。

(3) 材料:层析滤纸(7.5 cm×11 cm)。

四、实验内容及步骤

1. 准备实验

(1) 取一个广口瓶,加入 17 mL 丙酮、2 mL 浓盐酸和 1 mL 去离子水,盖好瓶盖,配制成展开液。

(2) 另取一个广口瓶,放入一个装有浓氨水的敞口小滴瓶,将广口瓶瓶盖盖好。

(3) 在层析滤纸上,用铅笔画 4 条间隔为 1.5 cm,平行于长边的竖线,在滤纸一端 1 cm 处(上端)和另一端 2 cm 处(下端)各画一条横线,上端的各小方格内标出 Cu^{2+}、Fe^{3+}、Co^{2+} 和 Ni^{2+} 和未知液样品的名称。最后,沿 4 条竖线内折,滤纸两长边对接成五棱柱体。

(4) 在 5 只洁净、干燥的烧杯中分别滴几滴 $FeCl_3$ 溶液、$CoCl_2$ 溶液、$NiCl_2$ 溶液、$CuCl_2$ 溶液及由这 4 种溶液任选混合而成的未知液,再各放入 1 支毛细管。

2. 点样

按所标明的样品名称,用毛细管在层析滤纸下端横线上分别点样。点样时,用毛细管吸取溶液后,垂直触到滤纸上,当滤纸上形成直径为 0.3~0.5 cm 的圆形斑点时,立即提起毛细管。然后,将点样后的滤纸置于通风处晾干。

3. 展开

用镊子将滤纸折成的五棱柱体下端垂直放入盛有展开液的广口瓶中,滤纸浸入展开液约 0.5 cm 为宜,盖好瓶盖。观察各种离子在滤纸上展开的速度及颜色。当溶剂前沿接近上端横线时,用镊子将滤纸取出,用铅笔标记出溶剂前沿的位置,然后放入 500 mL 烧杯中,置于通风处晾干。

4. 显色

若离子斑点无色或颜色较浅,常需要加上显色剂,使离子斑点呈现出特征的颜色。将滤纸置于充满氨气的广口瓶中,5 min 后取出滤纸,观察并记录斑点的颜色。

其中,Ni^{2+}的颜色较浅,可用小刷子蘸取丁二酮肟溶液快速涂抹,记录 Ni^{2+} 所形成斑点的颜色。将滤纸放在瓷盘中,用喷雾器向纸上喷洒 0.1 mol·L^{-1} K$_4$[Fe(CN)$_6$]溶液和 0.1 mol·L^{-1} K$_3$[Fe(CN)$_6$]溶液等体积混合液,观察并记录斑点的颜色和位置。

观察未知液在滤纸上形成斑点的数量、颜色和位置,分别与已知离子斑点的颜色、位置相对照,便可以确定未知液中含有哪几种离子。

五、数据记录及处理

（1）展开液的组成:丙酮、浓盐酸与水的体积比为_____。

（2）用直尺分别测量展开液移动的距离和离子移动的距离,然后计算出 4 种离子的 R_f 值,填写在表 4-29 中。

表 4-29　比移值（R_f）的测定

阳离子		Cu^{2+}	Fe^{3+}	Co^{2+}	Ni^{2+}
斑点颜色	K$_4$[Fe(CN)$_6$]、K$_3$[Fe(CN)$_6$]				
	NH$_3$(g)				
离子移动的距离 a/cm					
展开液移动的距离 b/cm					
$R_f=a/b$					

（3）未知液中含有的离子为_____。

六、思考题

（1）纸层析的原理是什么? 主要的操作步骤有哪些?

（2）本实验中固定相和流动相的物质分别是什么?

第五章　化学反应原理

实验一　酸碱反应与缓冲溶液

一、实验目的

(1) 进一步理解和巩固酸碱反应的有关概念和原理(如同离子效应、盐类的水解及其影响因素)。

(2) 学习试管实验的一些基本操作。

(3) 学习缓冲溶液的配制及 pH 的测定,了解缓冲溶液的缓冲性能。

(4) 进一步熟悉酸度计的使用方法。

二、实验原理

1. 同离子效应

强电解质在水中全部解离,弱电解质在水中部分解离。在一定温度下,弱酸(HA)、弱碱(B)的解离平衡如下:

$$HA(aq) + H_2O(l) \rightleftharpoons H_3O^+(aq) + A^-(aq)$$

$$B(aq) + H_2O(l) \rightleftharpoons BH^+(aq) + OH^-(aq)$$

在弱电解质溶液中,加入与弱电解质含有相同离子的强电解质,解离平衡向生成弱电解质的方向移动,使弱电解质的解离度下降,这种现象称为同离子效应。

2. 盐的水解

强酸强碱盐在水中不水解。强酸弱碱盐(如 NH_4Cl)水解,溶液显酸性;强碱弱酸盐(如 NaAc)水解,溶液显碱性;弱酸弱碱盐(如 NH_4Ac)水解,溶液的酸碱性取决于相应弱酸、弱碱的相对强弱。例如:

$$Ac^-(aq) + H_2O(l) \rightleftharpoons HAc(aq) + OH^-(aq)$$

$$NH_4^+(aq) + H_2O(l) \rightleftharpoons NH_3 \cdot H_2O(aq) + H^+(aq)$$

$$NH_4^+(aq) + Ac^-(aq) + H_2O(l) \rightleftharpoons NH_3 \cdot H_2O(aq) + HAc(aq)$$

水解反应是酸碱中和反应的逆反应。中和反应是放热反应,水解反应是吸热反应,因此,升高温度有利于盐类的水解。

3. 缓冲溶液

由弱酸(或弱碱)与弱酸(或弱碱)盐(如 HAc-NaAc、$NH_3 \cdot H_2O$-NH_4Cl、

$H_3PO_4-NaH_2PO_4$、$NaH_2PO_4-Na_2HPO_4$、$Na_2HPO_4-Na_3PO_4$ 等)组成的溶液,具有保持溶液 pH 相对稳定的性质,这类溶液称为缓冲溶液。

由弱酸-弱酸盐组成的缓冲溶液的 pH 可由下列公式来计算:

$$pH = pK_a^{\ominus}(HA) - \lg \frac{c(HA)}{c(A^-)}$$

由弱碱-弱碱盐组成的缓冲溶液的 pH 可用下式来计算:

$$pH = 14 - pK_b^{\ominus}(B) + \lg \frac{c(B)}{c(BH^+)}$$

缓冲溶液的 pH 可以用 pH 试纸或酸度计来测定。

缓冲溶液的缓冲能力与组成缓冲溶液的弱酸(或弱碱)及其共轭碱(或酸)的浓度有关,当弱酸(或弱碱)与它的共轭碱(或酸)浓度较大时,其缓冲能力较强。此外,缓冲能力还与 $c(HA)/c(A^-)$ 或 $c(B)/c(BH^+)$ 有关,当比值接近 1 时,其缓冲能力最强。此比值通常选在 0.1~10 范围之内。

三、仪器、药品及材料

(1) 仪器:酸度计,量筒(10 mL 5 个),烧杯(50 mL 4 只),点滴板,试管,试管架,试管夹,药匙,石棉网,煤气灯。

(2) 药品:

① 酸:HCl 溶液(0.1 mol·L^{-1}、2 mol·L^{-1}),HAc 溶液(0.1 mol·L^{-1}、1 mol·L^{-1})。

② 碱:NaOH 溶液(0.1 mol·L^{-1}),NH_3·H_2O(0.1 mol·L^{-1}、1 mol·L^{-1})。

③ 盐:NaCl 溶液(0.1 mol·L^{-1}),Na_2CO_3 溶液(0.1 mol·L^{-1}),NH_4Cl 溶液(0.1 mol·L^{-1}、1 mol·L^{-1}),NaAc 溶液(1.0 mol·L^{-1}),$NH_4Ac(s)$,$BiCl_3$ 溶液(0.1 mol·L^{-1}),$CrCl_3$ 溶液(0.1 mol·L^{-1}),$Fe(NO_3)_3$ 溶液(0.5 mol·L^{-1})。

④ 指示剂:酚酞,甲基橙。

⑤ 未知液 A、B、C、D。

(3) 材料:pH 试纸。

四、实验内容及步骤

1. 同离子效应

(1) 用 pH 试纸、酚酞试剂测定和检查 0.1 mol·L^{-1} NH_3·H_2O 的 pH 及酸碱性;再加入少量 $NH_4Ac(s)$,观察并记录现象,写出反应方程式,并简要解释。

(2) 用 0.1 mol·L^{-1} HAc 溶液代替 0.1 mol·L^{-1} NH_3·H_2O,用甲基橙代替酚酞,重复步骤(1)。

2. 盐类的水解

(1) A、B、C、D 是四种失去标签的盐溶液,只知它们是 0.1 mol·L^{-1} 的 NaCl、

$NaAc$、NH_4Cl、Na_2CO_3 溶液,试通过测定其 pH 并结合理论计算确定 A、B、C、D 分别为何种化合物。

(2) 分别取 1 mL 0.5 mol·L^{-1} $Fe(NO_3)_3$ 溶液,置于 2 支洁净试管中,分别在常温和加热情况下试验其水解情况,观察并记录现象。

(3) 取 3 mL 蒸馏水,置于试管中,加 1 滴 0.1 mol·L^{-1} $BiCl_3$ 溶液,观察并记录现象。再滴加 2 mol·L^{-1} HCl 溶液,观察有何变化,写出离子反应方程式。

(4) 在试管中加入 2 滴 0.1 mol·L^{-1} $CrCl_3$ 溶液和 3 滴 0.1 mol·L^{-1} Na_2CO_3 溶液,观察并记录现象,写出反应方程式。

3. 缓冲溶液

(1) 按表 5-1 中试剂用量配制 4 种缓冲溶液,并用酸度计分别测定其 pH,与计算值进行比较。

表 5-1　几种缓冲溶液的 pH

编号	配制缓冲溶液(用对号量筒量取)	pH 计算值	pH 测定值
1	10.0 mL 1 mol·L^{-1} HAc 溶液加 10.0 mL 1 mol·L^{-1} NaAc 溶液		
2	10.0 mL 0.1 mol·L^{-1} HAc 溶液加 10.0 mL 1 mol·L^{-1} NaAc 溶液		
3	10.0 mL 0.1 mol·L^{-1} HAc 溶液中加入 2 滴酚酞,滴加 0.1 mol·L^{-1} NaOH 溶液至酚酞变红,半分钟不消失,再加入 10.0 mL 0.1 mol·L^{-1} HAc 溶液		
4	10.0 mL 1 mol·L^{-1} NH_3·H_2O 加 10.0 mL 1 mol·L^{-1} NH_4Cl 溶液		

(2) 在 1 号缓冲溶液中加入 0.5 mL(约 10 滴)0.1 mol·L^{-1} HCl 溶液并摇匀,用酸度计测其 pH;再加入 1 mL(约 20 滴)0.1 mol·L^{-1} NaOH 溶液,摇匀,测定其 pH,并与计算值比较。

五、思考题

(1) 如何配制 $SnCl_2$ 溶液、$SbCl_3$ 溶液和 $Bi(NO_3)_3$ 溶液? 写出它们水解反应的离子反应方程式。

(2) 影响盐类水解的因素有哪些?

(3) 缓冲溶液的 pH 由哪些因素决定? 其中主要的决定因素是什么?

实验二　配合物与沉淀-溶解平衡

一、实验目的

（1）深入理解配合物的组成和稳定性，了解配合物形成时的特征。

（2）深入理解沉淀-溶解平衡和溶度积常数的概念，掌握溶度积规则及其应用。

（3）初步学习利用沉淀反应和配位溶解的方法分离常见混合阳离子。

（4）学习电动离心机的使用和固-液分离操作方法。

二、实验原理

1. 配合物与配位平衡

配合物是由形成体（又称为中心离子或原子）与一定数目的配体（负离子或中性分子）以配位键结合而形成的一类复杂化合物，是路易斯（Lewis）酸和路易斯碱的加合物。配合物的内层与外层之间以离子键结合，在水溶液中完全解离。配合物在水溶液中分步解离，其行为类似于弱电解质。在一定条件下，中心离子、配体和配合物间达到配位平衡，例如：

$$Cu^{2+} + 4NH_3 \rightleftharpoons [Cu(NH_3)_4]^{2+}$$

相应反应的标准平衡常数 $K_f^{\ominus}$ 称为配合物的稳定常数。对于相同类型的配合物，$K_f^{\ominus}$ 数值愈大，配合物就愈稳定。

在水溶液中，配合物的生成反应主要有配体的取代反应和加合反应，例如：

$$[Fe(SCN)_n]^{3-n} + 6F^- \rightleftharpoons [FeF_6]^{3-} + nSCN^-$$

$$HgI_2(s) + 2I^- \rightleftharpoons [HgI_4]^{2-}$$

配合物形成时往往伴随溶液颜色、酸碱性（pH）、难溶电解质溶解度、中心离子氧化还原性的改变等特征。

2. 沉淀-溶解平衡

在含有难溶强电解质晶体的饱和溶液中，难溶强电解质与溶液中相应离子间的多相离子平衡，称为沉淀-溶解平衡。用通式表示如下：

$$A_m B_n(s) \rightleftharpoons mA^{n+}(aq) + nB^{m-}(aq)$$

其溶度积常数为

$$K_{sp}^{\ominus}(A_m B_n) = [c(A^{n+})/c^{\ominus}]^m [c(B^{m-})/c^{\ominus}]^n$$

沉淀的生成和溶解可以根据溶度积规则来判断：

（1）$J^{\ominus} > K_{sp}^{\ominus}$，有沉淀析出，平衡向左移动；

（2）$J^{\ominus} = K_{sp}^{\ominus}$，处于平衡状态，溶液为饱和溶液；

（3）$J^{\ominus} < K_{sp}^{\ominus}$，无沉淀析出，或平衡向右移动，原来的沉淀溶解。

溶液 pH 的改变、配合物的形成或发生氧化还原反应，往往会引起难溶电解质溶解度的改变。

对于相同类型的难溶电解质,可以根据其 $K_{sp}^{\ominus}$ 的相对大小判断沉淀的先后顺序。对于不同类型的难溶电解质,则要通过计算所需沉淀试剂浓度的大小来判断沉淀的先后顺序。

两种沉淀间相互转化的难易程度要根据沉淀转化反应的标准平衡常数确定。

利用沉淀反应和配位溶解可以分离溶液中的某些离子。

三、仪器、药品及材料

(1) 仪器:点滴板,试管,试管架,石棉网,煤气灯,电动离心机。

(2) 药品:

① 酸:HCl 溶液(6 mol · L^{-1}、2 mol · L^{-1}),H$_2$SO$_4$ 溶液(2 mol · L^{-1}),HNO$_3$ 溶液(6 mol · L^{-1}),H$_2$O$_2$ 溶液(3%)。

② 碱:NaOH 溶液(2 mol · L^{-1}),NH$_3$ · H$_2$O(2 mol · L^{-1}、6 mol · L^{-1})。

③ 盐:KBr 溶液(0.1 mol · L^{-1}),KI 溶液(0.02 mol · L^{-1}、0.1 mol · L^{-1}、2 mol · L^{-1}),K$_2$CrO$_4$ 溶液(0.1 mol · L^{-1}),KSCN 溶液(0.1 mol · L^{-1}),NaF 溶液(0.1 mol · L^{-1}),NaCl 溶液(0.1 mol · L^{-1}),Na$_2$S 溶液(0.1 mol · L^{-1}),NaNO$_3$(s),Na$_2$H$_2$Y 溶液(0.1 mol · L^{-1}),Na$_2$S$_2$O$_3$ 溶液(0.1 mol · L^{-1}),NH$_4$Cl 溶液(1 mol · L^{-1}),MgCl$_2$ 溶液(0.1 mol · L^{-1}),CaCl$_2$ 溶液(0.1 mol · L^{-1}),Ba(NO$_3$)$_2$ 溶液(0.1 mol · L^{-1}),Al(NO$_3$)$_3$ 溶液(0.1 mol · L^{-1}),Pb(NO$_3$)$_2$ 溶液(0.1 mol · L^{-1}),Pb(Ac)$_2$溶液(0.1 mol · L^{-1}),CoCl$_2$ 溶液(0.1 mol · L^{-1}),FeCl$_3$ 溶液(0.1 mol · L^{-1}),Fe(NO$_3$)$_3$ 溶液(0.1 mol · L^{-1}),AgNO$_3$ 溶液(0.1 mol · L^{-1}),Zn(NO$_3$)$_2$ 溶液(0.1 mol · L^{-1}),NiSO$_4$ 溶液(0.1 mol · L^{-1}),NH$_4$Fe(SO$_4$)$_2$ 溶液(0.1 mol · L^{-1}),K$_3$[Fe(CN)$_6$]溶液(0.1 mol · L^{-1}),BaCl$_2$ 溶液(0.1 mol · L^{-1}),CuSO$_4$ 溶液(0.1 mol · L^{-1})。

④ 有机物:丁二酮肟。

(3) 材料:pH 试纸。

四、实验内容及步骤

1. 配合物的形成与颜色变化

(1) 取 2 滴 0.1 mol · L^{-1} FeCl$_3$ 溶液,置于洁净试管中,加 1 滴 0.1 mol · L^{-1} KSCN 溶液,观察并记录现象。再加入几滴 0.1 mol · L^{-1} NaF 溶液,观察有什么变化。写出反应方程式。

(2) 在分别盛有 0.1 mol · L^{-1} K$_3$[Fe(CN)$_6$]溶液和 0.1 mol · L^{-1} NH$_4$Fe(SO$_4$)$_2$ 溶液的试管中,滴加 0.1 mol · L^{-1} KSCN 溶液,观察并记录是否有变化。

(3) 在盛有 0.1 mol · L^{-1} CuSO$_4$ 溶液的试管中,滴加 6 mol · L^{-1} NH$_3$ · H$_2$O

至过量,然后将溶液分为两份,分别加入 2 mol·L^{-1} NaOH 溶液和 0.1 mol·L^{-1} BaCl$_2$ 溶液,观察并记录现象,写出有关的反应方程式。

(4) 在盛有 2 滴 0.1 mol·L^{-1} NiSO$_4$ 溶液的试管中,逐滴加入 6 mol·L^{-1} NH$_3$·H$_2$O,观察并记录现象。然后加入 2 滴丁二酮肟试剂,观察并记录生成物的颜色和状态。

2. 配合物形成时难溶物溶解度的改变

在 3 支试管中分别加入 3 滴 0.1 mol·L^{-1} NaCl 溶液、3 滴 0.1 mol·L^{-1} KBr 溶液、3 滴 0.1 mol·L^{-1} KI 溶液,再各加入 3 滴 0.1 mol·L^{-1} AgNO$_3$ 溶液,观察并记录沉淀的颜色。离心分离,弃去清液。在沉淀中再分别加入 2 mol·L^{-1} NH$_3$·H$_2$O、0.1 mol·L^{-1} Na$_2$S$_2$O$_3$ 溶液、2 mol·L^{-1} KI 溶液,振荡试管,观察并记录沉淀的溶解情况。写出反应方程式。

3. 配合物形成时溶液 pH 的改变

取一条完整的 pH 试纸,在它的一端沾上半滴 0.1 mol·L^{-1} CaCl$_2$ 溶液,记下被 CaCl$_2$ 溶液浸润处的 pH,待 CaCl$_2$ 溶液不再扩散时,在距离 CaCl$_2$ 溶液扩散边缘 0.5～1.0 cm 干试纸处,沾上半滴 0.1 mol·L^{-1} Na$_2$H$_2$Y 溶液,待 Na$_2$H$_2$Y 溶液扩散到 CaCl$_2$ 溶液区形成重叠时,记下重叠与未重叠处的 pH。说明 pH 变化的原因,写出反应方程式。

4. 配合物形成时中心离子氧化还原性的改变

(1) 在盛有 0.1 mol·L^{-1} CoCl$_2$ 溶液的试管中,滴加 3% 的 H$_2$O$_2$ 溶液,观察并记录有无变化。

(2) 在盛有 0.1 mol·L^{-1} CoCl$_2$ 溶液的试管中,加几滴 1 mol·L^{-1} NH$_4$Cl 溶液,再滴加 6 mol·L^{-1} NH$_3$·H$_2$O,观察并记录现象。然后滴加 3% 的 H$_2$O$_2$ 溶液,观察并记录溶液颜色的变化。写出有关的反应方程式。

对比上述(1)和(2)两个实验,可以得出什么结论?

5. 沉淀的生成与溶解

(1) 在 3 支试管中各加入 2 滴 0.01 mol·L^{-1} Pb(Ac)$_2$ 溶液和 2 滴 0.02 mol·L^{-1} KI 溶液,摇荡试管,观察并记录现象。在第 1 支试管中加 5 mL 去离子水,摇荡,观察并记录现象;在第 2 支试管中加少量 NaNO$_3$(s),摇荡,观察并记录现象;在第 3 支试管中加过量的 2 mol·L^{-1} KI 溶液,观察并记录现象,分别解释。

(2) 在 2 支试管中各加入 1 滴 0.1 mol·L^{-1} Na$_2$S 溶液和 1 滴 0.1 mol·L^{-1} Pb(NO$_3$)$_2$ 溶液,观察并记录现象。在一支试管中加 6 mol·L^{-1} HCl 溶液,另一支试管中加 6 mol·L^{-1} HNO$_3$ 溶液,摇荡试管,观察并记录现象。写出反应方程式。

(3) 在 2 支试管中各加入 0.5 mL 0.1 mol·L^{-1} MgCl$_2$ 溶液和数滴 2 mol·L^{-1} NH$_3$·H$_2$O 至沉淀生成。在一支试管中加入几滴 2 mol·L^{-1} HCl 溶液,观察并记

录沉淀是否溶解;在另一支试管中加入数滴 $1\ mol \cdot L^{-1}\ NH_4Cl$ 溶液,观察并记录沉淀是否溶解。写出有关反应方程式,并解释每步实验现象。

6. 分步沉淀

(1) 在试管中加入 1 滴 $0.1\ mol \cdot L^{-1}\ Na_2S$ 溶液和 1 滴 $0.1\ mol \cdot L^{-1}\ K_2CrO_4$ 溶液,用去离子水稀释至 5 mL,摇匀。先加入 1 滴 $0.1\ mol \cdot L^{-1}\ Pb(NO_3)_2$ 溶液,摇匀,观察并记录沉淀的颜色,离心分离;然后向清液中继续滴加 $Pb(NO_3)_2$ 溶液,观察并记录此时生成沉淀的颜色。写出反应方程式,并说明判断两种沉淀先后析出的理由。

(2) 在试管中加入 2 滴 $0.1\ mol \cdot L^{-1}\ AgNO_3$ 溶液和 1 滴 $0.1\ mol \cdot L^{-1}$ $Pb(NO_3)_2$ 溶液,用去离子水稀释至 5 mL,摇匀。逐滴加入 $0.1\ mol \cdot L^{-1}\ K_2CrO_4$ 溶液(注意:每加 1 滴,都要充分摇荡),观察并记录现象。写出反应方程式,并解释。

7. 沉淀的转化

在盛有 6 滴 $0.1\ mol \cdot L^{-1}\ AgNO_3$ 溶液的试管中,加 3 滴 $0.1\ mol \cdot L^{-1}\ K_2CrO_4$ 溶液,观察并记录现象。再逐滴加入 $0.1\ mol \cdot L^{-1}\ NaCl$ 溶液,充分摇荡,观察并记录有何变化。写出反应方程式,并计算沉淀转化反应的标准平衡常数 $K^{\ominus}$。

8. 沉淀-配位溶解法分离混合阳离子

(1) 某溶液中含有 Ba^{2+}、Al^{3+}、Fe^{3+}、Ag^+ 等离子,试设计方法进行分离。写出有关反应方程式。

$$
\begin{bmatrix} Ba^{2+} \\ Al^{3+} \\ Fe^{3+} \\ Ag^+ \end{bmatrix} \xrightarrow{HCl(稀)} \begin{bmatrix} Ba^{2+}\ (aq) \\ Al^{3+}\ (aq) \\ Fe^{3+}\ (aq) \\ AgCl(s)(白色) \end{bmatrix} \xrightarrow{H_2SO_4(稀)} \begin{bmatrix} Al^{3+}\ (aq) \\ Fe^{3+}\ (aq) \\ BaSO_4(s)(白色) \end{bmatrix}
$$

$$
\xrightarrow{NaOH(过量)} \begin{bmatrix} AlO_2^-\ (aq) \\ Fe(OH)_3(s)(褐色) \end{bmatrix}
$$

(2) 某溶液中含有 Ba^{2+}、Pb^{2+}、Fe^{3+}、Zn^{2+} 等离子,自己设计方法进行分离。图示分离步骤,写出有关的反应方程式。

五、思考题

(1) 比较配离子 $[FeCl_4]^-$、$[Fe(NCS)_6]^{3-}$ 和 $[FeF_6]^{3-}$ 的稳定性。

(2) 比较配离子 $[Ag(NH_3)_2]^+$、$[Ag(S_2O_3)_2]^{3-}$ 和 $[AgI_2]^-$ 的稳定性。

(3) 计算 $0.1\ mol \cdot L^{-1}\ Na_2H_2Y$ 溶液的 pH。

(4) 如何正确地使用电动离心机?

实验三　氧化还原反应

一、实验目的

（1）深入理解电极电势与氧化还原反应的关系。
（2）了解介质的酸碱性对氧化还原反应方向和产物的影响。
（3）了解反应物浓度和温度对氧化还原反应速率的影响。
（4）掌握浓度对电极电势的影响。
（5）学习用酸度计测定原电池电动势的方法。

二、实验原理

参加反应的物质间有电子转移或偏移的化学反应称为氧化还原反应。在氧化还原反应中，还原剂失去电子被氧化，元素的氧化值增大；氧化剂得到电子被还原，元素的氧化值减小。物质的氧化还原能力的大小可以根据相应电对电极电势的大小来判断。电极电势愈大，电对中的氧化型的氧化能力愈强；电极电势愈小，电对中的还原型的还原能力愈强。

根据电极电势的大小可以判断氧化还原反应的方向。当氧化剂电对的电极电势大于还原剂电对的电极电势时，即 $E_{MF}=E(氧化剂)-E(还原剂)>0$ 时，反应能正向自发进行。当氧化剂电对和还原剂电对的标准电极电势相差较大时（如 $|E_{MF}^{\ominus}|>0.2$ V），通常可以用标准电池电动势判断反应的方向。

由电极反应的能斯特方程可以看出浓度对电极电势的影响，298.15 K 时，有

$$E=E^{\ominus}+\frac{0.059\ 2\ \text{V}}{z}\lg\frac{c(氧化型)}{c(还原型)}$$

溶液的 pH 会影响某些电对的电极电势或氧化还原反应的方向。介质的酸碱性也会影响某些氧化还原反应的产物。例如，在酸性、中性和强碱性溶液中，MnO_4^- 的还原产物分别为 Mn^{2+}、MnO_2 和 MnO_4^{2-}。

原电池是利用氧化还原反应将化学能转变为电能的装置。以饱和甘汞电极为参比电极，与待测电极组成原电池，用电位差计（或酸度计）可以测定原电池的电动势，然后计算出待测电极的电极电势。同样，也可以用酸度计测定铜-锌原电池电动势。当有沉淀或配合物生成时，会引起电极电势和电池电动势的改变。

三、仪器、药品及材料

（1）仪器：酸度计，水浴锅，饱和甘汞电极，锌电极，铜电极，饱和 KCl 盐桥，试管，试管架，烧杯。

(2) 药品：

① 酸：H_2SO_4 溶液(2 mol · L^{-1})，HAc 溶液(1 mol · L^{-1})，$H_2C_2O_4$ 溶液(0.1 mol · L^{-1})，H_2O_2 溶液(3%)。

② 碱：NaOH 溶液(2 mol · L^{-1})，$NH_3 \cdot H_2O$(2 mol · L^{-1})。

③ 盐：KI 溶液(0.02 mol · L^{-1})，KIO_3 溶液(0.1 mol · L^{-1})，KBr 溶液(0.1 mol · L^{-1})，$K_2Cr_2O_7$ 溶液(0.1 mol · L^{-1})，$KMnO_4$ 溶液(0.01 mol · L^{-1})，Na_2SiO_3 溶液(0.5 mol · L^{-1})，Na_2SO_3 溶液(0.1 mol · L^{-1})，$Pb(NO_3)_2$ 溶液(0.5 mol · L^{-1}、1 mol · L^{-1})，$FeSO_4$ 溶液(0.1 mol · L^{-1})，$FeCl_3$ 溶液(0.1 mol · L^{-1})，$CuSO_4$ 溶液(0.005 mol · L^{-1})，$ZnSO_4$ 溶液(1 mol · L^{-1})。

(3) 材料：蓝色石蕊试纸，砂纸，锌片。

四、实验内容及步骤

1. 比较电对 $E^{\ominus}$ 值的相对大小

按照下列简单的实验步骤进行实验，观察并记录现象。查出有关的标准电极电势，写出反应方程式。

(1) 0.02 mol · L^{-1} KI 溶液与 0.1 mol · L^{-1} $FeCl_3$ 溶液的反应。

(2) 0.1 mol · L^{-1} KBr 溶液与 0.1 mol · L^{-1} $FeCl_3$ 溶液的反应。

由实验(1)和(2)比较 $E^{\ominus}(I_2/I^-)$、$E^{\ominus}(Fe^{3+}/Fe^{2+})$、$E^{\ominus}(Br_2/Br^-)$ 的相对大小，并找出其中最强的氧化剂和最强的还原剂。

(3) 在酸性介质中，0.02 mol · L^{-1} KI 溶液与 3% H_2O_2 溶液的反应。

(4) 在酸性介质中，0.01 mol · L^{-1} $KMnO_4$ 溶液与 3% H_2O_2 溶液的反应。指出 H_2O_2 在实验(3)和(4)中的作用。

(5) 在酸性介质中，0.1 mol · L^{-1} $K_2Cr_2O_7$ 溶液与 0.1 mol · L^{-1} Na_2SO_3 溶液的反应。写出反应方程式。

(6) 在酸性介质中，0.1 mol · L^{-1} $K_2Cr_2O_7$ 溶液与 0.1 mol · L^{-1} $FeSO_4$ 溶液的反应。写出反应方程式。

2. 介质的酸碱性对氧化还原反应产物及反应方向的影响

(1) 介质的酸碱性对氧化还原反应产物的影响。

在点滴板的三个孔穴(或 3 支试管)中各滴入 1 滴 0.01 mol · L^{-1} $KMnO_4$ 溶液，然后分别加入 1 滴 2 mol · L^{-1} H_2SO_4 溶液、1 滴蒸馏水和 1 滴 2 mol · L^{-1} NaOH 溶液，最后分别滴入 0.1 mol · L^{-1} Na_2SO_3 溶液。观察并记录现象，写出反应方程式。

(2) 溶液的 pH 对氧化还原反应方向的影响。

将 0.1 mol · L^{-1} KIO_3 溶液与 0.1 mol · L^{-1} KI 溶液混合，观察并记录有无变化。再滴入几滴 2 mol · L^{-1} H_2SO_4 溶液，观察并记录有何变化。然后加入 2 mol ·

L^{-1} NaOH 溶液使溶液呈碱性，观察并记录又有何变化。写出反应方程式并解释。

3. 浓度、温度对氧化还原反应速率的影响

(1) 浓度对氧化还原反应速率的影响。

在 2 支试管中，分别加入 3 滴 0.5 mol • L^{-1} Pb(NO₃)₂ 溶液和 3 滴 1 mol • L^{-1} Pb(NO₃)₂ 溶液，各加入 28～30 滴 1 mol • L^{-1} HAc 溶液，混匀后，再逐滴加入 0.5 mol • L^{-1} Na₂SiO₃ 溶液 26～28 滴，摇匀，用蓝色石蕊试纸检查溶液仍呈弱酸性。在 90 ℃ 水浴中加热至试管中出现乳白色透明凝胶，取出试管，冷却至室温，在 2 支试管中同时插入表面积相同的锌片(去掉表面的氧化物)，观察、记录 2 支试管中"铅树"生长速率的快慢，并解释。

(2) 温度对氧化还原反应速率的影响。

在 A、B 2 支试管中各加入 1 mL 0.01 mol • L^{-1} KMnO₄ 溶液和 3 滴 2 mol • L^{-1} H₂SO₄ 溶液；在 C、D 2 支试管中各加入 1 mL 0.1 mol • L^{-1} H₂C₂O₄ 溶液。将 A、C 2 支试管放在水浴中加热几分钟后取出，同时将 A 试管中溶液倒入 C 试管中，将 B 试管中溶液倒入 D 试管中，观察、记录 C、D 2 支试管中的溶液哪一个先退色，并解释。

4. 浓度对电极电势的影响

(1) 在 50 mL 烧杯中加入 25 mL 1 mol • L^{-1} ZnSO₄ 溶液，插入饱和甘汞电极和用砂纸打磨过的锌电极，组成原电池。将甘汞电极与酸度计的"+"极相连，锌电极与"−"极相接。将酸度计的 pH-mV 开关扳向"mV"挡，量程开关扳向 0～7，用零点调节器调零点。将量程开关扳到 7～14，按下读数开关，测定并记录原电池的电动势 $E_{MF(1)}$。已知饱和甘汞电极的 $E = 0.241\ 5$ V，计算 $E(Zn^{2+}/Zn)$(虽然本实验所用的 ZnSO₄ 溶液浓度为 1 mol • L^{-1}，但由于温度、活度因子等因素的影响，所测数值并非 -0.763 V)。

(2) 在另一只 50 mL 烧杯中加入 25 mL 0.005 mol • L^{-1} CuSO₄ 溶液，插入铜电极，与(1)中的锌电极组成原电池，两烧杯间用饱和 KCl 盐桥连接，将铜电极接"+"极，锌电极接"−"极，用酸度计测定并记录原电池的电动势 $E_{MF(2)}$，计算 $E(Cu^{2+}/Cu)$ 和 $E^{\ominus}(Cu^{2+}/Cu)$。

(3) 向 0.005 mol • L^{-1} CuSO₄ 溶液中滴入过量 2 mol • L^{-1} NH₃ • H₂O 至生成深蓝色透明溶液，再测定并记录原电池的电动势 $E_{MF(3)}$，并计算 $E([Cu(NH_3)_4]^{2+}/Cu)$。

比较两次测得的铜-锌原电池的电动势和铜电极电势的大小，能得出什么结论？

五、思考题

(1) 为什么 K₂Cr₂O₇ 能氧化浓盐酸中的氯离子，而不能氧化 NaCl 浓溶液中的氯离子？

（2）在碱性溶液中，$E^\ominus(IO_3^-/I_2)$和 $E^\ominus(SO_4^{2-}/SO_3^{2-})$分别为多少伏？

（3）温度和浓度对氧化还原反应的速率有何影响？E_{MF}大的氧化还原反应的反应速率也一定大吗？

（4）饱和甘汞电极与标准甘汞电极的电极电势是否相等？

（5）计算原电池$(-)Ag|AgCl(s)|KCl(0.01\ mol \cdot L^{-1}) \parallel AgNO_3(0.01\ mol \cdot L^{-1})|Ag(+)$（盐桥为饱和$NH_4NO_3$溶液）的电动势。

第六章 元素及化合物的性质

实验一 氯、溴、碘及其化合物的性质

一、实验目的

（1）比较卤素单质的氧化性、卤素离子的还原性及其递变规律。

（2）了解氯的含氧酸及其盐的性质。

（3）掌握卤素离子的鉴定方法。

二、实验原理

氯、溴、碘是周期系第ⅦA族元素，它们的价层电子构型为 ns^2np^5，因此氧化值通常是 -1，在一定条件下，也可以生成氧化值为 $+1$、$+3$、$+5$、$+7$ 的化合物。

卤素单质都是氧化剂，其氧化能力按下列顺序递变：

$$F_2 > Cl_2 > Br_2 > I_2$$

而作为还原剂的卤素离子的还原性递变规律是：

$$I^- > Br^- > Cl^- > F^-$$

氯的水溶液（氯水），存在下列平衡：

$$Cl_2 + H_2O \rightleftharpoons HCl + HClO$$

因此将氯气通入冷的碱溶液中，可使上述平衡向右移动，生成次氯酸盐。次氯酸和次氯酸盐都是强氧化剂，氯酸盐在水溶液中没有明显的氧化性，而在酸性介质中能表现出明显的氧化性。

Cl^-、Br^-、I^- 能和 Ag^+ 生成难溶于水的 $AgCl$（白）、$AgBr$（淡黄）、AgI（黄），它们都不溶于稀硝酸。$AgCl$ 在氨水中生成配离子 $[Ag(NH_3)_2]^+$ 而溶解，再加入硝酸酸化，则 $AgCl$ 又重新沉淀。Br^-、I^- 可用 Cl_2 氧化为 Br_2、I_2 后，再加以鉴定。

三、仪器、药品及材料

（1）仪器：酒精灯，试管，烧杯。

（2）药品：

① 酸：H_2SO_4 溶液（$6\ mol \cdot L^{-1}$），浓盐酸，HNO_3 溶液（$2\ mol \cdot L^{-1}$、$6\ mol \cdot L^{-1}$）。

② 碱：$NaOH$ 溶液（$2\ mol \cdot L^{-1}$），$NH_3 \cdot H_2O$（$6\ mol \cdot L^{-1}$）。

③ 盐:NaCl 溶液(0.1 mol·L^{-1}),KBr 溶液(0.1 mol·L^{-1}),KI 溶液(0.1 mol·L^{-1}),MnSO$_4$ 溶液(0.1 mol·L^{-1}),KClO$_3$ 溶液(饱和),AgNO$_3$ 溶液(0.1 mol·L^{-1})。

④ 其他:氯水(新制),溴水(新制),淀粉溶液,CCl$_4$。

(3) 材料:淀粉-KI 试纸,pH 试纸。

四、实验内容及步骤

1. 卤素单质的氧化性及卤素离子的还原性

(1) 卤素单质的氧化性。

① 取 0.5 mL 含 Br$^-$ 试液于试管中,加入 5～6 滴 CCl$_4$,再滴入新制氯水,边滴边摇,观察并记录现象,写出离子反应方程式。(可用于鉴定 Br$^-$。)

② 取 0.5 mL 含 I$^-$ 试液于试管中,加入 5～6 滴 CCl$_4$,再滴入新制氯水,边滴边摇,观察并记录现象,写出离子反应方程式。(可用于鉴定 I$^-$。)

③ 取 0.5 mL 含 I$^-$ 试液于试管中,加入 5～6 滴 CCl$_4$,再滴入新制溴水,边滴边摇,观察并记录现象,写出离子反应方程式。(也可用于鉴定 I$^-$。)

根据上述实验结果,说明卤素单质氧化性的相对强弱。

④ Cl$^-$ 的鉴定:取 5 滴含 Cl$^-$ 试液于试管中,加入 2 滴 2 mol·L^{-1} HNO$_3$ 溶液,再加 3 滴 0.1 mol·L^{-1} AgNO$_3$ 溶液,观察并记录沉淀颜色,再加入数滴 6 mol·L^{-1} NH$_3$·H$_2$O,振荡后,观察并记录沉淀的溶解情况,然后加入 6 mol·L^{-1} HNO$_3$ 溶液酸化,又有白色沉淀析出。写出有关的离子反应方程式。

(2) 氯对 Br$^-$、I$^-$ 离子混合溶液的氧化顺序。

在 1 支试管中,加入 2～3 滴 0.1 mol·L^{-1} KBr 溶液和 1 滴 0.1 mol·L^{-1} KI 溶液,再加数滴 CCl$_4$,逐滴加入新制氯水,边加边摇,观察 CCl$_4$ 层由紫红色变成橙黄色,写出有关的离子反应方程式。

2. 次氯酸盐的生成及氧化性

(1) 取氯水 3 mL 于试管中,逐滴加入 2 mol·L^{-1} NaOH 溶液至呈弱碱性为止(7<pH<9,用 pH 试纸检验),写出反应方程式。(此溶液即为 NaClO 溶液。)

(2) 取 2 滴 0.1 mol·L^{-1} KI 溶液于试管中,加 1 滴淀粉溶液,用滴管逐滴加入上述制得的 NaClO 溶液,观察并记录现象,再继续滴加 NaClO 溶液,又出现什么现象? 写出有关的反应方程式。

(3) 在剩余的 NaClO 溶液中,逐滴加入 0.1 mol·L^{-1} MnSO$_4$ 溶液,观察并记录现象,写出反应方程式。

3. 氯酸盐的氧化性

(1) 在盛有 10 滴饱和 KClO$_3$ 溶液的试管中,加入 2～3 滴浓盐酸,微热,证明有氯气产生。写出反应方程式。

(2) 取 2 滴 0.1 mol·L^{-1} KI 溶液于试管中,加入 10～15 滴饱和 KClO$_3$ 溶液,

微热,逐滴加入 6 mol·L^{-1} H_2SO_4 溶液,不断振荡试管,观察溶液由无色(I^-)→黄色(I_3^-)→棕色(I_2)→无色(IO_3^-),写出各步反应的离子反应方程式。

根据 3(2)实验结果:

① 说明酸度对氯酸盐氧化性的影响;

② 比较 HIO_3 和 $HClO_3$ 氧化性的相对强弱。

五、思考题

(1) 卤素离子的还原性有什么递变规律? 实验中是怎样验证的?

(2) 本实验中是如何得到 NaClO 溶液的? 又是如何验证 NaClO 溶液的氧化性的?

(3) 水溶液中,氯酸盐的氧化性与介质有什么关系?

实验二　锡、铅、锑、铋的性质

一、实验目的

(1) 掌握锡、铅、锑、铋氢氧化物的酸碱性。

(2) 掌握锡(Ⅱ)、锑(Ⅲ)、铋(Ⅲ)盐的水解性。

(3) 掌握锡(Ⅱ)的还原性和铅(Ⅳ)、铋(Ⅴ)的氧化性。

(4) 掌握锡、铅、锑、铋硫化物的溶解性。

(5) 掌握 Sn^{2+}、Pb^{2+}、Sb^{3+}、Bi^{3+} 的鉴定方法。

二、实验原理

锡、铅是周期系第ⅣA族元素,其原子的价层电子构型为 ns^2np^2,它们能形成氧化值为 +2 和 +4 的化合物。

锑、铋是周期系第ⅤA族元素,其原子的价层电子构型为 ns^2np^3,它们能形成氧化值为 +3 和 +5 的化合物。

$Sn(OH)_2$、$Pb(OH)_2$、$Sb(OH)_3$ 都是两性氢氧化物,$Bi(OH)_3$ 呈碱性,α-H_2SnO_3(α-$SnO_2 \cdot H_2O$)既能溶于酸,又能溶于碱,而 β-H_2SnO_3(β-$SnO_2 \cdot H_2O$)既不溶于酸,又不溶于碱。

Sn^{2+}、Sb^{3+}、Bi^{3+} 在水溶液中发生显著的水解反应,加入相应的酸可以抑制它们的水解。

Sn(Ⅱ)的化合物具有较强的还原性。Sn^{2+} 与 $HgCl_2$ 反应可用于鉴定 Sn^{2+} 或 Hg^{2+},碱性溶液中 $[Sn(OH)_4]^{2-}$(或 SnO_2^{2-})与 Bi^{3+} 反应可用于鉴定 Bi^{3+}。Pb(Ⅳ)和 Bi(Ⅴ)的化合物都具有强氧化性。PbO_2 和 $NaBiO_3$ 都是强氧化剂,在酸性溶液中它们都能将 Mn^{2+} 氧化为 MnO_4^-。Sb^{3+} 可以被 Sn 还原为单质 Sb,这一反应可用于

鉴定 Sb^{3+} 。

SnS、SnS_2、PbS、Sb_2S_3、Bi_2S_3 都难溶于水和稀盐酸,但能溶于较浓的盐酸。SnS_2 和 Sb_2S_3 还能溶于 $NaOH$ 溶液或 Na_2S 溶液。$Sn(Ⅳ)$ 和 $Sb(Ⅲ)$ 的硫代酸盐遇酸分解为 H_2S 和相应的硫化物沉淀。

铅的许多盐难溶于水。$PbCl_2$ 能溶于热水中。利用 Pb^{2+} 和 CrO_4^{2-} 的反应可以鉴定 Pb^{2+} 。

三、仪器、药品及材料

(1) 仪器:离心机,点滴板,试管。

(2) 药品:

① 酸:HCl 溶液($2\ mol \cdot L^{-1}$、$6\ mol \cdot L^{-1}$、浓),H_2SO_4 溶液($2\ mol \cdot L^{-1}$),HNO_3 溶液($2\ mol \cdot L^{-1}$、$6\ mol \cdot L^{-1}$、浓),H_2S 溶液(饱和)。

② 碱:$NH_3 \cdot H_2O$($2\ mol \cdot L^{-1}$),NaOH 溶液($2\ mol \cdot L^{-1}$、$6\ mol \cdot L^{-1}$)。

③ 盐:$SnCl_2$ 溶液($0.1\ mol \cdot L^{-1}$),$Pb(NO_3)_2$ 溶液($0.1\ mol \cdot L^{-1}$),$SnCl_4$ 溶液($0.2\ mol \cdot L^{-1}$),$SbCl_3$ 溶液($0.1\ mol \cdot L^{-1}$、$0.5\ mol \cdot L^{-1}$),$BiCl_3$ 溶液($0.1\ mol \cdot L^{-1}$),$Bi(NO_3)_3$ 溶液($0.1\ mol \cdot L^{-1}$),$HgCl_2$ 溶液($0.1\ mol \cdot L^{-1}$),$MnSO_4$ 溶液($0.1\ mol \cdot L^{-1}$),Na_2S 溶液($0.1\ mol \cdot L^{-1}$、$0.5\ mol \cdot L^{-1}$),Na_2S_x 溶液($0.1\ mol \cdot L^{-1}$),KI 溶液($0.1\ mol \cdot L^{-1}$),K_2CrO_4 溶液($0.1\ mol \cdot L^{-1}$),$AgNO_3$ 溶液($0.1\ mol \cdot L^{-1}$),$NaBiO_3(s)$,$SnCl_2 \cdot 6H_2O(s)$,NH_4Ac 溶液(饱和)。

④ 其他:锡粒,锡片,$PbO_2(s)$,碘水,氯水。

(3) 材料:淀粉-KI 试纸。

四、实验内容及步骤

1. 锡、铅、锑、铋氢氧化物的酸碱性

(1) 分别取 $0.1\ mol \cdot L^{-1}$ $SnCl_2$、$0.2\ mol \cdot L^{-1}$ $SnCl_4$、$0.1\ mol \cdot L^{-1}$ $Pb(NO_3)_2$、$0.1\ mol \cdot L^{-1}$ $SbCl_3$ 和 $0.1\ mol \cdot L^{-1}$ $Bi(NO_3)_3$ 五种溶液,加入 $2\ mol \cdot L^{-1}$ NaOH 溶液,制取少量 $Sn(OH)_2$、α-H_2SnO_3、$Pb(OH)_2$、$Sb(OH)_3$、$Bi(OH)_3$ 沉淀,观察并记录其颜色,并选择适当的酸、碱试剂分别检验它们的酸碱性。写出有关的反应方程式。

(2) 在 2 支试管中各加入一粒金属锡,再各加几滴浓硝酸,微热(在通风橱内进行),观察并记录现象,写出反应方程式。将反应产物用去离子水离心洗涤两次,在沉淀中分别加入 $2\ mol \cdot L^{-1}$ HCl 溶液和 $2\ mol \cdot L^{-1}$ NaOH 溶液,观察并记录沉淀是否溶解。

2. $Sn(Ⅱ)$、$Sb(Ⅲ)$ 和 $Bi(Ⅲ)$ 盐的水解性

(1) 取少量 $SnCl_2 \cdot 6H_2O$ 晶体放入试管中,加入 $1 \sim 2\ mL$ 去离子水,观察并记

录现象。写出有关的反应方程式。

(2) 取少量 0.1 mol·L^{-1} SbCl$_3$ 溶液和 0.1 mol·L^{-1} BiCl$_3$ 溶液于试管中,分别加水稀释,观察并记录现象。再分别加入 6 mol·L^{-1} HCl 溶液,观察并记录有何变化。写出有关的反应方程式。

3. 锡、铅、锑、铋化合物的氧化还原性

(1) Sn(Ⅱ)的还原性。

① 取少量(1~2滴)0.1 mol·L^{-1} HgCl$_2$ 溶液于试管中,逐滴加入 0.1 mol·L^{-1} SnCl$_2$ 溶液,观察并记录现象。写出反应方程式。

② 取 0.5 mL 0.1 mol·L^{-1} SnCl$_2$ 溶液于试管中,滴加 2 mol·L^{-1} NaOH 溶液至沉淀刚好溶解,制得少量 Na$_2$[Sn(OH)$_4$]溶液,然后滴加 0.1 mol·L^{-1} BiCl$_3$ 溶液,观察并记录现象。写出反应方程式。

(2) PbO$_2$ 的氧化性。

取少量 PbO$_2$ 固体于试管中,加入 6 mol·L^{-1} HNO$_3$ 溶液和 1 滴 0.1 mol·L^{-1} MnSO$_4$ 溶液,微热后静置片刻,观察并记录现象。写出反应方程式。

(3) Sb(Ⅲ)的氧化还原性。

① 在点滴板上(或试管中)放一小块光亮的锡片(去氧化层),然后加 1 滴 0.1 mol·L^{-1} SbCl$_3$ 溶液,观察并记录锡片表面的变化。写出反应方程式。

② 分别取 0.1 mol·L^{-1} AgNO$_3$ 溶液和 0.1 mol·L^{-1} SbCl$_3$ 溶液 0.5 mL 于试管中,各滴加 2 mol·L^{-1} NH$_3$·H$_2$O、2 mol·L^{-1} NaOH 溶液,分别制得少量 [Ag(NH$_3$)$_2$]$^+$ 溶液和[Sb(OH)$_4$]$^{2-}$ 溶液,然后将两种溶液混合,观察并记录现象。写出有关的离子反应方程式。

(4) NaBiO$_3$ 的氧化性。

取 2 滴 0.1 mol·L^{-1} MnSO$_4$ 溶液于试管中,加入 1 mL 6 mol·L^{-1} HNO$_3$ 溶液,再加入少量固体 NaBiO$_3$,微热,观察并记录现象。写出离子反应方程式。

4. 锡、铅、锑、铋硫化物的生成与溶解

(1) 在 2 支试管中各加入 1 滴 0.1 mol·L^{-1} SnCl$_2$ 溶液,加入饱和 H$_2$S 溶液,观察并记录现象。离心分离,弃去清液。再分别加入 6 mol·L^{-1} HCl 溶液、0.1 mol·L^{-1} Na$_2$S$_x$ 溶液,观察并记录现象。写出有关的离子反应方程式。

(2) 各取 0.5 mL 0.1 mol·L^{-1} Pb(NO$_3$)$_2$ 溶液于 2 支试管中,再分别加入饱和 H$_2$S 溶液,制得 2 份 PbS 沉淀,观察并记录颜色,分别加入 6 mol·L^{-1} HCl 溶液和 6 mol·L^{-1} HNO$_3$ 溶液,观察并记录现象。写出有关的离子反应方程式。

(3) 各取 0.5 mL 0.2 mol·L^{-1} SnCl$_4$ 溶液于 3 支试管中,各加入饱和 H$_2$S 溶液,制得 3 份 SnS$_2$ 沉淀,观察并记录颜色,分别加入浓盐酸、2 mol·L^{-1} NaOH 溶液和 0.1 mol·L^{-1} Na$_2$S 溶液,观察并记录现象。写出有关的离子反应方程式。在 SnS$_2$ 与 Na$_2$S 反应的溶液中加入 2 mol·L^{-1} HCl 溶液,观察并记录现象。写出有关的离子反应方程式。

(4) 各取 0.5 mL 0.5 mol·L^{-1} $SbCl_3$ 溶液于 3 支试管中,分别加入饱和 H_2S 溶液,制得 3 份 Sb_2S_3 沉淀,观察并记录颜色,分别加入 6 mol·L^{-1} HCl 溶液、2 mol·L^{-1} NaOH 溶液、0.5 mol·L^{-1} Na_2S 溶液,观察并记录现象。在 Sb_2S_3 与 Na_2S 反应的溶液中加入 2 mol·L^{-1} HCl 溶液,观察并记录有何变化。写出有关的离子反应方程式。

(5) 取 1 mL 0.1 mol·L^{-1} $Bi(NO_3)_3$ 溶液于试管中,滴加饱和 H_2S 溶液,制得 Bi_2S_3 沉淀,观察并记录其颜色,加入 6 mol·L^{-1} HCl 溶液,观察并记录有何变化。写出有关的离子反应方程式。

5. 铅(Ⅱ)难溶盐的生成与溶解

(1) 取 1 mL 0.1 mol·L^{-1} $Pb(NO_3)_2$ 溶液于试管中,滴加饱和 H_2S 溶液,制得少量 PbS 沉淀,观察并记录其颜色,并分别试验其在热水和浓盐酸中的溶解情况。

(2) 取 1 mL 0.1 mol·L^{-1} $Pb(NO_3)_2$ 溶液于试管中,滴加 2 mol·L^{-1} H_2SO_4 溶液,制得少量 $PbSO_4$ 沉淀,观察并记录其颜色,试验其在饱和 NH_4Ac 溶液中的溶解情况。

(3) 取 1 mL 0.1 mol·L^{-1} $Pb(NO_3)_2$ 溶液于试管中,滴加 0.1 mol·L^{-1} K_2CrO_4 溶液,制得少量 $PbCrO_4$ 沉淀,观察并记录其颜色,分别试验其在浓硝酸和 6 mol·L^{-1} NaOH 溶液中的溶解情况。

6. Sn^{2+} 与 Pb^{2+} 的鉴别

有 A 和 B 两种溶液,一种含有 Sn^{2+},另一种含有 Pb^{2+}。试根据它们的特征反应设计实验方案加以区分和鉴定。

7. Sb^{3+} 与 Bi^{3+} 的分离与鉴定

取 0.1 mol·L^{-1} $SbCl_3$ 溶液和 0.1 mol·L^{-1} $BiCl_3$ 溶液各 3 滴于试管中,混合后设计实验方案加以分离和鉴定。图示分离、鉴定步骤,写出现象和有关的离子反应方程式。

五、思考题

(1) 检验 $Pb(OH)_2$ 碱性时,应该用什么酸? 为什么不能用稀盐酸或稀硫酸?

(2) 怎样制取亚锡酸钠溶液?

(3) 用 PbO_2 和 $MnSO_4$ 溶液反应时为什么用硝酸酸化而不用盐酸酸化?

(4) 配制 $SnCl_2$ 溶液时,为什么要加入盐酸和锡粒?

(5) 比较锡、铅氢氧化物的酸碱性,比较锑、铋氢氧化物的酸碱性。

(6) 比较锡、铅化合物的氧化还原性,比较锑、铋化合物的氧化还原性。

(7) 总结锡、铅、锑、铋硫化物的溶解性,说明它们与相应的氢氧化物的酸碱性有何联系。

(8) 在含 Sn^{2+} 的溶液中加入 CrO_4^{2-} 会发生什么反应?

实验三　铬、锰、铁、钴、镍的性质

一、实验目的

（1）掌握铬、锰、铁、钴、镍氢氧化物的酸碱性和氧化还原性。

（2）掌握铬、锰重要氧化态之间的转化反应及其条件。

（3）掌握铁、钴、镍配合物的生成和性质。

（4）掌握锰、铁、钴、镍硫化物的生成和溶解性。

（5）学习 Cr^{3+}、Mn^{2+}、Fe^{2+}、Fe^{3+}、Co^{2+}、Ni^{2+} 的鉴定方法。

二、实验原理

铬、锰、铁、钴、镍是周期系第四周期第ⅥB～Ⅷ族元素，它们都能形成多种氧化值的化合物。铬的重要氧化值为 +3 和 +6，锰的重要氧化值为 +2、+4、+6 和 +7，铁、钴、镍的重要氧化值都是 +2 和 +3。

$Cr(OH)_3$ 是两性的氢氧化物。$Mn(OH)_2$ 和 $Fe(OH)_2$ 都很容易被空气中的 O_2 氧化，$Co(OH)_2$ 也能被空气中的 O_2 慢慢氧化。由于 Co^{3+} 和 Ni^{3+} 都具有强氧化性，$Co(OH)_3$、$Ni(OH)_3$ 与浓盐酸反应分别生成 $Co(Ⅱ)$ 和 $Ni(Ⅱ)$，并放出氯气。$Co(OH)_3$ 和 $Ni(OH)_3$ 通常分别由 $Co(Ⅱ)$ 和 $Ni(Ⅱ)$ 的盐在碱性条件下用强氧化剂氧化得到，例如：

$$2Ni^{2+} + 6OH^- + Br_2 \longrightarrow 2Ni(OH)_3(s) + 2Br^-$$

Cr^{3+} 和 Fe^{3+} 都易发生水解反应。Fe^{3+} 具有一定的氧化性，能与强还原剂反应生成 Fe^{2+}。

在酸性溶液中，Cr^{3+} 和 Mn^{2+} 的还原性都较弱，只有用强氧化剂才能将它们分别氧化为 $Cr_2O_7^{2-}$ 和 MnO_4^-。在酸性条件下利用 Mn^{2+} 和 $NaBiO_3$ 的反应可以鉴定 Mn^{2+}。

在碱性溶液中，$[Cr(OH)_4]^-$ 可被 H_2O_2 氧化为 CrO_4^{2-}。在酸性溶液中，CrO_4^{2-} 转变为 $Cr_2O_7^{2-}$。$Cr_2O_7^{2-}$ 与 H_2O_2 反应能生成深蓝色的 CrO_5，由此可以鉴定 Cr^{3+}。

在重铬酸盐溶液中分别加入 Ag^+、Pb^{2+}、Ba^{2+} 等，能生成相应的铬酸盐沉淀。

$Cr_2O_7^{2-}$ 和 MnO_4^- 都具有强氧化性。酸性溶液中 $Cr_2O_7^{2-}$ 被还原为 Cr^{3+}。MnO_4^- 在酸性、中性、强碱性溶液中的还原产物分别为 Mn^{2+}、MnO_2 沉淀和 MnO_4^{2-}。在强碱性溶液中，MnO_4^- 与 MnO_2 反应也能生成 MnO_4^{2-}。在酸性甚至近中性溶液中，MnO_4^{2-} 歧化为 MnO_4^- 和 MnO_2。在酸性溶液中，MnO_2 也是强氧化剂。

MnS、FeS、CoS、NiS 都能溶于稀酸，MnS 还能溶于 HAc 溶液。这些硫化物需要在弱碱性溶液中制得。生成的 CoS 和 NiS 沉淀由于晶体结构改变而难溶于稀酸。

铬、锰、铁、钴、镍都能形成多种配合物。Co^{2+} 和 Ni^{2+} 能与过量的氨水反应，分别生成$[Co(NH_3)_6]^{2+}$和$[Ni(NH_3)_6]^{2+}$。$[Co(NH_3)_6]^{2+}$容易被空气中的O_2氧化为$[Co(NH_3)_6]^{3+}$。Fe^{2+}与$[Fe(CN)_6]^{3-}$反应,或Fe^{3+}与$[Fe(CN)_6]^{4-}$反应,都生成蓝色沉淀,分别用于鉴定Fe^{2+}和Fe^{3+}。在酸性溶液中,Fe^{3+}与SCN^-反应,也用于鉴定Fe^{3+}。Co^{2+}也能与SCN^-反应,生成不稳定的$[Co(NCS)_4]^{2-}$,在丙酮等有机溶剂中较稳定,此反应用于鉴定Co^{2+}。Ni^{2+}与丁二酮肟在弱碱性条件下反应生成鲜红色的内配盐,此反应常用于鉴定Ni^{2+}。

三、仪器、药品及材料

(1) 仪器:离心机,试管,酒精灯。

(2) 药品:

① 酸:HCl 溶液($2\ mol \cdot L^{-1}$、$6\ mol \cdot L^{-1}$、浓),H_2SO_4 溶液($2\ mol \cdot L^{-1}$、$6\ mol \cdot L^{-1}$、浓),HNO_3 溶液($6\ mol \cdot L^{-1}$、浓),HAc 溶液($2\ mol \cdot L^{-1}$),H_2S 溶液(饱和),H_2O_2 溶液(3%)。

② 碱:NaOH 溶液($2\ mol \cdot L^{-1}$、$6\ mol \cdot L^{-1}$、40%),$NH_3 \cdot H_2O$($2\ mol \cdot L^{-1}$、$6\ mol \cdot L^{-1}$)。

③ 盐:$Pb(NO_3)_2$ 溶液($0.1\ mol \cdot L^{-1}$),$AgNO_3$溶液($0.1\ mol \cdot L^{-1}$),$MnSO_4$ 溶液($0.1\ mol \cdot L^{-1}$、$0.5\ mol \cdot L^{-1}$),$Cr_2(SO_4)_3$ 溶液($0.1\ mol \cdot L^{-1}$),Na_2SO_3 溶液($0.1\ mol \cdot L^{-1}$),Na_2S 溶液($0.1\ mol \cdot L^{-1}$),$CrCl_3$ 溶液($0.1\ mol \cdot L^{-1}$),K_2CrO_4 溶液($0.1\ mol \cdot L^{-1}$),$K_2Cr_2O_7$ 溶液($0.1\ mol \cdot L^{-1}$),$KMnO_4$ 溶液($0.01\ mol \cdot L^{-1}$),$BaCl_2$ 溶液($0.1\ mol \cdot L^{-1}$),$FeCl_3$ 溶液($0.1\ mol \cdot L^{-1}$),$CoCl_2$ 溶液($0.1\ mol \cdot L^{-1}$、$0.5\ mol \cdot L^{-1}$),$FeSO_4$ 溶液($0.1\ mol \cdot L^{-1}$),$SnCl_2$ 溶液($0.1\ mol \cdot L^{-1}$),$NiSO_4$溶液($0.1\ mol \cdot L^{-1}$、$0.5\ mol \cdot L^{-1}$),KI 溶液($0.02\ mol \cdot L^{-1}$),NaF 溶液($1\ mol \cdot L^{-1}$),KSCN 溶液($0.1\ mol \cdot L^{-1}$),$K_4[Fe(CN)_6]$溶液($0.1\ mol \cdot L^{-1}$),$K_3[Fe(CN)_6]$溶液($0.1\ mol \cdot L^{-1}$),NH_4Cl 溶液($1\ mol \cdot L^{-1}$),$K_2S_2O_8$(s),$NaBiO_3$(s),$KMnO_4$(s),$FeSO_4 \cdot 7H_2O$(s),KSCN(s)。

④ 其他:戊醇(或乙醚),MnO_2(s),PbO_2(s),溴水,碘水,丁二酮肟,丙酮,淀粉溶液。

(3) 材料:淀粉-KI 试纸,醋酸铅试纸。

四、实验内容及步骤

1. 铬、锰、铁、钴、镍氢氧化物的生成和性质

(1) 取几滴 $0.1\ mol \cdot L^{-1}$ $CrCl_3$ 溶液于试管中,加入 $2\ mol \cdot L^{-1}$ NaOH 溶液,制备少量$Cr(OH)_3$,分为 2 份,分别加入稀酸、稀碱溶液,检验其酸碱性,观察并记录现象。写出有关的反应方程式。

(2) 在 3 支试管中各加入几滴 $0.1\ mol \cdot L^{-1}$ $MnSO_4$ 溶液和 $2\ mol \cdot L^{-1}$ NaOH

溶液(加热除氧),观察并记录现象。迅速分别加入稀酸、稀碱溶液,检验 2 支试管中 $Mn(OH)_2$ 的酸碱性,振荡第 3 支试管,观察并记录现象。写出有关的反应方程式。

(3) 取 2 mL 去离子水于试管中,加入几滴 2 mol·L^{-1} H_2SO_4 溶液,煮沸除去氧,冷却后加少量 $FeSO_4$·$7H_2O(s)$ 使其溶解。在另一支试管中加入 1 mL 2 mol·L^{-1} NaOH 溶液,煮沸驱氧。冷却后用长滴管吸取 NaOH 溶液,迅速插入 $FeSO_4$ 溶液底部挤出,观察并记录现象。摇荡后将沉淀分为 3 份,取 2 份分别加入稀酸、稀碱溶液,检验酸碱性,第 3 份在空气中放置,观察并记录现象。写出有关的反应方程式。

(4) 在 3 支试管中各加几滴 0.5 mol·L^{-1} $CoCl_2$ 溶液,再逐滴加入 2 mol·L^{-1} NaOH 溶液,观察并记录现象。离心分离,弃去清液,然后分别加入稀酸、稀碱溶液,检验 2 支试管中沉淀的酸碱性,将第 3 支试管中的沉淀在空气中放置,观察并记录现象。写出有关的反应方程式。

(5) 用 0.5 mol·L^{-1} $NiSO_4$ 溶液代替 $CoCl_2$ 溶液,重复步骤(4)操作。

通过步骤(3)～(5)比较 $Fe(OH)_2$、$Co(OH)_2$、$Ni(OH)_2$ 还原性的强弱。

(6) 取几滴 0.1 mol·L^{-1} $FeSO_4$ 溶液于试管中,加 2 mol·L^{-1} NaOH 溶液,制取少量$Fe(OH)_3$,观察并记录其颜色和状态,分为 2 份,分别加入稀酸、稀碱溶液,检验其酸碱性。

(7) 取几滴 0.5 mol·L^{-1} $CoCl_2$ 溶液于试管中,加几滴溴水,然后加入 2 mol·L^{-1} NaOH 溶液,摇荡试管,观察并记录现象。离心分离,弃去清液,在沉淀中滴加浓盐酸,并用湿润的淀粉-KI 试纸检查逸出的气体。写出有关的反应方程式。

(8) 用 0.5 mol·L^{-1} $NiSO_4$ 溶液代替 $CoCl_2$ 溶液,重复步骤(7)操作。

通过步骤(6)～(8),比较 Fe(Ⅲ)、Co(Ⅲ)、Ni(Ⅲ)氧化性的强弱。

2. Cr(Ⅲ)的还原性和 Cr^{3+} 的鉴定

取几滴 0.1 mol·L^{-1} $CrCl_3$ 溶液于试管中,逐滴加入 6 mol·L^{-1} NaOH 溶液至过量,然后滴加 3% 的 H_2O_2 溶液,微热,观察并记录现象。待试管冷却后,再补加几滴 3% 的 H_2O_2 溶液和 0.5 mL 戊醇(或乙醚),慢慢滴入 6 mol·L^{-1} HNO_3 溶液,摇荡试管,观察并记录现象。写出有关的反应方程式。

3. CrO_4^{2-} 和 $Cr_2O_7^{2-}$ 的相互转化

(1) 取几滴 0.1 mol·L^{-1} K_2CrO_4 溶液于试管中,逐滴加入 2 mol·L^{-1} H_2SO_4 溶液,观察并记录现象。再逐滴加入 2 mol·L^{-1} NaOH 溶液,观察并记录有何变化。写出反应方程式。

(2) 在 2 支试管中分别加入几滴 0.1 mol·L^{-1} K_2CrO_4 溶液和 0.1 mol·L^{-1} $K_2Cr_2O_7$ 溶液,然后分别滴加 0.1 mol·L^{-1} $BaCl_2$ 溶液,观察并记录现象。最后分别滴加 2 mol·L^{-1} HCl 溶液,观察并记录现象。写出有关的反应方程式。

4. $Cr_2O_7^{2-}$、MnO_4^-、Fe^{3+} 的氧化性与 Fe^{2+} 的还原性

(1) 取 2 滴 0.1 mol·L^{-1} $K_2Cr_2O_7$ 溶液于试管中,滴加饱和 H_2S 溶液,观察并

记录现象。写出反应方程式。

(2) 取 2 滴 0.01 mol·L^{-1} KMnO$_4$ 溶液于试管中,用 1 滴 2 mol·L^{-1} H$_2$SO$_4$ 溶液酸化,再滴加 0.1 mol·L^{-1} FeSO$_4$ 溶液,观察并记录现象。写出反应方程式。

(3) 取几滴 0.1 mol·L^{-1} FeCl$_3$ 溶液于试管中,滴加 0.1 mol·L^{-1} SnCl$_2$ 溶液,观察并记录现象。写出反应方程式。

(4) 在试管中将几滴 0.01 mol·L^{-1} KMnO$_4$ 溶液与 0.5 mol·L^{-1} MnSO$_4$ 溶液混合,观察并记录现象。写出反应方程式。

(5) 取 2 mL 0.01 mol·L^{-1} KMnO$_4$ 溶液于试管中,加入 1 mL 40% 的 NaOH 溶液,再加少量 MnO$_2$(s),加热,静置沉降片刻,观察并记录上层清液的颜色。吸取上层清液于另一试管中,滴加 2 滴 2 mol·L^{-1} H$_2$SO$_4$ 溶液酸化,观察并记录现象。写出有关的反应方程式。

5. 铬、锰、铁、钴、镍硫化物的性质

(1) 取几滴 0.1 mol·L^{-1} Cr$_2$(SO$_4$)$_3$ 溶液于试管中,滴加 0.1 mol·L^{-1} Na$_2$S 溶液,观察并记录现象。检验逸出的气体(可微热)。写出反应方程式。

(2) 取几滴 0.1 mol·L^{-1} MnSO$_4$ 溶液于试管中,滴加饱和 H$_2$S 溶液,观察并记录有无沉淀生成。再用长滴管吸取 2 mol·L^{-1} NH$_3$·H$_2$O,插入溶液底部挤出,观察并记录现象。离心分离,在沉淀中滴加 2 mol·L^{-1} HAc 溶液,振荡,观察并记录现象。写出有关的反应方程式。

(3) 在 3 支试管中分别加入几滴 0.1 mol·L^{-1} FeSO$_4$ 溶液、0.1 mol·L^{-1} CoCl$_2$ 溶液和 0.1 mol·L^{-1} NiSO$_4$ 溶液,滴加饱和 H$_2$S 溶液,观察并记录有无沉淀生成。再加入 2 mol·L^{-1} NH$_3$·H$_2$O,观察并记录现象。离心分离,在沉淀中滴加 2 mol·L^{-1} HCl 溶液,观察并记录沉淀是否溶解。写出有关的反应方程式。

(4) 取几滴 0.1 mol·L^{-1} FeCl$_3$ 溶液于试管中,滴加饱和 H$_2$S 溶液,观察并记录现象。写出反应方程式。

6. 铁、钴、镍的配合物

(1) 取 2 滴 0.1 mol·L^{-1} K$_4$[Fe(CN)$_6$]溶液于试管中,然后滴加 0.1 mol·L^{-1} FeCl$_3$ 溶液;取 2 滴 0.1 mol·L^{-1} K$_3$[Fe(CN)$_6$]溶液于另一支试管中,滴加 0.1 mol·L^{-1} FeSO$_4$ 溶液。观察并记录现象,写出有关的反应方程式。

(2) 取几滴 0.1 mol·L^{-1} CoCl$_2$ 溶液于试管中,加几滴 1 mol·L^{-1} NH$_4$Cl 溶液,然后滴加 6 mol·L^{-1} NH$_3$·H$_2$O,观察并记录现象。摇荡后在空气中放置,观察并记录溶液颜色的变化。写出有关的反应方程式。

(3) 取几滴 0.1 mol·L^{-1} CoCl$_2$ 溶液于试管中,加入少量 KSCN 晶体,再加入几滴丙酮,摇荡后观察并记录现象。写出反应方程式。

(4) 取几滴 0.1 mol·L^{-1} NiSO$_4$ 溶液于试管中,滴加 2 mol·L^{-1} NH$_3$·H$_2$O,观察并记录现象。再加 2 滴丁二酮肟溶液,观察并记录有何变化。写出有关的反应方程式。

7. 混合离子的分离与鉴定

试设计实验方案对下列两组混合离子进行分离和鉴定,图示步骤,写出实验现象和有关的反应方程式。

(1) 含有 Cr^{3+} 和 Mn^{2+} 的混合溶液。

(2) 可能含有 Pb^{2+}、Fe^{3+} 和 Co^{2+} 的混合溶液。

五、思考题

(1) 怎样分离溶液中的 Fe^{3+} 和 Ni^{2+}?

(2) 在 $K_2Cr_2O_7$ 溶液中分别加入 $Pb(NO_3)_2$ 和 $AgNO_3$ 溶液会发生什么反应?

(3) 在 $CoCl_2$ 溶液中逐滴加入 $NH_3 \cdot H_2O$ 会有何现象?

(4) 在酸性溶液、中性溶液、强碱性溶液中,$KMnO_4$ 与 Na_2SO_3 反应的主要产物分别是什么?

(5) 酸性溶液中 $K_2Cr_2O_7$ 分别与 $FeSO_4$ 和 Na_2SO_3 反应的主要产物是什么?

(6) 在 $Co(OH)_3$ 中加入浓盐酸,有时会生成蓝色溶液,加水稀释后变为粉红色,试解释。

(7) 试总结铬、锰、铁、钴、镍氢氧化物的酸碱性和氧化还原性。

(8) 试总结铬、锰、铁、钴、镍硫化物的性质。

实验四　铜、银、锌、镉、汞的性质

一、实验目的

(1) 掌握铜、银、锌、镉、汞氧化物和氢氧化物的性质。

(2) 掌握铜(Ⅰ)与铜(Ⅱ)之间、汞(Ⅰ)与汞(Ⅱ)之间的转化反应及其条件。

(3) 了解铜(Ⅰ)、银、汞卤化物的溶解性。

(4) 掌握铜、银、锌、镉、汞硫化物的生成与溶解性。

(5) 掌握铜、银、锌、镉、汞配合物的生成和性质。

(6) 学习 Cu^{2+}、Ag^+、Zn^{2+}、Cd^{2+}、Hg^{2+} 的鉴定方法。

二、实验原理

铜和银是周期系第ⅠB族元素,价层电子构型分别为 $3d^{10}4s^1$ 和 $4d^{10}5s^1$。铜的重要氧化值为 +1 和 +2,银主要形成氧化值为 +1 的化合物。

锌、镉、汞是周期系第ⅡB族元素,价层电子构型为 $(n-1)d^{10}ns^2$,它们都形成氧化值为 +2 的化合物,汞还能形成氧化值为 +1 的化合物。

$Zn(OH)_2$ 是两性氢氧化物。$Cu(OH)_2$ 呈两性偏碱性,能溶于较浓的 $NaOH$ 溶液。Cu(OH)$_2$ 的热稳定性差,受热分解为 CuO 和 H$_2$O。Cd(OH)$_2$ 是碱性氢氧化物。AgOH、Hg(OH)$_2$、Hg$_2$(OH)$_2$ 都很不稳定,极易脱水变成相应的氧化物,而 Hg$_2$O 也不稳定,易歧化为 HgO 和 Hg。

某些 Cu(Ⅱ)、Ag(Ⅰ)、Hg(Ⅱ)的化合物具有一定的氧化性。例如,Cu^{2+}能与 I$^-$反应生成 CuI 和 I$_2$;[Cu(OH)$_4$]$^{2-}$ 和[Ag(NH$_3$)$_2$]$^+$都能被醛类或某些糖类还原,分别生成 Ag 和 Cu$_2$O;HgCl$_2$ 与 SnCl$_2$ 反应,用于 Hg^{2+}或 Sn^{2+}的鉴定。

水溶液中的 Cu$^+$ 不稳定,易歧化为 Cu^{2+} 和 Cu。CuCl 和 CuI 等 Cu(Ⅰ)的卤化物难溶于水,通过加合反应可分别生成相应的配离子[CuCl$_2$]$^-$ 和[CuI$_2$]$^-$等,它们在水溶液中较稳定。CuCl$_2$ 溶液与铜屑及浓盐酸混合后加热可制得[CuCl$_2$]$^-$,加水稀释时会析出 CuCl 沉淀。

Cu^{2+} 与 K$_4$[Fe(CN)$_6$]在中性或者弱酸性溶液中反应,生成红棕色的 Cu$_2$[Fe(CN)$_6$]沉淀,此反应用于鉴定 Cu^{2+}。

Ag$^+$与稀 HCl 溶液反应生成 AgCl 沉淀,AgCl 可溶于 NH$_3$·H$_2$O 生成[Ag(NH$_3$)$_2$]$^+$,再加入稀 HNO$_3$ 溶液又生成 AgCl 沉淀,或加入 KI 溶液生成 AgI 沉淀,利用这一系列反应可以鉴定 Ag$^+$。当加入相应的试剂时,还可以实现[Ag(NH$_3$)$_2$]$^+$、AgBr(s)、[Ag(S$_2$O$_3$)$_2$]$^{3-}$、AgI(s)、[Ag(CN)$_2$]$^-$、Ag$_2$S(s)的依次转化。AgCl、AgBr、AgI 等也能通过加合反应分别生成[AgCl$_2$]$^-$、[AgBr$_2$]$^-$、[AgI$_2$]$^-$等配离子。

Cu^{2+}、Ag$^+$、Zn^{2+}、Cd^{2+}、Hg^{2+}与饱和 H$_2$S 溶液反应都能生成相应的硫化物。ZnS 能溶于稀 HCl 溶液。CdS 不溶于稀 HCl 溶液,但溶于浓盐酸。利用生成黄色 CdS 的反应可以鉴定 Cd^{2+}。CuS 和 Ag$_2$S 溶于浓硝酸。HgS 溶于王水。

Cu^{2+}、Cu$^+$、Ag$^+$、Zn^{2+}、Cd^{2+}、Hg^{2+}都能形成氨合物。[Cu(NH$_3$)$_2$]$^+$是无色的,易被空气中的 O$_2$ 氧化为深蓝色的[Cu(NH$_3$)$_4$]$^{2+}$。Cu^{2+}、Ag$^+$、Zn^{2+}、Cd^{2+}、Hg^{2+}与适量氨水反应生成氢氧化物、氧化物或碱式盐沉淀,而后溶于过量的氨水(有的需要有 NH$_4$Cl 存在)。

Hg$_2^{2+}$在水溶液中较稳定,不易歧化为 Hg^{2+}和 Hg。但 Hg$_2^{2+}$ 与氨水、饱和 H$_2$S 或 KI 溶液反应生成的 Hg(Ⅰ)化合物都能歧化为 Hg(Ⅱ)的化合物和 Hg。例如:Hg$_2^{2+}$与 I$^-$反应先生成 Hg$_2$I$_2$,当 I$^-$过量时则生成[HgI$_4$]$^{2-}$和 Hg。

在碱性条件下,Zn^{2+}与二苯硫腙反应形成粉红色的螯合物,此反应用于鉴定 Zn^{2+}。

三、仪器、药品及材料

(1) 仪器:试管,烧杯,水浴锅。

(2) 药品:

① 酸:HNO$_3$ 溶液(2 mol·L^{-1}、浓),HCl 溶液(2 mol·L^{-1}、6 mol·L^{-1}、浓),H$_2$SO$_4$ 溶液(2 mol·L^{-1}),HAc 溶液(2 mol·L^{-1}),H$_2$S 溶液(饱和)。

② 碱：NaOH 溶液（2 mol·L^{-1}、6 mol·L^{-1}、40％），NH$_3$·H$_2$O（2 mol·L^{-1}、6 mol·L^{-1}、浓）。

③ 盐：Cu(NO$_3$)$_2$ 溶液（0.1 mol·L^{-1}），Fe(NO$_3$)$_3$ 溶液（0.1 mol·L^{-1}），KI 溶液（0.1 mol·L^{-1}、2 mol·L^{-1}），Co(NO$_3$)$_2$ 溶液（0.1 mol·L^{-1}），Ni(NO$_3$)$_2$ 溶液（0.1 mol·L^{-1}），AgNO$_3$ 溶液（0.1 mol·L^{-1}），BaCl$_2$ 溶液（0.1 mol·L^{-1}），CuCl$_2$ 溶液（1 mol·L^{-1}），KBr 溶液（0.1 mol·L^{-1}），NaCl 溶液（0.1 mol·L^{-1}），Na$_2$S$_2$O$_3$ 溶液（0.1 mol·L^{-1}），K$_4$[Fe(CN)$_6$]溶液（0.1 mol·L^{-1}），KSCN 溶液（0.1 mol·L^{-1}、饱和），Hg$_2$(NO$_3$)$_2$ 溶液（0.1 mol·L^{-1}），Ba(NO$_3$)$_2$ 溶液（0.1 mol·L^{-1}），Zn(NO$_3$)$_2$ 溶液（0.1 mol·L^{-1}），Cd(NO$_3$)$_2$ 溶液（0.1 mol·L^{-1}），Hg(NO$_3$)$_2$ 溶液（0.1 mol·L^{-1}），HgCl$_2$ 溶液（0.1 mol·L^{-1}），NH$_4$Cl 溶液（1 mol·L^{-1}），SnCl$_2$ 溶液（0.1 mol·L^{-1}），CuSO$_4$ 溶液（0.1 mol·L^{-1}），CdSO$_4$ 溶液（0.1 mol·L^{-1}）。

④ 其他：铜屑，葡萄糖溶液（10％），淀粉溶液，二苯硫腙的 CCl$_4$ 溶液。

（3）材料：Pb(Ac)$_2$ 试纸。

四、实验内容及步骤

1. 铜、银、锌、镉、汞的氢氧化物或氧化物的生成和性质

分别取几滴 0.1 mol·L^{-1} CuSO$_4$ 溶液、0.1 mol·L^{-1} AgNO$_3$ 溶液、0.1 mol·L^{-1} ZnSO$_4$ 溶液、0.1 mol·L^{-1} CdSO$_4$ 溶液、0.1 mol·L^{-1} Hg(NO$_3$)$_2$ 溶液于 5 支试管中，然后滴加 2 mol·L^{-1} NaOH 溶液，观察并记录现象。将每支试管中的沉淀分为两份，分别滴加稀酸、稀碱溶液，检验其酸碱性。写出有关的反应方程式。

2. Cu(Ⅰ)化合物的生成和性质

（1）取几滴 0.1 mol·L^{-1} CuSO$_4$ 溶液于试管中，滴加 6 mol·L^{-1} NaOH 溶液至刚过量，再加入 10％葡萄糖溶液，摇匀，加热煮沸几分钟，观察并记录现象。离心分离，弃去清液，将沉淀离心洗涤后分为两份，一份加入 2 mol·L^{-1} H$_2$SO$_4$ 溶液，另一份加入 6 mol·L^{-1}NH$_3$·H$_2$O，静置片刻，观察并记录现象。写出有关的反应方程式。

（2）取 10 mL 1 mol·L^{-1} CuCl$_2$ 溶液于烧杯中，加 3 mL 浓盐酸和少量铜屑，加热至溶液沸腾并呈深棕色（绿色完全消失）。取几滴上述溶液加入 10 mL 蒸馏水中，若有白色沉淀产生，则迅速把全部溶液倒入 100 mL 蒸馏水中，将白色沉淀洗涤至无蓝色为止。将铜屑水洗后回收。离心分离，将沉淀洗涤两次后分为两份，一份加入 3 mL 浓盐酸，另一份加入 3 mL 浓 NH$_3$·H$_2$O，观察并记录现象。写出有关的反应方程式。

（3）取几滴 0.1 mol·L^{-1} CuSO$_4$ 溶液于试管中，滴加 0.1 mol·L^{-1} KI 溶液，观察并记录现象。离心分离，在清液中加 1 滴淀粉溶液，观察并记录现象。将沉淀离

心洗涤两次后,滴加 2 mol·L^{-1} KI 溶液,观察并记录现象,再将溶液加水稀释,观察并记录有何变化。写出有关的反应方程式。

3. Cu^{2+} 的鉴定

在试管中加 1 滴 0.1 mol·L^{-1} CuSO$_4$ 溶液,再加 1 滴 2 mol·L^{-1} HAc 溶液和 1 滴 0.1 mol·L^{-1} K$_4$[Fe(CN)$_6$]溶液,观察并记录现象。写出反应方程式。

4. Ag(Ⅰ)系列实验

取几滴 0.1 mol·L^{-1} AgNO$_3$ 溶液于试管中,从 Ag$^+$ 开始选用适当的试剂(2 mol·L^{-1}溶液、2 mol·L^{-1} NH$_3$·H$_2$O、0.1 mol·L^{-1} KBr 溶液、0.1 mol·L^{-1} Na$_2$S$_2$O$_3$ 溶液、0.1 mol·L^{-1} KI 溶液、2 mol·L^{-1} KI 溶液、饱和 H$_2$S 溶液)进行实验,依次经 AgCl(s)、[Ag(NH$_3$)$_2$]$^+$、AgBr(s)、[Ag(S$_2$O$_3$)$_2$]$^{3-}$、AgI(s)、[AgI$_2$]$^-$,最后到 Ag$_2$S 的转化,观察并记录现象。写出有关的反应方程式。

5. 银镜反应

在 1 支洁净的试管中加入 1 mL 0.1 mol·L^{-1} AgNO$_3$ 溶液,滴加 2 mol·L^{-1} NH$_3$·H$_2$O 至生成的沉淀刚好溶解,加 2 mL 10% 的葡萄糖溶液,放在水浴锅中加热片刻,观察并记录现象。然后倒掉溶液,加 2 mol·L^{-1} HNO$_3$ 溶液使银溶解并回收。写出有关的反应方程式。

6. 铜、银、锌、镉、汞硫化物的生成和性质

在 6 支试管中分别加入 1 滴 0.1 mol·L^{-1} CuSO$_4$ 溶液、0.1 mol·L^{-1} AgNO$_3$ 溶液、0.1 mol·L^{-1} Zn(NO$_3$)$_2$ 溶液、0.1 mol·L^{-1} Cd(NO$_3$)$_2$ 溶液、0.1 mol·L^{-1} Hg(NO$_3$)$_2$ 溶液和 0.1 mol·L^{-1} Hg$_2$(NO$_3$)$_2$ 溶液,再各滴加饱和 H$_2$S 溶液,观察并记录现象。离心分离,检验 CuS 和 Ag$_2$S 在浓硝酸中、ZnS 在稀 HCl 溶液中、CdS 在 6 mol·L^{-1} HCl 溶液中、HgS 在王水中各自的溶解性。

7. 铜、银、锌、镉、汞氨合物的生成

分别取几滴 0.1 mol·L^{-1} CuSO$_4$ 溶液、0.1 mol·L^{-1} AgNO$_3$ 溶液、0.1 mol·L^{-1} Zn(NO$_3$)$_2$ 溶液、0.1 mol·L^{-1} Cd(NO$_3$)$_2$ 溶液、0.1 mol·L^{-1} HgCl$_2$ 溶液、0.1 mol·L^{-1} Hg(NO$_3$)$_2$ 溶液和 0.1 mol·L^{-1} Hg$_2$(NO$_3$)$_2$ 溶液于 7 支试管中,然后各逐滴加入 6 mol·L^{-1} NH$_3$·H$_2$O 至过量(如果沉淀不溶解,可再滴加 1 mol·L^{-1} NH$_4$Cl 溶液),观察并记录现象。写出有关的反应方程式。

8. 汞盐与 KI 的反应

(1) 取 0.1 mol·L^{-1} Hg(NO$_3$)$_2$ 溶液于试管中,逐滴加入 0.1 mol·L^{-1} KI 溶液至刚过量,观察并记录现象。然后加几滴 6 mol·L^{-1} NaOH 溶液和 1 滴 1 mol·L^{-1} NH$_4$Cl 溶液,观察并记录现象。写出有关的反应方程式。

(2) 取 1 滴 0.1 mol·L^{-1} Hg$_2$(NO$_3$)$_2$ 溶液于试管中,逐滴加入 0.1 mol·L^{-1} KI 溶液至过量,观察并记录现象。写出有关的反应方程式。

9. Zn^{2+} 的鉴定

取 2 滴 0.1 mol・L^{-1} $Zn(NO_3)_2$ 溶液，加几滴 6 mol・L^{-1} NaOH 溶液，再加 0.5 mL二苯硫腙的 CCl_4 溶液，摇荡试管，观察水溶液层和 CCl_4 层颜色的变化。写出反应方程式。

10. 混合离子的分离与鉴定

试设计实验方案，分离、鉴定下列混合离子：

(1) Cu^{2+}、Ag^+、Fe^{3+}（提示：使用 $Cu(NO_3)_2$溶液）；

(2) Zn^{2+}、Cd^{2+}、Ba^{2+}。

图示分离和鉴定步骤，写出实验现象和有关的反应方程式。

五、思考题

(1) 用 $K_4[Fe(CN)_6]$ 鉴定 Cu^{2+} 的反应在中性或弱酸性溶液中进行，若加入 $NH_3・H_2O$ 或 NaOH 溶液会发生什么反应？

(2) 实验中生成的含$[Ag(NH_3)_2]^+$溶液应及时冲洗掉，否则可能产生什么结果？

(3) CuI 能溶于饱和 KSCN 溶液，生成的产物是什么？将溶液稀释后会生成什么沉淀？

(4) Ag_2O 能否溶于 2 mol・L^{-1} $NH_3・H_2O$？

(5) AgCl、$PbCl_2$、Hg_2Cl_2 都不溶于水，如何将它们分离开？

(6) 总结 Cu^{2+}、Ag^+、Zn^{2+}、Cd^{2+}、Hg^{2+}、Hg_2^{2+} 与氨水的反应。

(7) 总结铜、银、锌、镉、汞硫化物的溶解性。

(8) 总结铜、银、锌、镉、汞氢氧化物的酸碱性和稳定性。

实验五　金属元素化学

一、实验目的

(1) 了解碱金属和碱土金属的焰色反应及其检验法。
(2) 了解某些金属单质的还原性。
(3) 了解某些副族金属离子的配位性及配离子的形成、解离和颜色变化。
(4) 了解几种常用金属表面处理和加工方法。

二、实验原理

1. 焰色反应

钙、锶、钡及碱金属等的挥发性化合物（如氯化物）在高温火焰中灼烧时，能分别发射出一定波长的可见光，使火焰显出特征的颜色。例如：

钠　　　钾　　　钙　　　锶　　　钡

黄色　浅紫色　橙红色　大红色　浅黄绿色

在分析化学中,常利用该性质检验这些元素,称之为焰色反应。

2. 金属单质的还原性

金属单质突出的化学性质是具有还原性。它常表现为可与氧气、水、酸等物质作用,被氧化而生成相应的化合物。

金属还原性的变化规律一般与周期系元素金属性的递变规律相符。在溶液中,金属还原能力的强弱通常可用标准电极电势($\varphi^{\ominus}$)代数值作初步衡量,$\varphi^{\ominus}$代数值较小的金属可将$\varphi^{\ominus}$代数值较大的金属离子还原。s 区的铍,p 区的铝、锡和铅以及 ds 区的锌等还能与碱作用,生成氢气和相应的含氧酸盐。例如:

$$Zn(s) + 2OH^-(aq) = ZnO_2^{2-}(aq) + H_2(g)$$

铝是一种较活泼的金属,在空气中由于表面生成了氧化物保护膜而稳定。若使铝汞齐化(生成铝汞齐合金),破坏该氧化物膜,则能使铝迅速被氧化(电化学腐蚀),在其表面生成蓬松的氧化铝水合物,并伴随大量热的产生。

3. 副族金属离子的配位性及配离子的形成、解离和颜色变化

副族金属离子或原子易形成配离子或配位化合物。例如 Zn^{2+}、Ni^{2+}、Cu^{2+}、Ag^+ 等离子均容易与氨水形成相应的配离子$[Zn(NH_3)_4]^{2+}$、$[Ni(NH_3)_6]^{2+}$、$[Cu(NH_3)_4]^{2+}$、$[Ag(NH_3)_2]^+$。金属离子所形成配合物之特征颜色是鉴别金属离子的重要依据之一。金属离子与水形成的配离子常简称为水合离子,不少副族金属的水合离子具有特征颜色。例如:$Cr^{3+}(aq)$呈蓝绿色;$Mn^{2+}(aq)$呈浅红色;$Fe^{2+}(aq)$呈浅绿色;$Fe^{3+}(aq)$呈棕黄色;$Co^{2+}(aq)$呈浅红色;$Ni^{2+}(aq)$呈绿色;$Cu^{2+}(aq)$呈浅蓝色。又如,Fe^{3+}可与SCN^-生成血红色的$[Fe(SCN)]^{2+}$配离子(在微酸性条件下的主要产物),该反应常用来鉴别Fe^{3+}。若往$[Fe(SCN)]^{2+}$溶液中加入F^-,则能转化为更难解离的无色的$[FeF_6]^{3-}$配离子。

Ni^{2+}可与单齿配体或多齿配体发生反应形成配离子或螯合物。例如,$[Ni(NH_3)_6]^{2+}$呈浅蓝色;在微碱性溶液中,Ni^{2+}与丁二酮肟(简写为 dmg)能发生化学反应生成鲜红色螯合物$[Ni(dmg)_2]$沉淀。这一反应常用来鉴别Ni^{2+}。

配离子在水溶液中存在着解离平衡,例如:

$$[Ag(NH_3)_2]^+(aq) \Longrightarrow Ag^+(aq) + 2NH_3(aq)$$

其解离常数或不稳定常数为

$$K_d([Ag(NH_3)_2]^+) = K_i([Ag(NH_3)_2]^+) = \frac{[c^{eq}(Ag^+)/c^{\ominus}] \cdot [c^{eq}(NH_3)/c^{\ominus}]^2}{c^{eq}([Ag(NH_3)_2]^+)/c^{\ominus}}$$

K_i 称为不稳定常数,它表示该配离子在水溶液中的不稳定程度。不稳定常数的倒数称为稳定常数(K_f),它表示该配离子在水溶液中的稳定程度。

配离子的解离平衡也是一种离子平衡,它能向着生成更难解离或更难溶解的物质方向移动。例如,配离子$[Ag(NH_3)_2]^+$可因加入不同的沉淀剂或配位剂(或控制不同浓度)而使金属离子发生一系列的沉淀和溶解的转化。

4. 合金钢及金属的表面处理和加工

钛、钒、铬、锰、钴、镍和钨等 d 区元素的原子和金属晶体结构与铁的相似,它们能与铁形成合金钢,使钢的耐腐蚀性能和高温下的抗氧化能力提高。不锈钢即为一种合金钢。

金属的表面处理是通过物理方法或化学方法,改变金属表面的状态、组成和结构,使金属表面性能达到一定技术要求的工艺。金属的腐蚀则常被用于蚀刻或加工金属材料。常用的金属表面处理和加工工艺有热处理、化学热处理、电镀、化学镀、电解抛光、阳极氧化、钢铁发黑或发蓝、磷化、化学蚀刻等。

把钢加热到红热后,让其慢慢冷却,这种热处理叫做回火。回火后的钢,韧性增大,硬度减小。若使红热后的钢急剧冷却,这种热处理叫做淬火。淬火后的钢,硬度增大,但脆性也增大。

钢铁表面的磷化是把钢件浸入一定温度的磷化液中,使其表面生成难溶于水的磷酸盐钝化膜,以提高其抗腐蚀性能。本实验使用的磷化液是磷酸铁锰和硝酸锌、硝酸锰混合液,可用 $Me(H_2PO_4)_2$ 表示,其中 Me 表示 Mn^{2+}、Fe^{2+}、Zn^{2+} 等离子。磷化反应过程很复杂,可简单表示如下:

$$Me^{2+}(aq) + H_2PO_4^-(aq) \Longrightarrow MeHPO_4(s) + H^+(aq)$$

$$Fe(s) + 2H^+(aq) \Longrightarrow Fe^{2+}(aq) + H_2(g)$$

$$Fe^{2+}(aq) + Fe(s) + 2H_2PO_4^-(aq) \Longrightarrow 2Fe(HPO_4)(s) + H_2(g)$$

$$Fe(s) + 2FeHPO_4(s) \Longrightarrow Fe_3(PO_4)_2(s) + H_2(g)$$

$$Me^{2+}(aq) + 2H_2PO_4^-(aq) + 2Fe(s) \Longrightarrow MeFe_2(PO_4)_2(s) + 2H_2(g)$$

为进一步提高磷化膜的抗腐蚀性能,磷化后还需进行浸油和浸漆处理。

化学镀是利用氧化还原反应,使欲镀金属离子还原成金属,并沉积在零件表面的一种工艺。化学镀常作为电镀工业的一种预处理措施。

化学蚀刻是将工件浸入腐蚀液中,经腐蚀作用溶解欲去除部分(不需腐蚀的部分则用抗蚀胶保护)的一种加工方法,它具有不受工件大小和形状限制的优点。用 $FeCl_3$ 腐蚀铜箔制作印刷电路板的主要反应如下:

$$2Fe^{3+}(aq) + Cu(s) = 2Fe^{2+}(aq) + Cu^{2+}(aq)$$

三、仪器、药品及材料

(1) 仪器:酒精灯,酒精喷灯(公用),烧杯(50 mL;500 mL,2 只公用),试管,试管架,点滴板,洗瓶,玻璃棒,离心试管,镊子,蓝色玻璃片,镍铬丝,铁钉,沙盘(公用),石蜡(可用油漆或透明胶带代替),500 W 调温电炉(公用),小刀。

(2) 药品:

① 酸:HCl 溶液(6 mol·L⁻¹、浓),H₂SO₄ 溶液(1 mol·L⁻¹)。

② 碱:NH₃·H₂O(6 mol·L⁻¹、浓),NaOH 溶液(6 mol·L⁻¹)。

③ 盐:AgNO₃ 溶液(0.1 mol·L⁻¹),BaCl₂ 溶液(浓),CaCl₂ 溶液(饱和),CoCl₂ 溶液(0.1 mol·L⁻¹),CuCl₂ 溶液(0.1 mol·L⁻¹),Cr₂(SO₄)₃ 溶液(0.1 mol·L⁻¹),FeSO₄ 溶液(0.1 mol·L⁻¹),Fe₂(SO₄)₃ 溶液(0.1 mol·L⁻¹),HgCl₂ 溶液(0.1 mol·L⁻¹),KBr 溶液(0.1 mol·L⁻¹),KCl 溶液(浓),K₃[Fe(CN)₆]溶液(0.1 mol·L⁻¹),KI 溶液(浓),MnSO₄ 溶液(0.1 mol·L⁻¹),NH₄SCN 溶液(0.1 mol·L⁻¹),NaF 溶液(0.1 mol·L⁻¹),NaCl 溶液(0.1 mol·L⁻¹、1 mol·L⁻¹、浓),Na₂S₂O₃ 溶液(1 mol·L⁻¹、饱和),SrCl₂ 溶液(浓),NiSO₄ 溶液(0.1 mol·L⁻¹),ZnSO₄ 溶液(0.1 mol·L⁻¹),酚酞(1%),丁二酮肟溶液(1%)。

④ 其他:锌粉,铁粉(或铁屑),铜屑,低碳钢丝(可用缝衣针代替),薄钢片(或铁片)(2 块),不锈钢片,铝片,压有铜箔的线路板(铜箔板)(预先裁成约 3 cm×3 cm 的小片),除油液(1 L 溶液含 200 g NaOH 和 20 g Na₂CO₃),去锈液(25 mL 浓盐酸加 75 mL 水和 0.1 g 乌洛托品),镀镍液[1 L 溶液含 30 g NiCl₂、30 g Na₃PO₂(次磷酸钠)和 10 g NaAc,调节溶液 pH 为 4~6。溶液应在棕色瓶内保存],磷化液[1 L 溶液含 40 g(Fe、Mn)₃(PO₄)₂(磷酸亚铁锰)、64~68 g Zn(NO₃)₂ 和 12.5 g Mn(NO₃)₂。试剂也可用工业品],化学腐蚀液(1 L 溶液含 650 g FeCl₃),硫酸铜检验液(1 L 溶液含 41 g CuSO₄·5H₂O、35 g NaCl 和 13 mL 0.1 mol·L⁻¹ HCl 溶液)。

(3) 材料:滤纸片,砂纸。

四、实验内容及步骤

1. 碱金属和碱土金属的焰色反应

取一根镍铬丝(其另一端接有玻璃棒或管),用砂纸擦净镍铬丝的表面,末端弯成直径约 3 mm 的小圆,浸入试管中的少许浓盐酸(纯),片刻即取出,在酒精灯的氧化焰中灼烧,如此反复灼烧多次,直至火焰不带有杂质所呈现的颜色为止。再将上述清洗过的镍铬丝蘸以浓 NaCl 溶液,灼烧,观察火焰的颜色。

按上述操作,分别观察 KCl、CaCl₂、SrCl₂、BaCl₂ 等溶液的焰色反应,并分别记录它们的颜色,每次改用另一种盐溶液做实验前,必须将镍铬丝用浓盐酸(纯)处理,灼烧干净。也可用 5 根专用镍铬丝(公用),做好记号,分别进行实验。做钾盐实验时,即使有微量的钠盐存在,钾离子所呈现出的浅紫色也将被钠离子的黄色所掩盖,所以最好通过蓝色玻璃片观察,因为蓝色玻璃能吸收钠的黄色光。

2. 金属的还原性

(1) 铝与氧气的作用。取一片铝片,用砂纸擦净,在其表面上滴上 1 滴 0.1 mol·L^{-1} $HgCl_2$ 溶液。当出现灰色(说明何物?)后,用滤纸轻轻将铝片残留的液滴吸干,然后将此铝片置于空气中,观察白色絮状物(说明何物?)的生成,并注意此时铝片的发热现象。

(2) 金属与酸碱的作用。取 4 支洁净的试管,2 支试管中加入少量锌粉,另 2 支试管中加入少量铁粉(亦可加铁屑),再分别加 6 mol·L^{-1} HCl 溶液和 6 mol·L^{-1} NaOH 溶液。观察现象,设法检验其所产生的气体(此气体应如何收集,如何检验?)。

(3) 金属的还原性强弱。取 9 支洁净的试管,3 支一组,共三组。第一组试管中加入少量锌粉,第二组试管中加入少量铁粉(亦可加铁屑),第三组试管中加入少量铜屑,再分别加 0.1 mol·L^{-1} $ZnSO_4$ 溶液、0.1 mol·L^{-1} $FeSO_4$ 溶液和 0.1 mol·L^{-1} $CuCl_2$ 溶液,根据反应能否进行的情况(列表说明),比较这三种金属的还原性的强弱。

3. 副族金属离子的配位性

(1) 配离子的颜色及其变化。

① 水合离子的颜色。观察下列水合离子的颜色并记录:Cr^{3+}(aq)、Mn^{2+}(aq)、Fe^{2+}(aq)、Fe^{3+}(aq)、Co^{2+}(aq)、Ni^{2+}(aq)、Cu^{2+}(aq)。

② Cu(Ⅱ)配离子的颜色变化。往盛有 $CuCl_2$ 溶液的试管中依次逐滴加入浓盐酸、去离子水、6 mol·L^{-1} $NH_3·H_2O$ 和 1 mol·L^{-1} H_2SO_4 溶液后,观察 Cu^{2+} 与以上配体结合生成的配离子的颜色及其变化,并简要解释。

进行本实验时,所加药品的用量应尽可能少些,一般以刚出现颜色变化为宜。若混合后溶液总体积过大,可倾倒出 2 mL 溶液于另一支洁净的试管中,再做实验。

往盛有浓氨水的试管中加入几粒铜屑,振荡后有何现象出现? 为什么?

③ Fe(Ⅲ)配离子的颜色变化。往试管中加入 1~2 滴 $Fe_2(SO_4)_3$ 溶液,加去离子水稀释至近于无色后,加入几滴 NH_4SCN 溶液,观察现象;再滴加 NaF 溶液,振荡试管,直至溶液又转为无色。试说明溶液颜色变化的原因。

④ Ni(Ⅱ)配合物的颜色变化。往盛有 0.1 mol·L^{-1} $NiSO_4$ 溶液的试管中加入约 0.5 mL 6 mol·L^{-1} $NH_3·H_2O$,观察反应前后的颜色变化,再加入 1~2 滴丁二酮肟溶液,观察鲜红色沉淀的生成。

(2) Ag(Ⅰ)配离子的形成与沉淀的溶解。往洁净的离心试管中加入少量 0.1 mol·L^{-1} $AgNO_3$ 溶液,然后按以下次序进行实验操作,并写出每一步骤的实验现象、主要生成物的化学式及反应方程式:

① 滴加 0.1 mol·L^{-1} NaCl 溶液至刚生成沉淀;

② 滴加 6 mol·L^{-1} $NH_3·H_2O$ 至沉淀刚溶解完;

③ 滴加 0.1 mol·L^{-1} KBr 溶液至刚生成沉淀;

④ 滴加 0.1 mol·L^{-1} Na$_2$S$_2$O$_3$ 溶液至沉淀刚溶解完;

⑤ 滴加 1 mol·L^{-1} KI 溶液至刚生成沉淀;

⑥ 滴加饱和 Na$_2$S$_2$O$_3$ 溶液至沉淀刚溶解完。

根据上述实验,比较 Ag(Ⅰ)配离子的稳定性和各难溶电解质的溶解度大小。

进行本实验操作时,凡生成沉淀的反应,沉淀剂的用量应尽可能少些,一般以刚刚生成沉淀为宜。凡使沉淀溶解的反应,加入溶液量也应尽可能少,以使沉淀物刚溶解完为宜。因此,溶液必须逐滴加入,且边滴边摇。若试管中溶液量太多,则可在生成沉淀物后,离心分离,洗涤沉淀,吸出并弃去上层清液,再继续进行实验。

4. 合金钢及金属的表面处理

(1) 不锈钢的腐蚀性能。在用砂纸擦亮的薄钢片(或铁片)和不锈钢片上,分别滴加 1～2 滴自己配制的腐蚀液,静置 20～30 min 后,观察现象并进行解释。

(2) 钢的热处理。用镊子夹持一根低碳钢丝,在酒精灯上烧至红热后,置于沙盘中让其缓慢冷却;再用镊子夹持另一根低碳钢丝,在酒精灯上烧至红热后,立即放到盛有冷水的烧杯中急速冷却,将 2 根经不同热处理的低碳钢丝,分别小心用手弯曲,比较它们的韧性和硬度。

(3) 钢铁磷化和化学镀镍。取 2 块薄钢片(或铁片),按下列实验步骤作除油去锈处理,备用。

机械除锈(砂纸擦光) → 清洗(自来水) → 除油(80 ℃去油液 3 min) → 清洗(自来水) → 去锈(70 ℃去锈液 3 min) → 清洗(自来水) → 擦干(滤纸片)

将其中的一块钢片放入已加热至 60～70 ℃的磷化液中,15 min 后,取出洗净并擦干,在其表面滴 2～3 滴硫酸铜检验液,若 1 min 后钢片表面没有淡红色(Cu)析出,则表示产品磷化不合格。

将另一块钢片放入已加热至 90～98 ℃(注意勿加热至沸腾!)的化学镀镍液中,5 min 后,取出洗净,观察表面情况。

(4) 印刷电路板的制作。取一小块铜箔板,用砂纸擦亮。用镊子夹住该铜箔板的一角,放入加热至充分融化的石蜡(不时调节加热石蜡的电炉温度,防止温度过高,石蜡着火而发生意外)中浸没数秒钟,趁热取出并将铜箔板平举,以使石蜡层涂布均匀并冷却。涂层不宜太厚(以不出现白色为佳),镊子夹过的部位应补涂上石蜡。用小刀在该铜箔板上刻划好预加工的图形或文字(注意刻划要均匀,以恰巧切透石蜡层为佳,为什么?),然后放入化学腐蚀液中(铜箔板应与化学腐蚀液充分接触,并经常翻动,为什么?),约 20 min 后,取出铜箔板,用自来水清洗。

将蚀刻后的铜箔板放入热水中,煮沸,以除去石蜡防护层(也可用有机溶剂擦拭去除),洗净拭干并观察。

五、思考题

（1）焰色反应检验法的操作中有哪些应注意之处？

（2）本实验中，有哪些因素能使配离子的平衡发生移动？有哪些生成配合物的反应可用于金属离子的鉴别？试举例说明。

（3）何谓回火和淬火？它们对钢的性能有什么影响？

（4）查阅 $AgCl$、$AgBr$ 的 K_{sp} 值以及 $[Ag(NH_3)_2]^+$ 和 $[Ag(S_2O_3)_2]^{3-}$ 的 K_f（或 K_i）值，预测实验内容及步骤 3（2）中各反应进行的可能性。

（5）了解金属（钢铁）磷化和化学镀各工序的基本原理。

实验六　电解质在水溶液的离子平衡

一、实验目的

（1）了解水溶液中可溶电解质的酸碱性及缓冲溶液的 pH 的控制。

（2）了解水溶液中单相离子平衡及其移动。

（3）了解难溶电解质的多相离子平衡及其移动。

（4）学习离心分离和 pH 试纸的使用等基本操作。

二、实验原理

1. 水溶液中可溶电解质的酸碱性

酸碱质子理论认为，凡能给出质子的物质是酸，凡能与质子结合的物质是碱。酸既可以是中性分子，也可以是带正、负电荷的离子，前者叫做分子酸，后者叫做离子酸；碱也有分子碱和离子碱之分。酸碱质子理论将解离理论中的解离、中和以及水解等反应归结为一类质子传递的酸碱反应。

酸给出质子后余下的部分，称为该酸的共轭碱；碱接受质子后所形成的物质，称为该碱的共轭酸。它们存在着下列共轭关系：

$$共轭酸 \Longrightarrow 共轭碱 + H^+$$

在水溶液中，常见的强酸如 HCl、HNO_3、H_2SO_4 等，通常可视为完全解离而生成 $H^+(aq)$；其他常见的酸如 HF、HAc、H_2S、H_2CO_3、H_3PO_4、$NH_4^+(aq)$、$Al^{3+}(aq)$、$Fe^{3+}(aq)$ 等，一般酸性较弱。常见的强碱如 $NaOH$、KOH、$Ba(OH)_2$ 等，通常可视为完全解离而生成 $OH^-(aq)$；其他常见的碱如 $NH_3(aq)$、$Ac^-(aq)$、$CO_3^{2-}(aq)$、$S^{2-}(aq)$ 等，一般碱性较弱。$HCO_3^-(aq)$、$H_2PO_4^-(aq)$、$HPO_4^{2-}(aq)$ 等既是酸，又是碱。

许多酸、碱在水溶液中存在解离平衡。对于一级解离平衡，可分别用下列通式表示：

$$HA(aq) + H_2O(l) \Longrightarrow H_3O^+(aq) + A^-(aq)$$

［或简写为 $HA(aq) \Longrightarrow H^+(aq) + A^-(aq)$］

$$A^-(aq)+H_2O(l)\Longrightarrow HA(aq)+OH^-(aq)$$

它们的平衡常数 K 称为解离常数。对于酸,常用 K_a 表示;对于碱,则用 K_b 表示。例如,K_a 的表达式按照上列通式可表示为

$$K_a(HA)=\frac{[c^{eq}(H^+)/c^\ominus]\cdot[c^{eq}(A^-)/c^\ominus]}{c^{eq}(HA)/c^\ominus} \tag{6-1}$$

上述 HA 与 A^- 为共轭酸碱对,它们的解离常数 K_a 和 K_b 之间有下列关系:

$$K_aK_b=K_w \tag{6-2}$$

式中,K_w 为水的离子积常数。由式(6-2)可见,酸越弱,其共轭碱越强;碱越弱,其共轭酸越强。

对于酸碱的一级解离平衡,当其解离度 α 很小(如 $\alpha<3\%$ 时),酸溶液中 H^+ 的浓度或碱溶液中 OH^- 的浓度可分别按下式作近似运算:

$$c^{eq}(H^+)\approx\sqrt{K_a(HA)\cdot c(HA)/c^\ominus} \tag{6-3}$$

$$c^{eq}(OH^-)\approx\sqrt{K_b(A^-)\cdot c(A^-)/c^\ominus} \tag{6-4}$$

也可以根据测定溶液 pH 的方法,确定溶液的酸碱性。

2. 缓冲溶液的 pH 的控制

由弱酸及其共轭碱或由弱碱及其共轭酸组成的混合溶液称为缓冲溶液,其相应的共轭酸碱对称为缓冲对。缓冲溶液能在一定程度上对外来酸或碱起缓冲作用,即当外加少量酸或碱时,此混合溶液的 pH 基本上保持不变。对于由弱酸(或碱)及其共轭碱(或酸)组成的缓冲溶液,有

$$c^{eq}(H^+)/c^\ominus=K_ac^{eq}(共轭酸)/c^{eq}(共轭碱) \tag{6-5}$$

$$pH=pK_a-lg[c^{eq}(共轭酸)/c^{eq}(共轭碱)] \tag{6-6}$$

例如,由 $NaHCO_3$ 与 Na_2CO_3 组成的缓冲溶液中,存在

$$HCO_3^-(aq)\Longrightarrow H^+(aq)+CO_3^{2-}(aq)$$

溶液的 pH 为

$$pH=pK_a(HCO_3^-)-lg[c^{eq}(HCO_3^-)/c^{eq}(CO_3^{2-})]$$

式中,$K_a(HCO_3^-)$ 表示 HCO_3^-(离子酸)的解离常数。

通常可以按指定要求,选用不同共轭酸碱对配成缓冲溶液,控制溶液的 pH。一些缓冲溶液所适用的 pH 范围如表 6-1 所示。

表 6-1　一些缓冲溶液及其适用 pH 范围

缓冲溶液的组成	K_a	pK_a	适用 pH 范围
HF-NH₄F	3.53×10^{-4}	3.45	2~4
HAc-NaAc	1.76×10^{-5}	4.75	4~6
NaH₂PO₄-Na₂HPO₄	6.23×10^{-8}	7.21	6~8
NH₃(aq)-NH₄Cl	5.65×10^{-10}	9.25	8~10
NaHCO₃-Na₂CO₃	5.61×10^{-11}	10.25	9~11

3. 水溶液中单相离子平衡及其移动

水溶液中的单相离子平衡包括酸、碱的解离平衡和配离子的解离平衡(后者参见第六章实验五)。

根据化学平衡理论,对于酸或碱的解离平衡:

当 $Q<K_a$(或 K_b)时,反应向正方向进行,即酸(或碱)解离;

当 $Q=K_a$(或 K_b)时,为平衡状态;

当 $Q>K_a$(或 K_b)时,反应向逆方向进行,即酸(或碱)生成。

显然,若增大某解离产物的浓度,则 $Q>K$,平衡向生成酸或碱的方向移动,即酸或碱的解离度减小(同离子效应)。

若减小某解离产物的浓度,则 $Q<K$,平衡向酸或碱解离的方向移动。减少解离产物浓度的方法主要是形成难溶电解质、气体以及更难解离的酸、碱与配离子。

4. 难溶电解质的多相离子平衡及其移动

在难溶电解质的饱和溶液中,未溶解的固体与其溶解后形成的离子之间存在着多相离子平衡。例如,在过量 $PbCl_2$ 存在的饱和溶液中,有下列沉淀-溶解平衡:

$$PbCl_2(s) \Longrightarrow Pb^{2+}(aq) + 2Cl^-(aq)$$

其平衡常数 $K_{sp}(PbCl_2)$ 称为 $PbCl_2$ 的溶度积常数,可用下式表示:

$$K_{sp}(PbCl_2) = [c^{eq}(Pb^{2+})/c^{\ominus}] \cdot [c^{eq}(Cl^-)/c^{\ominus}]^2 \tag{6-7}$$

化学平衡的观点也适用于难溶电解质的沉淀-溶解平衡。例如:当 $Q<K_{sp}$ 时,不发生沉淀反应,或沉淀溶解;当 $Q>K_{sp}$ 时,发生沉淀反应,或沉淀不溶解。

显然,同离子效应可使 $Q>K_{sp}$,导致沉淀-溶解平衡向生成沉淀方向移动,即难溶电解质的溶解度减小了。例如,当 Fe^{3+} 与 OH^- 混合产生 $Fe(OH)_3$ 沉淀时,若沉淀剂 NaOH 大大过量,则由于同离子效应的影响,Fe^{3+} 的平衡浓度大大降低。

若降低难溶电解质离子的浓度,则 $Q<K_{sp}$,沉淀-溶解平衡向沉淀溶解的方向移动。因此可用减小离子浓度的方法,使难溶电解质溶解。

金属氢氧化物和 K_{sp} 值较大的金属硫化物均可使用稀酸(如 HCl),生成难解离的 H_2O、H_2S,降低 OH^-、S^{2-} 的浓度,而使其溶解。

一些副族元素的难溶电解质(如 $Cu(OH)_2$、AgBr 等)均可通过配离子的形成而降低金属离子的浓度,而使其溶解(参见第六章实验五)。例如:

$$Cu(OH)_2(s) + 4NH_3(aq) \Longrightarrow [Cu(NH_3)_4]^{2+} + 2OH^-(aq)$$

此外,还可利用氧化还原反应降低离子浓度而使难溶电解质溶解。使一种难溶电解质转变成另一种更难溶的电解质的反应,常称为沉淀的转化。对于同一类型的难溶电解质,沉淀的转化是向生成 K_{sp} 值较小的难溶电解质的方向进行;对于不同类型的难溶电解质,尤其当两者的 K_{sp} 值相接近时(如 AgCl 和 Ag_2CrO_4),K_{sp} 值较大者溶解度可能较小,则沉淀的转化可能向生成 K_{sp} 值较大、溶解度较小的难溶电解质的方向进行。

三、仪器、药品及材料

(1) 仪器:烧杯(50 mL),试管,试管架,多用滴管(或滴管),点滴板(或井穴板),量筒(10 mL),洗瓶,玻璃棒,电动离心机,离心试管。

(2) 药品:

① 酸:HAc 溶液($0.1\ mol \cdot L^{-1}$、$1\ mol \cdot L^{-1}$),HCl 溶液($0.1\ mol \cdot L^{-1}$、$2\ mol \cdot L^{-1}$),H_2S 溶液(饱和且新配制)。

② 碱:$NH_3 \cdot H_2O$($0.1\ mol \cdot L^{-1}$、$2\ mol \cdot L^{-1}$),NaOH 溶液($0.1\ mol \cdot L^{-1}$、$2\ mol \cdot L^{-1}$)。

③ 盐:$AgNO_3$ 溶液($0.1\ mol \cdot L^{-1}$),$Al_2(SO_4)_3$(s),$CuSO_4$ 溶液($0.1\ mol \cdot L^{-1}$),$FeCl_3$ 溶液($0.1\ mol \cdot L^{-1}$),K_2CrO_4 溶液($0.1\ mol \cdot L^{-1}$),KI 溶液($0.1\ mol \cdot L^{-1}$),NH_4Ac 溶液($0.1\ mol \cdot L^{-1}$、饱和),NH_4Cl 溶液($0.1\ mol \cdot L^{-1}$),NH_4SCN 溶液($0.1\ mol \cdot L^{-1}$),NaAc 溶液($0.1\ mol \cdot L^{-1}$、$1\ mol \cdot L^{-1}$),Na_2CO_3 溶液($0.1\ mol \cdot L^{-1}$、$1\ mol \cdot L^{-1}$),Na_2CO_3(s),NaCl 溶液($0.1\ mol \cdot L^{-1}$、$1\ mol \cdot L^{-1}$),$NaHCO_3$ 溶液($0.1\ mol \cdot L^{-1}$、$1\ mol \cdot L^{-1}$),Na_2S 溶液($0.1\ mol \cdot L^{-1}$),$Pb(NO_3)_2$ 溶液($1\ mol \cdot L^{-1}$),$ZnSO_4$ 溶液($0.1\ mol \cdot L^{-1}$)。

④ 其他:甲基橙(0.1%),溴百里酚蓝(0.1%)。

(3) 材料:精密 pH 试纸(pH 0.8~2.4、1.4~3.0、2.7~4.7、3.8~5.4、5.4~7.0、6.4~8.0、8.2~10.0、9.5~13.0)。

四、实验内容及步骤

1. 酸、碱溶液 pH 的测定与控制

(1) 酸碱溶液 pH 的测定。

下列溶液的浓度均为 $0.1\ mol \cdot L^{-1}$,试用广范 pH 试纸测定溶液的 pH(可任选其中 6 种溶液)。若两溶液的 pH 相差不大,则可改用精密 pH 试纸测定。

HAc、HCl、$NH_3 \cdot H_2O$、NH_4Ac、NH_4Cl、NaAc、Na_2CO_3、$NaHCO_3$、NaOH。

在点滴板(或井穴板)的孔穴中,插入选用的 pH 试纸条,然后用多用滴管(或滴管)依次在每个孔穴中滴入 1 滴各种待测 pH 的溶液,立即将 pH 试纸所显颜色与 pH 比色卡上的颜色作对比,确定该溶液的 pH。将实验结果按溶液的 pH 大小顺序排列,并指出哪些是分子酸,哪些是分子碱,哪些是离子酸,哪些是离子碱。

本实验中可用酚酞、溴百里酚蓝和甲基橙等指示剂对溶液的酸碱性作粗略的分类,也可用酸度计对溶液的 pH 作进一步精确测定。

(2) 缓冲溶液的配制与 pH 的控制。

① 用量筒尽可能准确地量取 HAc 溶液和 NaAc 溶液(均为 $1\ mol \cdot L^{-1}$)各 5 mL,倒入小烧杯中搅匀后,用精密 pH 试纸测定所配制的缓冲溶液的 pH(应选择哪种 pH 范围的精密 pH 试纸?),并与计算值比较。

往 3 支试管中各加入几毫升此缓冲溶液,然后分别加入少量 0.1 mol·L^{-1} HCl 溶液、0.1 mol·L^{-1} NaOH 溶液和去离子水。用精密 pH 试纸分别测定它们的 pH,观察其 pH 有何变化。

往 2 支试管中各加入几毫升去离子水,用精密 pH 试纸测定其 pH;分别加与上述相同体积的 0.1 mol·L^{-1} HCl 溶液、0.1 mol·L^{-1} NaOH 溶液,再分别测定它们的 pH。

比较缓冲溶液与去离子水两组实验结果,并总结缓冲溶液的特性。

② 参考表 6-2,自行设计、配制 pH＝10 的缓冲溶液 10 mL。首先选择所需的共轭酸碱对;再根据实验室提供的试剂浓度,计算需用的体积;配得缓冲溶液后,用精密 pH 试纸测量其 pH。然后设计实验方案,验证缓冲溶液的性质。

2. 酸、碱的解离平衡及其移动

(1) 同离子效应。往试管中加入约 2 mL 0.1 mol·L^{-1} NH$_3$·H$_2$O,再滴入 1 滴酚酞溶液,观察溶液的颜色。然后将此溶液均分成两份,其中一份中加入少量饱和 NH$_4$Ac 溶液,另一份中加入等体积的去离子水。比较这两种溶液的颜色有无不同。

(2) 生成难溶电解质。往离心试管中加入少量饱和 H$_2$S 溶液和 1 滴甲基橙溶液,观察溶液显何色(为什么?)。将混合溶液分成两份,一份保留作对比实验用,另一份滴入数滴 0.1 mol·L^{-1} AgNO$_3$ 溶液。混合溶液的颜色是否会发生变化? 如果会改变,将转变为何色? 试完成这一实验,并观察所产生的现象。对比上述两种混合溶液的颜色,并简要说明其变化的原因。

若实验现象不明显,则可用离心分离法分离沉淀后,观察清液的颜色。有时由于沉淀对溶液中的离子或分子有吸附作用而使溶液颜色变浅,则可在清液中再补加 1 滴甲基橙溶液,溶液的颜色变化将更为明显。

(3) 生成气体与难溶电解质。取 2 支试管,分别加入少量(米粒大小)的固体 Na$_2$CO$_3$ 和 Al$_2$(SO$_4$)$_3$,并各加约 2 mL 去离子水,摇荡 2 支试管,当固体溶解后分别用 pH 试纸检测两种溶液的 pH。

将上述两种溶液混合,有何现象产生? 实验证明产生的沉淀是 Al(OH)$_3$,而不是 Al$_2$(CO$_3$)$_3$(实验时沉淀量要取少些,则需预先离心分离。重要的是实验中不可多加入 Na$_2$CO$_3$)。

3. 难溶电解质的多相离子平衡及其移动

(1) 沉淀的生成与同离子效应。

① 往 1 支试管中加入 8～10 滴 1 mol·L^{-1} Pb(NO$_3$)$_2$ 溶液,然后逐滴加入 1 mol·L^{-1} NaCl 溶液,摇荡试管,直至有沉淀生成(静置试管,保留其备用)。

往 2 支试管中分别加入 2 滴 1 mol·L^{-1} Pb(NO$_3$)$_2$ 溶液和 2 滴 1 mol·L^{-1} NaCl 溶液,然后各加 4 mL 去离子水稀释,混合这两种溶液,摇荡试管,使之混合均匀。再次观察,是否有沉淀生成?

试比较上述实验结果,用溶度积规则解释。

② 往 2 支离心试管中各加入 6 滴 0.1 mol·L^{-1}FeCl$_3$溶液,然后分别加入 1 滴 2 mol·L^{-1}NaOH 溶液和 8~10 滴 2 mol·L^{-1}NaOH 溶液,试观察 2 支试管中生成的红棕色 Fe(OH)$_3$沉淀。将沉淀离心沉降后,分别吸出上层清液,并往清液中各滴加 2~3 滴 0.1 mol·L^{-1}NH$_4$SCN 溶液。试比较两种实验的结果,用同离子效应解释。

(2) 沉淀的溶解。

利用实验室提供的试剂,自行设计方案,制备难溶 ZnS 和 Cu(OH)$_2$沉淀,离心沉降后,观察沉淀的颜色,并吸去上层大部分清液,保留沉淀继续做下面的实验。做沉淀的溶解实验时,沉淀量应尽可能少,这样有利于观察实验结果。

① 生成难解离的酸(或碱)。往盛有 ZnS 沉淀的试管中,逐滴加入 2 mol·L^{-1} HCl 溶液,摇荡试管,观察沉淀的溶解。写出有关化学反应方程式。

② 生成配离子。往盛有 Cu(OH)$_2$沉淀的试管中,逐滴加入 2 mol·L^{-1} NH$_3$·H$_2$O,摇荡试管,观察沉淀的溶解和溶液颜色的变化。写出有关化学反应方程式。

(3) 沉淀的转化。

① 取步骤 3(1)中保留的物质,吸去其上层清液,往沉淀中逐滴加入 0.1 mol·L^{-1}KI 溶液,并用玻璃棒搅拌,观察沉淀颜色变化。试说明原因,并写出有关化学反应方程式。

② 自行制备 Ag$_2$CrO$_4$沉淀,观察沉淀的颜色。检验 Ag$_2$CrO$_4$沉淀能否与 NaCl 溶液发生化学反应,同时检验 AgCl 沉淀(自行制备)能否与 K$_2$CrO$_4$溶液发生化学反应。观察两次实验中沉淀与溶液颜色的变化。用化学反应方程式说明此沉淀转化反应的方向。(能否比较 AgCl 与 Ag$_2$CrO$_4$ 的 K_{sp}大小作出判断?)

五、思考题

(1) 按照酸碱质子理论,NH$_4^+$、Ac$^-$ 和 HCO$_3^-$ 分别属于哪类物质?任选步骤 1 (1)中的三种溶液,计算它们在浓度为 0.1 mol·L^{-1}时,各自的 pH。

(2) 同离子效应对酸、碱的解离度及难溶电解质的溶解度各有什么影响?结合本实验说明。

(3) 缓冲溶液的组成有何特征?为何说它具有控制溶液 pH 的功能?

(4) 离心分离适用于何种场合下固体与液体的分离?操作中有哪些应注意的步骤?

第七章　无机化合物的制备和提纯

实验一　用废弃铝制饮料罐制备硫酸铝

一、实验目的

（1）用化学方法将废铝包装袋、香烟包装上的铝箔回收制成硫酸铝。

（2）通过实验，强化将废物回收利用的意识，学习无机化合物的制备方法并进行相关操作。

二、实验原理

铝是活泼轻金属，延展性好，可加工成极薄的薄膜。现代食品、香烟等包装内衬很多用铝箔，饮料罐也多用薄铝制造。如果回收这些废物，可获得一定的效益；若抛弃，不仅造成资源的浪费，而且导致环境污染。大量的铝离子进入人体能毒害神经，甚至导致痴呆。

铝的回收方法应根据废料的大小、是否与其他材料混合以及是否易于剥离来确定。大量铝废料可以用熔炼的方法回收成金属铝。而对于零散的铝制品包装袋之类，宜采用化学方法制成化学试剂。

铝是两性金属，能溶于氢氧化钠溶液，制得四羟基合铝酸钠，然后用硫酸调节溶液的 pH，将其转化成氢氧化铝沉淀与其他物质分离开，然后用硫酸溶解氢氧化铝制得硫酸铝溶液，浓缩冷却后得到含 18 个结晶水的硫酸铝晶体。化学反应式如下：

$$2Al+2NaOH+6H_2O \rightleftharpoons 2Na[Al(OH)_4]+3H_2 \uparrow$$
$$2Na[Al(OH)_4]+H_2SO_4 \rightleftharpoons 2Al(OH)_3 \downarrow +Na_2SO_4+2H_2O$$
$$2Al(OH)_3+3H_2SO_4 \rightleftharpoons Al_2(SO_4)_3+6H_2O$$

三、仪器、药品及材料

（1）仪器：天平，烧杯（200 mL、250 mL），玻璃漏斗，布氏漏斗，滤纸，抽滤瓶（250 mL），玻璃棒，电炉，比色管（50 mL）。

（2）药品：

① 碱：$NaOH(s)$。

② 酸：H_2SO_4 溶液（2 mol·L^{-1}、3 mol·L^{-1}），HNO_3 溶液（6 mol·L^{-1}）。

③ 其他：Fe^{3+} 标准溶液（2.5 mol·L^{-1}），15% NH_4SCN 溶液。

(3) 材料:铝箔(香烟铝箔,铝制包装袋、饮料罐),pH 试纸。

四、实验内容及步骤

(1) 铝箔的处理:香烟铝箔用水浸泡,剥去白纸;铝制包装袋、饮料罐用剪刀剪碎。

(2) 四羟基合铝酸钠的制备:称取 1.3 g NaOH 固体,置于 250 mL 烧杯中,加入 30 mL 去离子水,使其溶解。在通风橱中将撕碎的铝箔投入烧杯中,待反应平息后添加一些水,如不再有气泡产生,说明反应完毕。加水稀释溶液至 80 mL 左右,过滤。

(3) 氢氧化铝的生成和洗涤:将滤液加热近沸,在不断搅拌下滴加 3 mol·L^{-1} H$_2$SO$_4$ 溶液,当 pH 为 8~9,继续搅拌煮沸数分钟,静置澄清。于上层清液中滴加 3 mol·L^{-1} H$_2$SO$_4$ 溶液,检验 Al(OH)$_3$ 沉淀是否完全。待沉淀完全后静置澄清,弃去清液。用煮沸的去离子水以倾析法洗涤 Al(OH)$_3$ 沉淀 2~3 次。抽滤,继续用沸水洗涤,直至洗涤液的 pH 为 5~7。抽干。

(4) 将制得的 Al(OH)$_3$ 沉淀转入烧杯中,加入 18 mL 3 mol·L^{-1} H$_2$SO$_4$ 溶液,小心煮沸使沉淀溶解。加去离子水稀释至 50 mL 左右,滤去不溶物。

(5) 滤液用小火蒸发至 10 mL 左右,在不断搅拌下用冷水冷却,使晶体析出。待充分冷却后减压过滤,然后在沉淀物上面盖上数张滤纸,再按压,以助抽干。

称量产品,计算产率。

(6) 产品检验。

称取 0.5 g 样品于小烧杯中,用 15 mL 去离子水溶解,加入 1 mL 6 mol·L^{-1} HNO$_3$ 溶液和 1 mL 2 mol·L^{-1} H$_2$SO$_4$ 溶液,加热至沸,冷却,转移至 50 mL 比色管中,用少量水冲洗烧杯和玻璃棒,一并倾入比色管中。加 10 mL 15% NH$_4$SCN 溶液,加水至刻度,摇匀。将颜色与标准试样比较,确定产品级别,铁含量越少者质量等级越高。

标准样品的制备:分别准确移取 6 mL 和 20 mL Fe^{3+} 标准溶液(2.5 mol·L^{-1}),同上述方法处理,得到二级和三级的标准试剂。

五、思考题

(1) 在哪一步中除去铁杂质?

(2) 为什么用稀碱溶液与铝箔反应?

实验二　用蛋壳制备柠檬酸钙

一、实验目的

(1) 了解钙与人体健康的关系。

（2）学习用蛋壳制备柠檬酸钙的方法。

（3）树立变废为宝、资源综合利用的意识。

二、实验原理

钙是人体内的常量元素，一般人体内钙的总质量为 0.7～1.4 kg，它对人类的健康、少年儿童身体发育和各种生理活动，均具有极其重要的作用，也是人体内较易缺乏的无机元素之一。柠檬酸钙因较其他补钙品在溶解度、酸碱性等技术指标方面更具安全性和可靠性，作为新一代钙源，正成为食品类补钙品的首选对象，在糕点、饼干中用做营养强化剂。

蛋壳中含 $CaCO_3$ 93%、$MgCO_3$ 1.0%、$Mg_3(PO_4)_2$ 2.8%、有机物 3.2%，是一种天然的优质钙源。以蛋壳为原料，采用酸碱中和法制备柠檬酸钙，具有产品收率高、质量好、不含有毒组分（重金属离子等）、反应工艺简单等优点。主要反应式如下：

$$CaCO_3(蛋壳) \xrightarrow{高温煅烧} CaO + CO_2 \uparrow$$
$$CaO + H_2O \longrightarrow Ca(OH)_2$$
$$2C_6H_8O_7 \cdot H_2O + 3Ca(OH)_2 \longrightarrow Ca_3(C_6H_5O_7)_2 \cdot 4H_2O + 4H_2O$$

四水合柠檬酸钙

三、仪器、药品及材料

（1）仪器：马弗炉，蒸发皿，分析天平，电热恒温干燥箱，电磁加热搅拌器，烧杯（100 mL），带塞三角瓶（250 mL）等。

（2）药品：

① 酸：柠檬酸（分析纯），0.500 0 mol·L^{-1} HCl 标准溶液。

② 其他：蔗糖（分析纯）。

（3）材料：蛋壳。

四、实验内容及步骤

1. 氧化钙的制取

称取蛋壳 10 g 于蒸发皿中，稍加压碎后，送入马弗炉中，于 900～1 000 ℃下煅烧分解 1～2 h，蛋壳即转变为白色的蛋壳粉（氧化钙），称重。

2. 柠檬酸钙的制备

将前面制得的氧化钙研细，称取 3 g 于 100 mL 烧杯中，加入 50 mL 蒸馏水制成石灰乳，放到电磁加热搅拌器上，在不断搅拌下，分批加入 50% 的柠檬酸溶液 15 mL，温度稳定在 60 ℃，反应约 1 h。将产物减压过滤，用蒸馏水洗涤滤饼，在干燥箱中烘干，称重，观察产品颜色。

3. 蛋壳粉有效氧化钙含量的测定

精确称取 0.400 0 g 研成细粉的试样，置于 250 mL 带塞三角瓶中，加入 4 g 蔗糖,再加入新煮沸并已冷却的蒸馏水 40 mL,放到电磁搅拌器上搅拌 15 min 左右,以酚酞为指示剂,用浓度为 0.500 0 mol·L⁻¹ 的 HCl 标准溶液滴定至终点,按下式计算有效氧化钙的百分含量:

$$w(\text{CaO}) = \frac{0.028\ 04 \times c(\text{HCl})V}{m} \times 100\%$$

式中:$c(\text{HCl})$ 为 HCl 标准溶液的浓度(mol·L⁻¹);V 为滴定消耗 HCl 标准溶液的体积(mL);m 为试样质量(g);0.028 04 为与 1 mL 1 mol·L⁻¹ HCl 标准溶液相当的氧化钙量(g)。

五、数据记录及处理

(1) 氧化钙的质量=＿＿＿＿＿ g。
(2) 柠檬酸钙的质量=＿＿＿＿ g,产率=＿＿＿＿＿%。
(3) HCl 标准溶液的浓度 $c(\text{HCl})$=＿＿＿＿ mol·L⁻¹,氧化钙试样质量 m=＿＿＿＿＿ g,滴定消耗 HCl 标准溶液的体积 V=＿＿＿＿ mL,蛋壳粉有效氧化钙含量=＿＿＿＿%。

六、思考题

(1) 查阅相关资料,进一步了解钙与人体健康的关系。
(2) 通过实验,你认为在工业上用此方法制取柠檬酸钙是否可行?

实验三　荧光防伪材料的制备

一、实验目的

(1) 学习稀土有机配合物的制备方法。
(2) 了解稀土配合物的发光原理。
(3) 增强防伪意识,了解化学防伪的原理。

二、实验原理

随着我国经济的发展,人民生活水平有了极大的提高,但伪劣商品的出现也给人们带来了困扰。因此,防伪、识伪日益受到人们的普遍重视,已成为各厂家、商家及消费者保护自身利益的重要手段。化学防伪是近年发展起来的新技术,具有制造简单、识别方便、成本较低、保密性好、可靠性高等优点。所谓化学防伪,是在热、光或磁等条件下,利用物质化学反应和物理变化而产生光、色等改变,进行真伪识别的方法。比如,可利用光致发光的荧光材料在一定波长的紫外光照射下发射出荧光,而达到识别真伪的目的。

　　稀土元素的原子具有未充满的受到外层屏蔽的 4f5d 电子组态,因此具有丰富的电子能级和长寿命激发态,能级跃迁通道多达 20 余万个,可以产生多种多样的辐射吸收和发射,制成用途广泛的发光和激光材料。

　　本实验是以稀土离子 Eu^{3+} 与乙酰丙酮(acac)及邻菲罗啉(phen,即邻二氮菲)合成三元配合物,在紫外灯下可以显现明亮鲜艳的红色荧光。配位反应如下:

三、仪器、药品及材料

　　(1) 仪器:紫外灯(365 nm),电磁加热搅拌器,温度计(0～100 ℃),玻璃棒,真空泵,抽滤瓶,布氏漏斗,锥形瓶,烧杯(100 mL)。

　　(2) 药品:

① 盐:$EuCl_3$ 溶液(0.5 mol·L^{-1})。

② 有机物:乙酰丙酮,邻菲罗啉,乙醇(95%)。

③ 碱:NaOH 溶液(2 mol·L^{-1}、6 mol·L^{-1})。

④ 酸:HCl 溶液(2 mol·L^{-1}、6 mol·L^{-1})。

　　(3) 材料:pH 试纸。

四、实验内容及步骤

　　(1) 分别取少许 0.5 mol·L^{-1} $EuCl_3$ 溶液、乙酰丙酮(用玻璃棒蘸取于滤纸上,待稍干)和邻菲罗啉,在紫外灯下观察有无荧光。

　　(2) 用锥形瓶将 6 mmol 的乙酰丙酮溶于 30 mL 95%乙醇中,调节 pH 约为 8。

　　(3) 在电磁搅拌下,将 2 mmol $EuCl_3$(pH≈4)缓慢地逐滴加入上述乙酰丙酮溶液,随时注意调节 pH 约为 7,温度保持在 45 ℃左右。滴加完毕,再反应 0.5 h。用滤纸蘸取反应混合物,待稍干,置于紫外灯下观察。与步骤(1)的现象对比,说明原因。

　　(4) 取 2 mmol 邻菲罗啉,溶于 20 mL 95%乙醇中,在不断搅拌下,缓慢地逐滴加入上述反应混合物,加完后,再反应 0.5 h。反应过程中保持 pH 约为 7,温度在 45

℃左右。用滤纸蘸取反应混合物,待稍干,置于紫外灯下观察。与步骤(1)的现象对比,并解释现象。

(5) 将步骤(4)中的反应液蒸发掉 1/2 体积的溶剂(乙醇),待反应混合物冷却至室温,过滤,将固体用滤纸吸干,于 50 ℃烘箱中干燥 20 min 后称重,计算产率。并再次在紫外灯下观察所得产品。

五、思考题

(1) 对比步骤(1)与(3)、(1)与(4)在紫外灯下观察到的现象,并加以解释。
(2) pH 过高或过低,对实验结果有何影响?

实验四　无机净水剂聚合硫酸铁的制备与应用

一、实验目的

(1) 了解聚合硫酸铁的性质与用途。
(2) 学习制备聚合硫酸铁。
(3) 了解聚合硫酸铁的净水效果实验。

二、实验原理

聚合硫酸铁是一种新型无机高分子净水混凝剂,它是红棕色黏稠液体,可用硫酸亚铁在硫酸溶液中控制一定酸度的条件下制得。硫酸亚铁在硫酸溶液中被氧化剂氧化为硫酸铁。

$$FeSO_4 + \frac{1}{2}SO_4^{2-} \xrightarrow{氧化} \frac{1}{2}Fe_2(SO_4)_3$$

反应中每摩尔硫酸亚铁需要 0.5 mol 硫酸,如果硫酸用量小于 0.5 mol,则氧化时,氢氧根取代硫酸根而产生碱式盐。它易聚合而产生聚合硫酸铁:

$$mFe_2(OH)_n(SO_4)_{3-\frac{n}{2}} \xrightarrow{聚合} [Fe_2(OH)_n(SO_4)_{3-\frac{n}{2}}]_m$$

因此,在反应中总硫酸根的物质的量和总铁物质的量之比

$$\frac{n_总(SO_4^{2-})}{n_总(Fe)} < 1.5$$

硫酸亚铁的氧化可采用各种方法来实现,如在催化剂存在下用空气氧化,用 H_2O_2、$NaClO_3$、MnO_2、Cl_2 等氧化或电解法氧化等。

三、仪器与药品

(1) 仪器:电加热套,温度计,台秤,烧杯(250 mL、1 000 mL),量筒(250 mL),恒

温槽,电磁搅拌器,变速电动同步搅拌机,光电式浊度仪。

(2) 药品:

① 盐:$NaClO_3$(s,工业用),$FeSO_4 \cdot 7H_2O$(s)。

② 酸:浓硫酸(工业用)。

四、实验内容及步骤

1. 制备

若 $FeSO_4 \cdot 7H_2O$ 晶体的纯度为 95%,浓硫酸的密度为 1.830 g・mL^{-1},计算制备 200 mL 聚合硫酸铁[Fe 含量为 160 g・L^{-1},$n_总(SO_4^{2-})/n_总(Fe)$ 为 1.25]所需的 $FeSO_4 \cdot 7H_2O$ 和浓硫酸的量。

(1) 配制硫酸溶液:在 250 mL 烧杯中加入 90 mL 水,再加入所需体积的浓硫酸,配制成稀硫酸溶液,加热至 40~50 ℃,备用。

(2) 氧化、聚合:分别称取所需 $FeSO_4 \cdot 7H_2O$ 的量和 10 g $NaClO_3$,各分成 12 份,在搅拌下分别将 2 份 $FeSO_4 \cdot 7H_2O$ 和 2 份 $NaClO_3$ 加入上述稀硫酸溶液中,搅拌 10 min 后,继续加入 1 份 $FeSO_4 \cdot 7H_2O$ 和 1 份 $NaClO_3$,以后每隔 5 min 加一次,为了使 $FeSO_4$ 充分氧化,最后再多加 1 g $NaClO_3$,继续搅拌 10~15 min,冷却,倒入量筒中,加水至体积为 200 mL。

2. 聚合硫酸铁的混凝效果实验

在 1 000 mL 水样中按 20 mg/L(以 Fe 计)加入聚合硫酸铁,用变速电动同步搅拌机以 150 r/min 的速度搅拌 3 min 后,再以 60 r/min 的速度搅拌 3 min,静置 30 min 后,吸取上层清液,用光电式浊度仪测定浊度。(饮用水的浊度要求在 5 度以下。)

实验所用水样为自制混浊水(于 1 000 mL 烧杯中加入泥土 1 g,再加水至 1 000 mL,搅拌均匀,使其浊度保持一致)、江水和染料水。

五、思考题

(1) 在氧化、聚合过程中为什么要分次加入 $FeSO_4 \cdot 7H_2O$ 和 $NaClO_3$?

(2) 聚合硫酸铁混凝剂与其他铁盐[$FeSO_4$、$FeCl_3$ 和 $Fe(SO_4)_3$]混凝剂比较有哪些优点?

(3) 在混凝效果实验中,1 000 mL 水样中加入多少毫升原液才是 20 mg/L(以 Fe 计)?(若聚合硫酸铁原液中含 Fe 量为 160 g・L^{-1})。

实验五　碱式碳酸铜的制备

一、实验目的

(1) 通过查阅资料，了解碱式碳酸铜的制备原理和方法。

(2) 通过实验，探索制备碱式碳酸铜的反应物配比和合适温度。

(3) 初步学会设计实验方案，培养独立分析、解决问题及设计实验的能力。

二、实验原理

碱式碳酸铜 $[Cu_2(OH)_2CO_3]$ 为天然孔雀石的主要成分，呈暗绿色或淡蓝绿色，加热至 200 ℃即分解，在水中的溶解度很小，新制备的试样在水中很易分解。

通过查阅资料弄懂以下问题，并给出碱式碳酸铜的制备原理和方法。

(1) 哪些铜盐适合于制取碱式碳酸铜？写出硫酸铜溶液和碳酸钠溶液发生反应的化学反应方程式。

(2) 讨论反应条件（如反应温度、反应物浓度及反应物配比）对反应产物的影响。

三、仪器与药品

学生通过查阅资料自行列出所需仪器与试剂的清单，经指导教师检查认可，方可进行实验。

(1) 仪器：台秤，烧杯，试管，恒温水浴锅，烘箱，循环水式真空泵，布氏漏斗，抽滤瓶，滤纸。

(2) 药品（盐）：$CuSO_4(s)$，$Na_2CO_3(s)$。

四、实验内容及步骤

1. 反应物溶液的配制

配制 0.5 mol·L^{-1} $CuSO_4$ 溶液和 0.5 mol·L^{-1} Na_2CO_3 溶液各 100 mL。

2. 制备反应条件的探索

1) $CuSO_4$ 和 Na_2CO_3 溶液的合适配比

于 4 支试管内各加入 2.0 mL 0.5 mol·L^{-1} $CuSO_4$ 溶液，然后分别取 0.5 mol·L^{-1} Na_2CO_3 溶液 1.6 mL、2.0 mL、2.4 mL 及 2.8 mL，依次加入另外 4 支编号的试管中。将 8 支试管放在 75 ℃的恒温水浴锅中。几分钟后，依次将 $CuSO_4$ 溶液分别倒入 Na_2CO_3 溶液中，振荡试管，比较各试管中沉淀生成的速度、沉淀的数量及颜色，从中得出两种反应物溶液以何种比例相混合为最佳。

思考：

(1) 各试管中沉淀的颜色为何会有差别？估计何种颜色产物的碱式碳酸铜含量

最高？

(2) 若将 Na_2CO_3 溶液倒入 $CuSO_4$ 溶液，其结果是否会不同？

2）反应温度的确定

在 3 支试管中，各加入 2.0 mL 0.5 mol · L^{-1} $CuSO_4$ 溶液，另取 3 支试管，各加入由上述实验得到的合适用量的 0.5 mol · L^{-1} Na_2CO_3 溶液。从这两列试管中各取 1 支为一组，共三组，将它们分别置于室温、50 ℃、100 ℃的恒温水浴锅中，数分钟后将 $CuSO_4$ 溶液倒入 Na_2CO_3 溶液中，振荡并观察现象，由实验结果确定制备反应的合适温度。

思考：

(1) 反应温度对本实验有何影响？

(2) 反应在何种温度下进行会出现褐色产物？这种褐色物质是什么？

3. 碱式碳酸铜的制备

取 60 mL 0.5 mol · L^{-1} $CuSO_4$ 溶液，根据上面实验确定的反应物合适配比及适宜温度制取碱式碳酸铜。待沉淀完全后，用蒸馏水洗涤沉淀数次，直到沉淀中不含 SO_4^{2-} 为止，减压过滤抽干。

将所得产品在烘箱中于 100 ℃烘干，待冷至室温后，称重并计算产率。

五、思考题

(1) 除反应物的配比和反应温度对本实验的结果有影响外，反应物的种类、反应进行的时间等是否对产物的质量也会有影响？

(2) 自己设计一个实验，测定产物中铜及碳酸根离子的含量，分析所制得的碱式碳酸铜的质量。

实验六　常见阳离子的分离与鉴定

一、实验目的

(1) 了解一些金属元素及其化合物的性质。

(2) 了解常见阳离子混合液的分离和检出的方法。

(3) 掌握检出离子的操作方法。

二、实验原理

离子的分离和鉴定是以各离子对试剂的不同反应为依据的，这种反应常伴随着特殊的现象，如沉淀的生成或溶解、特殊颜色的出现、气体的产生等。各离子对试剂作用的相似性和差异性都是构成离子分离与检出方法的基础。因此要掌握分离和检出的方法，就要熟悉离子的基本性质。

　　离子的分离和检出只有在一定条件下才能进行,要使反应向期望的方向进行,就必须选择合适的反应条件。因此,除了要熟悉离子的有关性质外,还要学会运用离子平衡(酸碱、沉淀、氧化还原、配位等平衡)的规律控制反应条件,这对于选择离子分离条件和选择检出条件会有很大帮助。

　　1. 与 HCl 溶液反应

$$
\left.
\begin{array}{l}
Ag^+ \\
Hg_2^{2+} \\
Pb^{2+}
\end{array}
\right\}
\xrightarrow{\text{HCl 溶液}}
\left\{
\begin{array}{l}
AgCl \downarrow (白色) \\
Hg_2Cl_2 \downarrow (白色) \\
PbCl_2 \downarrow (白色)
\end{array}
\right.
$$

　　AgCl 沉淀溶于氨水,Hg_2Cl_2 沉淀溶于浓 HNO_3 溶液及 H_2SO_4 溶液,$PbCl_2$ 沉淀溶于热水、NH_4Ac 溶液和 NaOH 溶液。

　　2. 与稀 H_2SO_4 溶液反应

$$
\left.
\begin{array}{l}
Ba^{2+} \\
Sr^{2+} \\
Ca^{2+} \\
Pb^{2+} \\
Ag^+
\end{array}
\right\}
\xrightarrow{\text{稀 } H_2SO_4 \text{ 溶液}}
\left\{
\begin{array}{l}
BaSO_4 \downarrow (白色) \\
SrSO_4 \downarrow (白色) \\
CaSO_4 \downarrow (白色) \\
PbSO_4 \downarrow (白色) \\
Ag_2SO_4 \downarrow (白色)
\end{array}
\right.
$$

　　$BaSO_4$ 沉淀难溶于酸;$SrSO_4$ 沉淀溶于煮沸的酸;$CaSO_4$ 溶解度较大,当 Ca^{2+} 浓度很大时,才析出沉淀;$PbSO_4$ 沉淀溶于 NaOH 溶液、饱和 NH_4Ac 溶液、热 HCl 溶液、浓 H_2SO_4 溶液,不溶于稀 H_2SO_4 溶液;Ag_2SO_4 在浓溶液中产生沉淀,溶于热水。

　　3. 与 NaOH 溶液反应

$$
\left.
\begin{array}{l}
Al^{3+} \\
Zn^{2+} \\
Pb^{2+} \\
Sb^{3+} \\
Sn^{2+}
\end{array}
\right\}
\xrightarrow{\text{过量 NaOH 溶液}}
\left\{
\begin{array}{l}
AlO_2^- \text{ 或} [Al(OH)_4]^- \\
ZnO_2^{2-} \text{ 或} [Zn(OH)_4]^{2-} \\
PbO_2^{2-} \text{ 或} [Pb(OH)_4]^{2-} \\
SbO_2^- \\
SnO_2^{2-} \text{ 或} [Sn(OH)_4]^{2-}
\end{array}
\right.
$$

$$
Cu^{2+} \xrightarrow[\triangle]{\text{浓 NaOH 溶液}} [Cu(OH)_4]^{2-}
$$

　　4. 与 NH_3 溶液反应

$$
\left.
\begin{array}{l}
Ag^+ \\
Cu^{2+} \\
Cd^{2+} \\
Zn^{2+}
\end{array}
\right\}
\xrightarrow{\text{过量 } NH_3 \text{ 溶液}}
\left\{
\begin{array}{l}
[Ag(NH_3)_2]^+ \\
[Cu(NH_3)_4]^{2+} \\
[Cd(NH_3)_4]^{2+} \\
[Zn(NH_3)_4]^{2+}
\end{array}
\right.
$$

5. 与 $(NH_4)_2CO_3$ 溶液反应

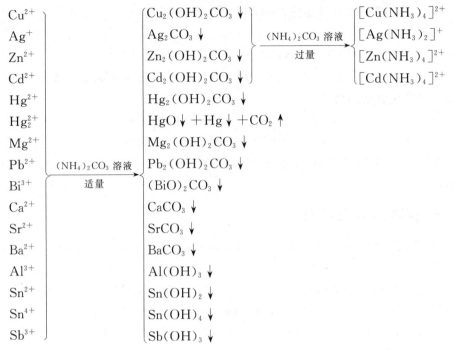

6. 与 H_2S 或 $(NH_4)_2S$ 反应

掌握各种阳离子生成硫化物沉淀的条件及其硫化物溶解度的差别,并用于阳离子的分离。除黑色硫化物外,可利用颜色进行离子鉴别。

(1) 在 $0.3\ mol \cdot L^{-1}$ HCl 溶液中通入 H_2S 气体生成沉淀的离子:

$Sb_2S_5\downarrow$

$Sb_2S_3\downarrow$ 溶于浓 HCl 溶液、NaOH 溶液、Na_2S 溶液

$SnS_2\downarrow$

$SnS\downarrow$ 溶于浓 HCl 溶液、$(NH_4)_2S_x$ 溶液,不溶于 NaOH 溶液

(2) 在 $0.3\ mol\cdot L^{-1}$ HCl 溶液中通入 H_2S 气体不发生沉淀,但在氨性介质通入 H_2S 气体产生沉淀的离子:

Zn^{2+} $\xrightarrow[NH_4Cl\text{-}NH_3]{H_2S}$ $ZnS\downarrow$(白色)

Al^{3+} $\phantom{\xrightarrow[NH_4Cl\text{-}NH_3]{H_2S}}$ $Al(OH)_3\downarrow$(白色)

ZnS 沉淀溶于稀 HCl 溶液,不溶于 HAc 溶液;$Al(OH)_3$ 沉淀溶于强碱及稀 HCl 溶液。

三、仪器、药品及材料

(1) 仪器:试管(10 mL),烧杯(250 mL),离心机,离心试管,玻璃棒。

(2) 药品:

① 酸:HCl 溶液($2\ mol\cdot L^{-1}$、$6\ mol\cdot L^{-1}$、浓),H_2SO_4 溶液($2\ mol\cdot L^{-1}$),HNO_3 溶液($6\ mol\cdot L^{-1}$),HAc 溶液($2\ mol\cdot L^{-1}$、$6\ mol\cdot L^{-1}$)。

② 碱:NaOH 溶液($2\ mol\cdot L^{-1}$、$6\ mol\cdot L^{-1}$),$NH_3\cdot H_2O$($6\ mol\cdot L^{-1}$),KOH 溶液($2\ mol\cdot L^{-1}$)。

③ 盐:NaCl 溶液($1\ mol\cdot L^{-1}$),$NaNO_2$(s),KCl 溶液($1\ mol\cdot L^{-1}$),$MgCl_2$ 溶液($0.5\ mol\cdot L^{-1}$),$CaCl_2$ 溶液($0.5\ mol\cdot L^{-1}$),$BaCl_2$ 溶液($0.5\ mol\cdot L^{-1}$),$AlCl_3$ 溶液($0.5\ mol\cdot L^{-1}$),$Pb(NO_3)_2$ 溶液($0.5\ mol\cdot L^{-1}$),$SnCl_2$ 溶液($0.5\ mol\cdot L^{-1}$),$SbCl_3$ 溶液($0.1\ mol\cdot L^{-1}$),$HgCl_2$ 溶液($0.2\ mol\cdot L^{-1}$),$Bi(NO_3)_3$ 溶液($0.1\ mol\cdot L^{-1}$),$CuCl_2$ 溶液($0.5\ mol\cdot L^{-1}$),$AgNO_3$ 溶液($0.1\ mol\cdot L^{-1}$),$ZnSO_4$ 溶液($0.2\ mol\cdot L^{-1}$),$Cd(NO_3)_2$ 溶液($0.2\ mol\cdot L^{-1}$),$Al(NO_3)_3$ 溶液($0.5\ mol\cdot L^{-1}$),$NaNO_3$ 溶液($0.5\ mol\cdot L^{-1}$),$Ba(NO_3)_2$ 溶液($0.5\ mol\cdot L^{-1}$),Na_2S 溶液($0.5\ mol\cdot L^{-1}$),$KSb(OH)_6$ 溶液(饱和),$NaHC_4H_4O_6$ 溶液(饱和),$(NH_4)_2C_2O_4$ 溶液(饱和),NaAc 溶液($2\ mol\cdot L^{-1}$),K_2CrO_4 溶液($1\ mol\cdot L^{-1}$),Na_2CO_3 溶液(饱和),NH_4Ac 溶液($2\ mol\cdot L^{-1}$),$K_4[Fe(CN)_6]$溶液($0.5\ mol\cdot L^{-1}$)。

④ 其他:镁试剂,铝试剂($1\ g\cdot L^{-1}$),苯,硫脲溶液($25\ g\cdot L^{-1}$),$(NH_4)_2[Hg(SCN)_4]$ 试剂,罗丹明 B 溶液。

(3) 材料:pH 试纸。

四、实验内容及步骤

1. 碱金属、碱土金属离子的鉴定

(1) K^+ 的鉴定:在盛有 0.5 mL $1\ mol\cdot L^{-1}$ KCl 溶液的试管中,加入 0.5 mL 饱

和 $NaHC_4H_4O_6$(酒石酸氢钠)溶液,如有白色结晶状沉淀产生,表示有 K^+ 存在。如无沉淀产生,可用玻璃棒摩擦试管壁,再观察。写出反应方程式。

(2) Na^+ 的鉴定:在盛有 $0.5\ mL\ 1\ mol \cdot L^{-1}\ NaCl$ 溶液的试管中,加入 $0.5\ mL$ 饱和 $KSb(OH)_6$ 溶液,观察白色结晶状沉淀的产生。如无沉淀产生,可以用玻璃棒摩擦试管内壁,放置片刻,再观察。写出反应方程式。

(3) Ca^{2+} 的鉴定:加 $0.5\ mL\ 0.5\ mol \cdot L^{-1}\ CaCl_2$ 溶液于离心试管中,再加 10 滴饱和 $(NH_4)_2C_2O_4$ 溶液,有白色沉淀产生。离心分离,弃去清液,若白色沉淀不溶于 $6\ mol \cdot L^{-1}\ HAc$ 溶液,而溶于 $2\ mol \cdot L^{-1}\ HCl$ 溶液,表示有 Ca^{2+} 存在。写出反应方程式。

(4) Mg^{2+} 的鉴定:在试管中加 2 滴 $0.5\ mol \cdot L^{-1}\ MgCl_2$ 溶液,再滴加 $6\ mol \cdot L^{-1}\ NaOH$ 溶液,直到生成絮状的 $Mg(OH)_2$ 沉淀为止,然后加入 1 滴镁试剂,搅拌,若生成蓝色沉淀,表示有 Mg^{2+} 存在。

(5) Ba^{2+} 的鉴定:加 2 滴 $0.5\ mol \cdot L^{-1}\ BaCl_2$ 溶液于试管中,加入 $2\ mol \cdot L^{-1}$ HAc 溶液和 $2\ mol \cdot L^{-1}\ NaAc$ 溶液各 2 滴,然后滴加 2 滴 $1\ mol \cdot L^{-1}\ K_2CrO_4$ 溶液,若有黄色沉淀生成,表示有 Ba^{2+} 存在。写出反应方程式。

(6) Al^{3+} 的鉴定:加 2 滴 $0.5\ mol \cdot L^{-1}\ AlCl_3$ 溶液于小试管中,加 3 滴水、2 滴 2 $mol \cdot L^{-1}\ HAc$ 溶液和 2 滴 $1\ g \cdot L^{-1}$ 铝试剂,搅拌后,置于水浴中加热片刻,再加 2 滴 $6\ mol \cdot L^{-1}$ 氨水,若有红色絮状沉淀产生,表示有 Al^{3+} 存在。

(7) Sn^{2+} 鉴定:加 5 滴 $0.5\ mol \cdot L^{-1}\ SnCl_2$ 溶液于试管中,逐滴加入 $0.2\ mol \cdot$ $L^{-1}\ HgCl_2$ 溶液,边加边振荡,若产生的沉淀由白色变为灰色,然后变为黑色,表示有 Sn^{2+} 存在。

(8) Pb^{2+} 的鉴定:加 5 滴 $0.5\ mol \cdot L^{-1}\ Pb(NO_3)_2$ 溶液于离心试管中,加 2 滴 1 $mol \cdot L^{-1}\ K_2CrO_4$ 溶液,如有黄色沉淀生成,在沉淀上滴加数滴 $2\ mol \cdot L^{-1}\ NaOH$ 溶液,沉淀溶解,表示有 Pb^{2+} 存在。

(9) Sb^{3+} 的鉴定:加 5 滴 $0.1\ mol \cdot L^{-1}\ SbCl_3$ 溶液于离心试管中,加 2 滴浓盐酸及少量 $NaNO_2$ 固体,将 $Sb(Ⅲ)$ 氧化为 $Sb(Ⅴ)$,当无气体放出时,加数滴苯和 2 滴罗丹明 B 溶液,苯层显紫色,表示有 Sb^{3+} 存在。

(10) Bi^{3+} 的鉴定:加 1 滴 $0.1\ mol \cdot L^{-1}\ Bi(NO_3)_3$ 溶液于试管中,加 1 滴 $25\ g \cdot L^{-1}$ 硫脲溶液,生成鲜黄色配合物,表示有 Bi^{3+} 存在。

(11) Cu^{2+} 的鉴定:加 1 滴 $0.5\ mol \cdot L^{-1}\ CuCl_2$ 溶液于试管中,加入 1 滴 $6\ mol \cdot L^{-1}\ HAc$ 溶液酸化,再加 1 滴 $0.5\ mol \cdot L^{-1}\ K_4[Fe(CN)_6]$ 溶液,生成红棕色 $Cu_2[Fe(CN)_6]$ 沉淀,表示有 Cu^{2+} 存在。

(12) Ag^+ 的鉴定:加 5 滴 $0.1\ mol \cdot L^{-1}\ AgNO_3$ 溶液于试管中,再加 5 滴 $2\ mol \cdot L^{-1}\ HCl$ 溶液,产生白色沉淀。在沉淀中加 $6\ mol \cdot L^{-1}\ NH_3 \cdot H_2O$ 至沉淀完全溶解,此溶液再用 $6\ mol \cdot L^{-1}\ HNO_3$ 溶液酸化,生成白色沉淀,表示有 Ag^+ 存在。

(13) Zn^{2+} 的鉴定:加 3 滴 0.2 mol·L^{-1} $ZnSO_4$ 溶液于小试管中,加 2 滴 2 mol·L^{-1} HAc 溶液酸化,再加 3 滴 $(NH_4)_2[Hg(SCN)_4]$ 溶液,用玻璃棒摩擦试管壁,生成白色沉淀,表示有 Zn^{2+} 存在。

(14) Cd^{2+} 的鉴定:加 3 滴 0.2 mol·L^{-1} $Cd(NO_3)_2$ 溶液于小试管中,加 2 滴0.5 mol·L^{-1} Na_2S 溶液,生成亮黄色沉淀,表示有 Cd^{2+} 存在。

(15) Hg^{2+} 的鉴定:加 2 滴 0.2 mol·L^{-1} $HgCl_2$ 溶液于小试管中,逐滴加入 0.5 mol·L^{-1} $SnCl_2$ 溶液,边加边振荡,观察沉淀颜色变化过程,最后变为灰色,表示有 Hg^{2+} 存在(该反应可用于 Hg^{2+} 或 Sn^{2+} 的定性鉴定)。

2. 部分混合离子(由相应的硝酸盐溶液配制)的分离和鉴定

取 Ag^+ 试液 2 滴和 Cd^{2+}、Al^{3+}、Ba^{2+}、Na^+ 试液各 5 滴,加到离心试管中,混合均匀后,进行分离和鉴定。

(1) Ag^+ 的分离和鉴定:在混合试液中加 1 滴 6 mol·L^{-1} HCl 溶液,剧烈搅拌,在沉淀生成时再滴加 1 滴 6 mol·L^{-1} HCl 溶液至沉淀完全,搅拌片刻,离心分离,把清液转移到另一支离心试管中,按步骤 2(2)处理。用 1 滴 6 mol·L^{-1} HCl 溶液和 10 滴蒸馏水洗涤沉淀,离心分离,洗涤液并入上面的清液中。在沉淀上加入 3 滴 6 mol·L^{-1} NH_3·H_2O,搅拌,使其溶解,在所得清液中加 2 滴 6 mol·L^{-1} HNO_3 溶液酸化,有白色沉淀析出,表示有 Ag^+ 存在。

(2) Al^{3+} 的分离和鉴定:在步骤 2(1)的清液中滴加 6 mol·L^{-1} NH_3·H_2O 至显碱性,搅拌片刻,离心分离,把清液转移到另一支离心试管中,按步骤 2(3)处理。沉淀中加入 2 mol·L^{-1} HAc 溶液和 2 mol·L^{-1} NaAc 溶液各 2 滴,再加入 2 滴铝试剂,搅拌后微热,产生红色沉淀,表示有 Al^{3+} 存在。

(3) Ba^{2+} 的分离和鉴定:在步骤 2(2)的清液中滴加 6 mol·L^{-1} H_2SO_4 溶液至产生白色沉淀,再过量 2 滴,搅拌片刻,离心分离,把清液转移到另一支试管中,按步骤 2(4)处理。沉淀用 10 滴热蒸馏水洗涤,离心分离,将清液并入上面的清液中。在沉淀中加入 4 滴饱和 Na_2CO_3 溶液,搅拌片刻,再加入 2 mol·L^{-1} HAc 溶液和 2 mol·L^{-1} NaAc 溶液各 3 滴,搅拌片刻,然后加 2 滴 1 mol·L^{-1} K_2CrO_4 溶液,产生黄色沉淀,表示有 Ba^{2+} 存在。

(4) Cd^{2+}、Na^+ 的分离和鉴定:取少量步骤 2(3)的清液于一支试管中,加入 3 滴 0.5 mol·L^{-1} Na_2S 溶液,产生亮黄色沉淀,表示有 Cd^{2+} 存在。另取少量步骤 3(3)的清液于另一支试管中,加入几滴饱和酒石酸锑钾溶液,产生白色结晶状沉淀,表示有 Na^+ 存在。

五、思考题

(1) 溶解 $CaCO_3$、$BaCO_3$ 沉淀时,为什么用 HAc 溶液而不用 HCl 溶液?

(2) 用 $K_4[Fe(CN)_6]$ 检出 Cu^{2+} 时,为什么要用 HAc 溶液酸化溶液?

(3) 在未知溶液分析中,当由碳酸盐制取铬酸盐沉淀时,为什么必须用 HAc 溶液溶解碳酸盐沉淀,而不用强酸(如盐酸)溶解?

实验七 由废锌皮制备纯硫酸锌

一、实验目的

通过实验,掌握制备硫酸锌的基本方法和有关离子的鉴定方法。

二、实验提示

$ZnSO_4 \cdot 7H_2O$ 是无机化学实验室常用的试剂之一,也是一种很重要的锌盐,在工业上常作为制备其他锌化合物的原料。硫酸锌可用锌粒和硫酸反应制取,为了节约原料,进行废物利用,可用废电池的锌皮代替锌粒。

废锌皮中主要杂质为铁、铜及痕量的其他元素,设计实验时要考虑整个过程中不引进新的杂质。实验中应注意以下几个方面:

(1) 用硫酸溶解废锌皮后,铜与铁各以什么状态存在于硫酸锌溶液中?

(2) 一般用沉淀方法除去铜、铁等杂质离子。如可先加锌粉除 Cu^{2+},再加氧化剂将 Fe^{2+} 氧化成 Fe^{3+},并调节 pH 为 $3\sim4$(不能用 NaOH,因为会引进 Na^+)除去 Fe^{3+}。此外,还可考虑用其他的试剂除铜、铁离子。

(3) 为了得到较好的硫酸锌晶体,应选择合适的冷却方法。

(4) 第一次抽滤后的母液中,仍含有相当量的硫酸锌,应考虑进一步回收。

硫酸锌在水中的溶解度(饱和溶液质量分数)见表 7-1。

表 7-1 硫酸锌在水中的溶解度

温度/K	$w(ZnSO_4)/(\%)$	温度/K	$w(ZnSO_4)/(\%)$	温度/K	$w(ZnSO_4)/(\%)$
273	29.4	305	39.9	353	46.2
283	32.0	312	41.2	373	44.0
288	33.4	323	43.1		
295	36.6	343	47.1		

$ZnSO_4 \cdot 7H_2O$ 为无色菱形晶体,相对密度为 1.96,在干燥空气中逐渐风化。在 312 K 时,脱去一个结晶水变成 $ZnSO_4 \cdot 6H_2O$;在 $523\sim533$ K 进一步脱水;在灼热至亮红色时,则分解为 ZnO 和 SO_2。$ZnSO_4 \cdot 7H_2O$ 易溶于水,不溶于乙醇。

三、实验内容与要求

(1) 设计由锌皮废料制取纯硫酸锌的合理方案。

(2) 选择合适的反应条件。

(3) 产品纯度要求:取少量产品溶于水,用 KSCN 溶液检验无 Fe^{3+};通入 H_2S 或

加 Na_2S 溶液检验无 Cu^{2+}。

（4）制得硫酸锌晶体干燥后称重,计算产率。

四、注意事项

若用旧电池上的锌皮,其含铁、铜杂质极少,故酸溶后需先检验铁、铜离子,再确定是否需除铁、铜。

五、需查阅的参考文献

（1）北京师范大学等. 无机化学（下册）[M]. 2 版. 北京:高等教育出版社,1986,832.

（2）陈寿春. 重要无机化学反应[M]. 2 版. 上海:上海科学技术出版社,1981,278.

实验八　用亚铁盐制备无机颜料(铁黄)

一、实验目的

（1）了解用亚铁盐制备铁黄的原理和方法。

（2）熟练掌握恒温水浴加热、溶液 pH 的调节、沉淀的洗涤、结晶的干燥和减压过滤等基本操作。

二、实验原理

本实验制取铁黄是采用湿法亚铁盐氧化法。除空气参加氧化外,用氯酸钾($KClO_3$)作为主要的氧化剂可以大大加速反应的进程。制备过程如下。

1. 晶种的形成

铁黄是晶体结构,要得到它的结晶,必须先形成晶核,晶核长大成为晶种。晶种生成过程的条件决定着铁黄的颜色和质量,所以制备晶种是关键的一步。形成铁黄晶种的过程大致分为两步。

（1）生成氢氧化亚铁胶体。在一定温度下,向硫酸亚铁铵(或硫酸亚铁)溶液中加入碱液(主要是氢氧化钠,用氨水也可),立刻有胶状氢氧化亚铁生成,反应如下:

$$FeSO_4 + 2NaOH \longrightarrow Fe(OH)_2 \downarrow + Na_2SO_4$$

因为氢氧化亚铁溶解度非常小,晶核生成的速度相当迅速。为使晶种粒子细小而均匀,反应要在充分搅拌下进行,溶液中要留有硫酸亚铁晶体。

（2）形成 $FeO(OH)$ 晶核。要生成铁黄晶种,需将氢氧化亚铁进一步氧化,反应如下:

$$4Fe(OH)_2 + O_2 \longrightarrow 4FeO(OH) \downarrow + 2H_2O$$

因为氢氧化亚铁(Ⅱ)氧化成铁(Ⅲ)是一个复杂的过程,所以反应温度和 pH 必须严格控制在规定范围内。此步将温度控制在 20~25 ℃,溶液 pH 保持在 4~4.5。如果溶液接近中性或略偏碱性,可得到由棕黄到棕黑,甚至黑色的一系列过渡色。pH>9 时,则形成红棕色的铁红晶种。若 pH>10,则又产生一系列过渡色相的铁氧化物,失去作为晶种的作用。

2. 铁黄的制备(氧化阶段)

氧化阶段的氧化剂主要为 $KClO_3$。另外,空气中的氧也参加氧化反应。氧化时必须升温,温度保持在 80~85 ℃,控制溶液的 pH 为 4~4.5。氧化过程的化学反应如下:

$$4FeSO_4 + O_2 + 6H_2O \longrightarrow 4FeO(OH)\downarrow + 4H_2SO_4$$

$$6FeSO_4 + KClO_3 + 9H_2O \longrightarrow 6FeO(OH)\downarrow + 6H_2SO_4 + KCl$$

氧化反应过程中,沉淀的颜色由灰绿→墨绿→红棕→淡黄(或赭黄)。

三、仪器、药品及材料

(1) 仪器:恒温水浴槽,台秤,蒸发皿,水泵,烧杯,抽滤瓶,布氏漏斗,安全瓶等。

(2) 药品:

① 碱:NaOH 溶液(2 mol·L^{-1})。

② 盐:硫酸亚铁铵(s),氯酸钾(s),$BaCl_2$ 溶液(0.1 mol·L^{-1})。

(3) 材料:广范 pH 试纸,精密 pH 试纸。

四、实验内容及步骤

称取 10.0 g $(NH_4)_2Fe(SO_4)_2 \cdot 6H_2O$,放在 100 mL 烧杯中,加水 13 mL,在恒温水浴中加热至 20~25 ℃,搅拌溶解(有部分晶体不溶)。检验此时溶液的 pH,慢慢滴加 2 mol·L^{-1} NaOH 溶液,边加边搅拌,至溶液 pH 为 4~4.5,停止加碱。观察反应过程中沉淀颜色的变化。

取 0.3 g $KClO_3$,倒入上述溶液中,搅拌后检验溶液的 pH。将恒温水浴温度升到 80~85 ℃进行氧化反应。不断滴加 2 mol·L^{-1} NaOH 溶液,随着氧化反应的进行,溶液的 pH 不断降低,至 pH 为 4~4.5 时停止加碱。整个氧化反应约需加 10 mL 2 mol·L^{-1} NaOH 溶液。接近此碱液体积时,每加 1 滴碱液后即检查溶液的 pH。因可溶盐难以洗净,故对最后生成的淡黄色颜料要用 60 ℃左右的蒸馏水倾泻法洗涤,至溶液中基本上无 SO_4^{2-} 为止(以蒸馏水做空白实验)。减压过滤得黄色颜料滤饼,弃去母液,将黄色颜料滤饼转入蒸发皿中,在水浴加热下进行烘干,称其质量,并计算产率。

五、思考题

(1) 铁黄制备过程中,随着氧化反应的进行,为何虽然不断滴加碱液,溶液的 pH

还是逐渐降低？

（2）在洗涤黄色颜料过程中如何检验溶液中基本无 SO_4^{2-}？目测达到什么程度算合格？

（3）如何从铁黄制备铁红、铁绿、铁棕和铁黑？

实验九　混合阳离子的分离鉴定

一、实验目的

（1）学会设计混合阳离子分离鉴定的方案。

（2）掌握阳离子分离鉴定的方法。

二、仪器与药品

（1）仪器：电加热套，离心机，离心试管，烧杯，pH 试纸，红色石蕊试纸。

（2）药品：

① 酸：H_2SO_4 溶液（2 mol·L^{-1}），HNO_3 溶液（6 mol·L^{-1}），H_2O_2 溶液（3%），HAc 溶液（2 mol·L^{-1}）。

② 碱：NaOH 溶液（2 mol·L^{-1}、6 mol·L^{-1}），NH_3·H_2O（2 mol·L^{-1}、6 mol·L^{-1}）。

③ 盐：$Pb(NO_3)_2$ 溶液（0.1 mol·L^{-1}），KSCN 溶液（0.1 mol·L^{-1}），$NaBiO_3$(s)。

④ 其他：混合液①（可能含有 Al^{3+}、Mn^{2+}、Fe^{3+}、Ni^{2+}），混合液②（可能含有 Cr^{3+}、NH_4^+、Mn^{2+}、Ba^{2+}），二乙酰二肟（1%乙醇溶液），铝试剂。

三、实验内容

（1）混合液①，可能含有 Al^{3+}、Mn^{2+}、Fe^{3+}、Ni^{2+}，自己设计分离和鉴定各离子的方案（用分离鉴定图表示），并用实验验证。写出有关反应方程式。

（2）混合液②，可能含有 Cr^{3+}、NH_4^+、Mn^{2+}、Ba^{2+}，自己设计分离和鉴定各离子的方案（用分离鉴定图表示），并用实验验证。写出有关反应方程式。

四、思考题

（1）怎样分离和鉴定混合离子 Al^{3+}、Mn^{2+}、Fe^{3+}、Ni^{2+}？试写出其分离鉴定图。

（2）怎样分离和鉴定混合离子 Cr^{3+}、NH_4^+、Mn^{2+}、Ba^{2+}？试写出其分离鉴定图。

实验十　粗食盐的提纯

一、实验目的

(1) 掌握提纯粗食盐($NaCl$)的原理和方法。
(2) 学习溶解、沉淀、常压过滤、减压过滤、蒸发浓缩、结晶和烘干等基本操作。
(3) 学习台秤的使用。
(4) 学习并掌握 Ca^{2+}、Mg^{2+}、SO_4^{2-} 等离子的定性鉴定方法。

二、实验原理

作为化学试剂或医药用的 $NaCl$ 都是以粗食盐为原料提纯的，粗食盐中含有 Ca^{2+}、Mg^{2+}、K^+ 和 SO_4^{2-} 等可溶性杂质和泥沙等不溶性杂质。选择适当的试剂可使 Ca^{2+}、Mg^{2+}、SO_4^{2-} 等离子生成难溶盐沉淀而除去，一般先在食盐溶液中加 $BaCl_2$ 溶液，除去 SO_4^{2-} 离子：

$$Ba^{2+} + SO_4^{2-} =\!=\!= BaSO_4 \downarrow$$

然后在溶液中加 Na_2CO_3 溶液，除 Ca^{2+}、Mg^{2+} 和过量的 Ba^{2+}：

$$Ca^{2+} + CO_3^{2-} =\!=\!= CaCO_3 \downarrow$$
$$Ba^{2+} + CO_3^{2-} =\!=\!= BaCO_3 \downarrow$$
$$2Mg^{2+} + 2OH^- + CO_3^{2-} =\!=\!= Mg_2(OH)_2CO_3 \downarrow$$

过量的 Na_2CO_3 用 HCl 中和，粗食盐中的 K^+ 仍留在溶液中。由于 KCl 的溶解度比 NaCl 的大，而且粗食盐中含量少，因此在蒸发和浓缩食盐溶液时，NaCl 先结晶出来，而 KCl 仍留在溶液中。

三、仪器、药品及材料

(1) 仪器：电磁加热搅拌器，电热套，循环水泵，抽滤瓶，布氏漏斗，普通漏斗，烧杯，蒸发皿，酒精灯，台秤，石棉网，试管，胶头滴管，量筒，玻璃棒，表面皿，三脚架，漏斗架。

(2) 药品：

① 酸：H_2SO_4 溶液($3\ mol \cdot L^{-1}$)，HCl 溶液($6\ mol \cdot L^{-1}$)，HAc 溶液($2\ mol \cdot L^{-1}$)。

② 碱：NaOH 溶液($6\ mol \cdot L^{-1}$)。

③ 盐：NaCl(粗)，Na_2CO_3 溶液(饱和)，$(NH_4)_2C_2O_4$ 溶液(饱和)，$BaCl_2$ 溶液($1\ mol \cdot L^{-1}$、$0.2\ mol \cdot L^{-1}$)。

④ 有机物：镁试剂(对硝基偶氮间苯二酚)，$2:1$ 乙醇水溶液。

(3) 材料：滤纸，pH 试纸。

四、实验内容及步骤

1. 粗食盐的提纯

1) 粗食盐溶解

称取 15 g 粗食盐于 100 mL 烧杯中,加入 50 mL 水,用电磁加热搅拌器(或酒精灯)加热搅拌使其溶解。

2) 除去 SO_4^{2-}

加热溶液至沸,边搅拌边滴加 1 mol·L^{-1} BaCl$_2$ 溶液 3~4 mL,继续加热 5 min,使沉淀颗粒长大易于沉降。

3) 检查 SO_4^{2-} 是否除尽

将电磁加热搅拌器(或酒精灯)移开,待沉降后取少量上清液,加几滴 6 mol·L^{-1} HCl 溶液,再加几滴 1 mol·L^{-1} BaCl$_2$ 溶液,如有混浊现象,表示 SO_4^{2-} 尚未除尽,需再加 BaCl$_2$ 溶液直至除尽 SO_4^{2-}。

4) 除去 Ca^{2+}、Mg^{2+} 和过量的 Ba^{2+}

将上面溶液加热至沸,边搅拌边滴加饱和 Na$_2$CO$_3$ 溶液,至滴入饱和 Na$_2$CO$_3$ 溶液不生成沉淀为止,再多加 0.5 mL 饱和 Na$_2$CO$_3$ 溶液,静置。

5) 检查 Ba^{2+} 是否除尽

用滴管取上清液放在试管中,再加几滴 3 mol·L^{-1} H$_2$SO$_4$ 溶液,如有混浊现象,则表示 Ba^{2+} 未除尽,继续加饱和 Na$_2$CO$_3$ 溶液,直至除尽为止。常压过滤,弃去沉淀。

6) 用 HCl 调整酸度除去 CO_3^{2-}

往溶液中滴加 6 mol·L^{-1} HCl 溶液,同时加热搅拌,滴加至溶液呈微酸性(pH = 3~4)。

7) 浓缩与结晶

在蒸发皿中把溶液浓缩至原体积的 1/3,冷却结晶,抽吸过滤,用少量的 2∶1 乙醇水溶液洗涤晶体,抽滤至布氏漏斗下端无水滴。然后转移到蒸发皿中小火烘干(除去何物?),冷却产品,干燥后称重,待检验。

2. 产品纯度的检验

取粗食盐和提纯后的产品(NaCl)各 0.5 g,分别溶于约 5 mL 蒸馏水中,然后用下列方法对离子进行定性检验,并比较二者的纯度。

1) SO_4^{2-} 的检验

在 2 支试管中分别加入上述粗、纯 NaCl 溶液约 1 mL,分别加入 2 滴 6 mol·L^{-1} HCl 溶液和 3~4 滴 0.2 mol·L^{-1} BaCl$_2$ 溶液,观察其现象。

2) Ca^{2+} 的检验

在 2 支试管中分别加入粗、纯 NaCl 溶液约 1 mL,加 2 mol·L^{-1} HAc 溶液使其呈酸性,再分别加入 3~4 滴饱和 (NH$_4$)$_2$C$_2$O$_4$ 溶液,观察现象。

3）Mg^{2+} 的检验

在 2 支试管中分别加入粗、纯 NaCl 溶液约 1 mL，先各加入 4～5 滴 6 mol·L^{-1} NaOH 溶液，摇匀，再分别加 3～4 滴镁试剂，溶液有蓝色絮状沉淀时，表示有 Mg^{2+} 存在。反之，若溶液仍为紫色，表示无 Mg^{2+} 存在。

五、实验结果

（1）产品外观：①粗盐：＿＿＿＿＿＿；②精盐：＿＿＿＿＿＿。

（2）产品纯度检验：见表 7-2。

表 7-2　实验现象记录及结论

检验项目	检验方法	被检溶液	实验现象	结　论
SO_4^{2-}	加入 6 mol·L^{-1} HCl 溶液、0.2 mol·L^{-1} $BaCl_2$ 溶液	1 mL 粗 NaCl 溶液		
		1 mL 纯 NaCl 溶液		
Ca^{2+}	饱和（NH_4）$_2$$C_2$$O_4$ 溶液	1 mL 粗 NaCl 溶液		
		1 mL 纯 NaCl 溶液		
Mg^{2+}	6 mol·L^{-1} NaOH 溶液、镁试剂	1 mL 粗 NaCl 溶液		
		1 mL 纯 NaCl 溶液		

（3）产品质量：①粗盐：＿＿＿＿＿＿ g；②精盐：＿＿＿＿＿＿ g，回收率＿＿＿＿＿＿。

六、思考题

（1）在除去 Ca^{2+}、Mg^{2+}、SO_4^{2-} 时为何先加 $BaCl_2$ 溶液，然后加 Na_2CO_3 溶液？

（2）能否用 $CaCl_2$ 代替毒性大的 $BaCl_2$ 来除去食盐中的 SO_4^{2-}？

（3）在除 Ca^{2+}、Mg^{2+}、SO_4^{2-} 等杂质离子时，能否用其他可溶性碳酸盐代替 Na_2CO_3？

（4）在提纯粗食盐过程中，K^+ 将在哪一步操作中除去？

（5）加 HCl 除去 CO_3^{2-} 时，为什么要把溶液的 pH 调至 3～4？调至恰好为中性如何？（提示：从溶液中 H_2CO_3、HCO_3^- 和 CO_3^{2-} 浓度的比值与 pH 的关系去考虑。）

（6）加入 30 mL 水溶解 8 g 食盐的依据是什么？加水过多或过少有什么影响？

（7）怎样除去实验过程中所加的过量沉淀剂 $BaCl_2$、NaOH 和 Na_2CO_3？

（8）提纯后的食盐溶液浓缩时为什么不能蒸干？

（9）在粗食盐的提纯中，1）2）两步能否合并过滤？

实验十一 硝酸钾的制备和提纯

一、实验目的

(1) 学习利用各种易溶盐在不同温度时溶解度的差异来制备易溶盐的原理和方法。

(2) 了解结晶和重结晶的一般原理和方法。

(3) 掌握固体溶解、加热、蒸发的基本操作。

(4) 掌握过滤(包括常压过滤、减压过滤和热过滤)的基本操作。

二、实验原理

用 $NaNO_3$ 和 KCl 制备 KNO_3,其反应式如下:

$$NaNO_3 + KCl \Longrightarrow NaCl + KNO_3$$

当 $NaNO_3$ 和 KCl 溶液混合时,在混合液中同时存在 Na^+、K^+、Cl^-、NO_3^-,由这 4 种离子组成的 4 种盐 KNO_3、KCl、$NaNO_3$、NaCl 同时存在于溶液中。本实验简单地利用 4 种盐在不同温度下水中的溶解度(表 7-3)差异来分离出 KNO_3 结晶。在 20 ℃时除 $NaNO_3$ 外,其余 3 种盐的溶解度相差不大;随着温度的升高,NaCl 几乎不变,$NaNO_3$ 和 KCl 改变也不大,而 KNO_3 的溶解度增大得很快。这样把 $NaNO_3$ 和 KCl 混合溶液加热蒸发,在较高温度下 NaCl 由于溶解度较小而首先析出,趁热滤去,冷却滤液,就析出溶解度急剧下降的 KNO_3 晶体。在初次结晶中,一般混有少量杂质,为了进一步除去这些杂质,可采用重结晶进行提纯。

表 7-3 4 种盐在不同温度下水中的溶解度 [单位:$g \cdot (100\ g)^{-1}$]

盐	0 ℃时	20 ℃时	40 ℃时	70 ℃时	100 ℃时
KNO_3	13.3	31.6	63.9	138.0	246
KCl	27.6	34.0	40.0	48.3	56.7
$NaNO_3$	73.0	88.0	104.0	136.0	180.0
NaCl	35.7	36.0	36.6	37.8	39.8

三、仪器与药品

(1) 仪器:循环水泵,抽滤装置,烧杯(100 mL),试管,台秤,电炉。

(2) 药品(盐):$NaNO_3$(s),KCl(s),KNO_3(AR)溶液(饱和),$AgNO_3$ 溶液(0.1 mol · L^{-1})。

四、实验内容及步骤

1. KNO_3 的制备

在 100 mL 烧杯中加入 11.3 g $NaNO_3$ 和 10 g KCl,再加入 20 mL 蒸馏水。将烧杯放在石棉网上,用小火加热搅拌促其溶解,冷却后,常压过滤除去难溶物(若溶液澄清,可不用过滤),再将滤液继续加热至烧杯内开始有较多的晶体析出(什么晶体?)。此时,趁热快速抽滤,滤液中又很快出现晶体(这又是什么晶体?)。

另取沸水 10 mL 加入抽滤瓶,使结晶重新溶解,并将溶液转移至烧杯中缓缓加热,蒸发至原体积的 3/4。静置,冷却(可用冷水浴冷却)。待结晶重新析出再进行抽滤。用饱和 KNO_3 溶液洗两遍,将晶体抽干,称量,计算实际产率。

粗结晶保留少许(约 0.2 g)供纯度检验,其余进行下面的重结晶。

2. KNO_3 的提纯

按 KNO_3 与 H_2O 质量比为 1.5:1(该比例根据实验时的温度参照 KNO_3 的溶解度适当调整)将粗产品溶于所需蒸馏水中。加热并搅拌,使溶液刚刚沸腾即停止加热(此时,若晶体尚未完全溶解,可以加适量水,使其刚好完全溶解)。自然冷却到室温,以观察针状晶体的外形,抽滤,取饱和 KNO_3 溶液,用滴管逐滴加于晶体的各部分洗涤,尽量抽去水,称量。

3. 产品纯度的检验

取粗产品和重结晶后所得 KNO_3 晶体各 0.2 g,分别置于 2 支试管中,各加 1 mL 蒸馏水配成溶液,然后各滴加 2 滴 0.1 $mol \cdot L^{-1}$ $AgNO_3$ 溶液,观察现象并作出结论。

五、现象记录及结论

(1) 产品外观:①粗产品_____;②精品_____。

(2) 产品纯度检验按表 7-4 进行。

表 7-4　产品纯度检验

检验项目	检验方法	被检溶液	实验现象	结论
Cl^-	加入 2 滴 0.1 mol/L $AgNO_3$ 溶液	粗产品 KNO_3		
	加入 2 滴 0.1 mol/L $AgNO_3$ 溶液	重结晶 KNO_3		

六、思考题

(1) 能否将除去氯化钠后的滤液直接冷却制取硝酸钾?

(2) 产品的主要杂质是什么?

(3) 考虑在母液中留有硝酸钾,粗略计算本实验实际得到的最高产量。

第八章 综合性和设计性实验

实验一 硫酸亚铁铵的制备及纯度分析

一、实验目的

(1) 了解复盐的定义、特性与应用。
(2) 掌握水浴加热、过滤、蒸发、结晶等基本操作。
(3) 掌握复盐硫酸亚铁铵的制备原理与方法。
(4) 了解检验硫酸亚铁铵纯度的方法。

二、实验原理

复盐是指由两种或两种以上的简单盐组成的同晶型化合物。复盐在水中的溶解度比其组成的每一种简单盐的溶解度都要小。硫酸亚铁铵$[(NH_4)_2Fe(SO_4)_2 \cdot 6H_2O]$是一种复盐,商品名为莫尔盐,是一种浅蓝绿色单斜晶体,能溶于水,难溶于乙醇;在空气中不易被氧化,比一般亚铁盐稳定;制备工艺简单,容易得到较纯净的晶体,在化学定量分析中应用广泛。

$(NH_4)_2Fe(SO_4)_2 \cdot 6H_2O$ 的制备原理是利用其在水中的溶解度比组成它的每一种简单盐$[FeSO_4$和$(NH_4)_2SO_4]$的溶解度都要小(见表 8-1),对 $FeSO_4$ 和 $(NH_4)_2SO_4$ 的混合溶液进行蒸发、浓缩、结晶而制得。

$$FeSO_4 + (NH_4)_2SO_4 + 6H_2O \xrightarrow{\text{结晶}} (NH_4)_2Fe(SO_4)_2 \cdot 6H_2O$$

表 8-1 三种盐在水中的溶解度 [单位:$g \cdot (100\ g)^{-1}$]

温度/℃	$(NH_4)_2SO_4$	$FeSO_4 \cdot 7H_2O$	$(NH_4)_2Fe(SO_4)_2 \cdot 6H_2O$
10	73.0	37.0	17.2
20	75.4	48.0	36.5
30	78.0	60.0	45.0
40	81.0	73.3	53.0

三、仪器、药品及材料

(1) 仪器:分析天平,台秤,真空泵,烧杯,蒸发皿,抽滤瓶,布氏漏斗,普通漏斗,铁架台,移液管,滴定管,容量瓶,量筒,锥形瓶,酒精灯,石棉网,比色管,恒温水浴锅。

（2）药品：

① 酸：H_2SO_4 溶液（3 mol·L^{-1},浓），H_3PO_4（浓），HCl 溶液（3 mol·L^{-1}）。

② 盐：Na_2CO_3 溶液（1 mol·L^{-1}），$(NH_4)_2SO_4$（s），KSCN 溶液（25%），$NH_4Fe(SO_4)_2·12H_2O(s)$,$K_2Cr_2O_7(s)$。

③ 其他：二苯胺磺酸钠指示剂,铁屑,无水乙醇。

（3）材料：pH 试纸。

四、实验内容及步骤

1. 铁屑的净化

用台秤称取 2.0～4.0 g 铁屑于 250 mL 烧杯中,用量筒加入 20～40 mL 1 mol·$L^{-1}$$Na_2CO_3$溶液,用酒精灯小火加热煮沸约 10 min,以除去铁屑表面的油污。倾去烧杯中多余的碱液,用自来水冲洗后,再用蒸馏水把铁屑冲洗干净。

2. 硫酸亚铁的制备

往盛有洗净铁屑的烧杯中加入 15～30 mL 3 mol·L^{-1} H_2SO_4 溶液。在通风橱中水浴加热至不再有大量气泡放出（反应过程中要适当加入蒸馏水以补充挥发掉的水）,趁热过滤,用少量水洗涤烧杯和残渣,并将烧杯内的残渣转移到滤纸上。将滤液转移至洁净的蒸发皿中,收集留在滤纸上的残渣,用滤纸片吸干后称重,由已反应的铁屑质量计算溶液中生成的 $FeSO_4$ 的量。

3. 硫酸亚铁铵的制备

根据溶液中 $FeSO_4$ 的量,按物质的量 1:1 计算并称取所需$(NH_4)_2SO_4$固体,加入上述制得的 $FeSO_4$ 溶液中。在水浴中加热,搅拌使$(NH_4)_2SO_4$全部溶解,并用 3 mol·L^{-1} H_2SO_4 溶液调节体系 pH 至 1～2,继续加热蒸发、浓缩至表面出现一层晶膜为止。取下蒸发皿静置,使之缓慢冷却至室温,使$(NH_4)_2Fe(SO_4)_2·6H_2O$ 结晶析出。用布氏漏斗抽滤除去母液,并用少量无水乙醇洗涤晶体,抽干。将晶体移至洁净的滤纸上,晾干后观察产品颜色,称量,计算产率。

4. 产品纯度的分析

1）硫酸亚铁含量的测定

（1）$K_2Cr_2O_7$ 标准溶液的配制:在分析天平上称取约 0.8 g（准确至 0.000 1 g）$K_2Cr_2O_7$,放入 100 mL 烧杯中,加适量蒸馏水溶解后转移至 250 mL 容量瓶中,用水稀释至刻线,并计算 $K_2Cr_2O_7$ 的准确浓度。

（2）硫酸亚铁铵含量的测定:在分析天平上称取约 0.5 g（准确至 0.000 1 g）所制得的硫酸亚铁铵产品,放入 250 mL 锥形瓶中,加入 50 mL 除氧的蒸馏水及 15 mL 3 mol·L^{-1} H_2SO_4 溶液,振荡使其溶解,加入 4 mL 浓 H_3PO_4,再滴加 4～6 滴二苯胺磺酸钠指示剂,用 $K_2Cr_2O_7$ 标准溶液滴定至溶液由深绿色变为紫色（30 s 内不退色）

即为终点。根据 $K_2Cr_2O_7$ 标准溶液的浓度(mol·L^{-1})和用量(mL),按下式计算硫酸亚铁铵的含量。重复上述过程 1~2 次,计算硫酸亚铁铵含量的平均值。

$$w = \frac{6c(K_2Cr_2O_7) \times V(K_2Cr_2O_7) \times M \times 10^{-3}}{m} \times 100\%$$

式中:w 为产品中$(NH_4)_2Fe(SO_4)_2 \cdot 6H_2O$ 的质量分数;M 为$(NH_4)_2Fe(SO_4)_2 \cdot 6H_2O$ 的摩尔质量(g·mol^{-1});m 为准确称取的产品质量(g)。

2) 产品级别的确定

(1) Fe^{3+} 标准溶液的配制:称取 0.863 4 g $NH_4Fe(SO_4)_2 \cdot 12H_2O$,溶于少量蒸馏水中,加 2.5 mL 浓 H_2SO_4,移入 1 000 mL 容量瓶中,用水稀释至刻度。此溶液含 Fe^{3+} 量为 0.100 0 g·L^{-1}。

(2) 标准色阶的配制:取 0.50 mL Fe^{3+} 标准溶液于 25 mL 比色管中,加 2 mL 3 mol·L^{-1} HCl 溶液和 1 mL 25% KSCN 溶液,用蒸馏水稀释至刻线,配制成相当于 Ⅰ级试剂的标准液(含 Fe^{3+} 量为 0.05 g·L^{-1})。同样,分别取 1.00 mL 和 2.00 mL Fe^{3+} 标准溶液,配制成相当于 Ⅱ级和Ⅲ级试剂的标准液(含 Fe^{3+} 量分别为 0.10 g·L^{-1}、0.20 g·L^{-1})。

(3) 产品级别的确定:称取 1.0 g 产品于 25 mL 比色管中,用 15 mL 除氧的蒸馏水溶解,再加入 2 mL 3 mol·L^{-1} HCl 溶液和 1 mL 25% KSCN 溶液,用蒸馏水稀释至刻线。与标准色阶进行目视比色,确定产品级别。

五、思考题

(1) 铁屑中加入 H_2SO_4 溶液后水浴加热至不再有气泡放出时,为什么要趁热过滤?

(2) 在 $FeSO_4$ 溶液中加入$(NH_4)_2SO_4$ 全部溶解后,为什么要调节体系 pH 为 1~2?

(3) 为什么蒸发浓缩至表面出现一层晶膜为止?能否浓缩至干?

(4) 用无水乙醇洗涤硫酸亚铁铵晶体后,发现滤液中有少量晶体析出,为什么?

六、需查阅的参考文献

(1) 南京大学《无机及分析化学实验》编写组. 无机及分析化学实验[M]. 4 版. 北京:高等教育出版社,2006.

(2) 大连理工大学无机化学教研室. 无机化学实验[M]. 2 版. 北京:高等教育出版社,2004.

(3) 北京师范大学无机化学教研室等. 无机化学实验[M]. 3 版. 北京:高等教育出版社,2001.

实验二　常见阴离子未知液的定性分析

一、实验目的

（1）熟悉常见阴离子的个别鉴定方法。
（2）初步了解混合阴离子的鉴定方案，检出未知液中的阴离子。
（3）培养综合应用基础知识的能力。

二、实验原理

1. 阴离子的初步检验

常见的阴离子有 CO_3^{2-}、SO_3^{2-}、SO_4^{2-}、PO_4^{3-}、$S_2O_3^{2-}$、Cl^-、Br^-、I^-、S^{2-}、NO_2^-、NO_3^- 共 11 种，这些阴离子的初步检验主要分为以下六个方面。

1）测定 pH

用 pH 试纸检验试液的酸碱性，如果 pH$<$2，则不稳定的 $S_2O_3^{2-}$ 不可能存在，如果此时试液无臭味，则 S^{2-}、SO_3^{2-} 和 NO_2^- 也不存在。

2）与稀硫酸作用

在试液中加入稀硫酸并加热，若有气泡产生，表示可能含有 CO_3^{2-}、SO_3^{2-}、$S_2O_3^{2-}$、S^{2-} 和 NO_2^-。

3）还原性阴离子的检验

S^{2-}、SO_3^{2-}、$S_2O_3^{2-}$ 等强还原性阴离子能被碘氧化，因此根据加入碘-淀粉溶液后溶液是否退色，可判断这几种阴离子是否存在。若使用强氧化剂 $KMnO_4$ 溶液，则 I^-、Br^-、NO_2^- 等强还原性阴离子也会被氧化，因此，在酸化的试液中加一滴 $KMnO_4$ 稀溶液，若红色退去，则说明上述阴离子都不存在。

4）氧化性阴离子的检验

在酸化的试液中加入 KI 溶液和 CCl_4，振荡试管，若 CCl_4 层显紫色，表示 NO_2^- 可能存在。

5）与 $BaCl_2$ 溶液的作用

在中性或碱性试液中滴加 $BaCl_2$ 溶液，若生成白色沉淀，表示可能存在 SO_4^{2-}、CO_3^{2-}、SO_3^{2-}、PO_4^{3-}、$S_2O_3^{2-}$（当浓度大于 4.5 g·L^{-1} 时），若没有沉淀生成，则 SO_4^{2-}、CO_3^{2-}、SO_3^{2-}、PO_4^{3-} 不存在，而 $S_2O_3^{2-}$ 不能确定。

6）与 $AgNO_3$、HNO_3 的作用

试液中加入 $AgNO_3$ 溶液，有沉淀生成，然后用稀硝酸酸化，若仍有沉淀，表示可能有 Cl^-、Br^-、I^-、S^{2-}、$S_2O_3^{2-}$。若无沉淀生成，表明以上离子都不存在。

由沉淀颜色还可以初步判断含有哪些离子：沉淀若呈白色，表示有 Cl^-；淡黄色表示有 Br^-、I^-；黑色表示有 S^{2-}（应注意的是黑色可能掩盖其他沉淀的颜色）；若沉淀由白色变为黄色、橙色、褐色，最后呈现黑色，则可能有 $S_2O_3^{2-}$。

经过以上初步检验后,就可以判断哪些阴离子可能存在,然后对可能存在的阴离子进行个别鉴定。

2. 阴离子的个别鉴定

1) S^{2-} 的检出

当 S^{2-} 含量多时,可以将试液酸化,然后用 $Pb(Ac)_2$ 试纸检查 H_2S。当 S^{2-} 含量少时,可以在碱性溶液中加入 $Na_2[Fe(CN)_5NO]$ 检验。当存在 S^{2-} 时,形成 $Na_2[Fe(CN)_5NOS]$,溶液变为紫色。

2) $S_2O_3^{2-}$ 的检出

S^{2-} 的存在会妨碍 SO_3^{2-} 和 $S_2O_3^{2-}$ 的检出,因此必须先把 S^{2-} 除去。可在溶液中加入 $CdCO_3$ 固体,利用沉淀的转化除去 S^{2-},即

$$S^{2-} + CdCO_3 \longrightarrow CdS + CO_3^{2-}$$

然后,在除去 S^{2-} 的溶液里加入 $AgNO_3$,生成沉淀,颜色迅速变为黄色、棕色,最后变为黑色,表示有 $S_2O_3^{2-}$。

3) SO_3^{2-} 的检出

在点滴板上滴入 2 滴饱和 $ZnSO_4$ 溶液,然后加入 1 滴 $K_4[Fe(CN)_6]$ 溶液和 1 滴 $Na_2[Fe(CN)_5NO]$ 溶液,并用氨水将溶液调至中性,再滴加已除去 S^{2-} 的试液,若出现红色沉淀,表示有 SO_3^{2-}。

4) SO_4^{2-} 的检出

溶液用 HCl 酸化,若有沉淀,离心分离,在所得清液里加入 $BaCl_2$ 溶液,生成白色沉淀,表示有 SO_4^{2-} 存在。

5) CO_3^{2-} 的检出

一般用 $Ba(OH)_2$ 检出 CO_3^{2-}。用此法时,SO_3^{2-}、$S_2O_3^{2-}$ 干扰检出,需预先加入数滴 H_2O_2 溶液将它们氧化为 SO_4^{2-},再检验 CO_3^{2-}。

6) PO_4^{3-} 的检出

一般用生成磷钼酸铵的反应来检出。但 SO_3^{2-}、$S_2O_3^{2-}$、S^{2-} 等还原性阴离子以及大量 Cl^- 都干扰检出。还原性阴离子将钼还原成"钼蓝"而破坏试剂,大量的 Cl^- 能降低反应的灵敏度。所以要先滴加浓 HNO_3,煮沸,以除去干扰。此外,磷钼酸铵能溶于磷酸盐,所以要加入过量的试剂。

7) Cl^-、Br^-、I^- 的检出

将 Cl^-、Br^-、I^- 沉淀为银盐后,离心分离,弃去上清液,在沉淀物中加入 $2\ mol \cdot L^{-1}\ NH_3 \cdot H_2O$。沉淀物中加入 $2\ mol \cdot L^{-1}$ 氨水处理沉淀,沉淀部分溶解,取上清液,再加入 $0.1\ mol \cdot L^{-1}\ AgNO_3$ 溶液,如有白色沉淀生成,证明有 Cl^-。将上清液与沉淀分离,沉淀用锌粉处理,所得清液中加入氯水和 CCl_4,并振荡,若开始时 CCl_4 层呈现橙黄色,表示有 Br^-;继续加入氯水及 CCl_4,并振荡,若 CCl_4 层呈现紫色,则表示有 I^-。

8) NO_2^- 的检出

在上述 11 种阴离子的范围内,只有 NO_2^- 能把 I^- 氧化成 I_2。可在酸性介质下加

KI 和 CCl_4，若 CCl_4 层呈紫色，表示有 NO_2^-。另一种鉴定 NO_2^- 的方法是通过加入对氨基苯磺酸和 α-萘胺，生成红色的偶氮染料。

9）NO_3^- 的检出

当试液中不存在 NO_2^- 时，可直接用二苯胺检出 NO_3^-。当试液含有 NO_2^- 时，因为 NO_2^- 与二苯胺也能发生相似的反应，所以必须先除去 NO_2^-。可加入尿素并加热，使 NO_2^- 分解而除去，即

$$2NO_2^- + CO(NH_2)_2 + 2H^+ = CO_2 + 2N_2 + 3H_2O$$

通过检查确定无 NO_2^- 后，再检出 NO_3^-。

也可用棕色环实验检验。

三、仪器、药品及材料

（1）仪器：离心机，试管，点滴板，酒精灯。

（2）药品：

① 酸：H_2SO_4 溶液（2 mol·L^{-1}、浓），HNO_3 溶液（2 mol·L^{-1}、浓），H_2O_2 溶液（3％），HCl 溶液（2 mol·L^{-1}、浓）。

② 碱：NaOH 溶液（2 mol·L^{-1}、6 mol·L^{-1}、浓），$Ba(OH)_2$ 溶液（饱和），$NH_3·H_2O$（2 mol·L^{-1}、6 mol·L^{-1}、浓）。

③ 盐：$KMnO_4$ 溶液（0.01 mol·L^{-1}），KI 溶液（0.1 mol·L^{-1}），$BaCl_2$ 溶液（0.5 mol·L^{-1}），$AgNO_3$ 溶液（0.1 mol·L^{-1}），$K_4[Fe(CN)_6]$ 溶液（0.1 mol·L^{-1}），$Na_2[Fe(CN)_5NO]$ 溶液（1％），$ZnSO_4$ 溶液（饱和），$CdCO_3$（s）。

④ 其他：$(NH_4)_2MoO_4$ 试剂，碘-淀粉溶液，Zn 粉，对氨基苯磺酸，α-萘胺，二苯胺，尿素，CCl_4，已知液 I（Cl^-、Br^-、I^-），已知液 II（S^{2-}、$S_2O_3^{2-}$、SO_3^{2-}），未知阴离子混合液。

（3）材料：$Pb(Ac)_2$ 试纸，pH 试纸。

四、实验内容

1. 已知阴离子混合物的分离与鉴定

（1）Cl^-、Br^-、I^- 混合液。

（2）S^{2-}、$S_2O_3^{2-}$、SO_3^{2-} 混合液。

2. 未知阴离子混合液的分析

配制含有 5～7 种阴离子的未知液并进行分析。

五、思考题

（1）鉴定 SO_4^{2-} 时，怎样除去 S^{2-}、$S_2O_3^{2-}$ 的干扰？

（2）请找出一种能区别以下 5 种溶液的试剂：Na_2S、$NaNO_3$、NaCl、$Na_2S_2O_3$、Na_2HPO_4。

（3）鉴定 CO_3^{2-} 时，如何防止 SO_3^{2-} 的干扰？

(4) 若试液显酸性,上述 11 种阴离子中哪些离子不可能存在?

实验三　常见阳离子未知液的定性分析

一、实验目的

(1) 掌握常见 20 多种阳离子的主要性质。

(2) 掌握各种离子的鉴定及混合后的分离操作方法。

二、实验原理

　　阳离子的种类较多,常见的有 20 多种,个别定性检出时容易发生相互干扰,所以一般阳离子分析都是利用阳离子的共同特性,先将阳离子分成几组,然后根据阳离子的个别特性加以检出。凡能使一组阳离子在适当的条件下生成沉淀而与其他组阳离子分离的试剂称为组试剂。利用不同的组试剂将阳离子先逐组分离,再进行检出的方法,称为阳离子的系统分析。

　　本实验将常见的 20 多种阳离子分为六组:第一组(易溶组),Na^+、K^+、NH_4^+、Mg^{2+};第二组(氯化物组),Ag^+、Hg_2^{2+}、Pb^{2+};第三组(硫酸盐组),Ba^{2+}、Ca^{2+}、Pb^{2+};第四组(氨合物组),Cu^{2+}、Cd^{2+}、Zn^{2+}、Co^{2+}、Ni^{2+};第五组(两性组),Al^{3+}、Cr^{3+}、Sb(Ⅲ、Ⅴ)、Sn(Ⅱ、Ⅳ);第六组(氢氧化物组),Fe^{2+}、Fe^{3+}、Bi^{3+}、Mn^{2+}、Hg^{2+}。

　　然后根据各组离子的特性,加以分离和比较,其分离方法如下:

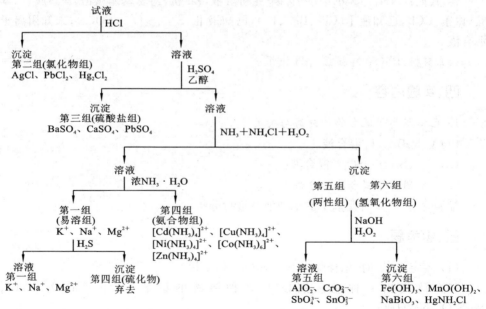

三、仪器、药品及材料

（1）仪器：试管，离心试管，离心机，烧杯，玻璃棒，黑、白点滴板，铝试管架。

（2）药品：

① 酸：HNO_3 溶液（浓、6 mol · L^{-1}、2 mol · L^{-1}），HAc 溶液（6 mol · L^{-1}），HCl 溶液（浓、2 mol · L^{-1}），H_2SO_4 溶液（3 mol · L^{-1}、1 mol · L^{-1}），H_2O_2 溶液（3%），H_2S 溶液（饱和）。

② 碱：NaOH 溶液（40%、6 mol · L^{-1}），$NH_3 · H_2O$（浓、6 mol · L^{-1}）。

③ 盐：$Na_3[Co(NO_2)_6]$ 溶液（饱和），NH_4Ac 溶液（3 mol · L^{-1}），$K_2Cr_2O_7$ 溶液（0.1 mol · L^{-1}），K_2CrO_4 溶液（0.1 mol · L^{-1}），NaAc 溶液（饱和、3 mol · L^{-1}），KI 溶液（0.1 mol · L^{-1}），$(NH_4)_2C_2O_4$ 溶液（饱和），NH_4Cl 溶液（3 mol · L^{-1}、0.1 mol · L^{-1}），Na_2CO_3 溶液（饱和），$K_4[Fe(CN)_6]$ 溶液（0.1 mol · L^{-1}），Na_2SnO_2 溶液（0.1 mol · L^{-1}），$HgCl_2$ 溶液（0.1 mol · L^{-1}），$SnCl_2$ 溶液（0.1 mol · L^{-1}），$NaBiO_3(s)$，KSCN 溶液（0.1 mol · L^{-1}），NH_4SCN 溶液（饱和），$(NH_4)_2S$ 溶液（6 mol · L^{-1}）。

④ 其他：二苯硫腙，乙醚，二乙酰二肟，戊醇，铝试剂，铝片，镁试剂，镁粉，乙醇（95%），乙酸铀酰锌试剂，阳离子试液[Na^+，K^+，NH_4^+，Mg^{2+}，Ag^+，Hg_2^{2+}，Pb^{2+}，Ba^{2+}，Ca^{2+}，Cu^{2+}，Cd^{2+}，Zn^{2+}，Co^{2+}，Ni^{2+}，Al^{3+}，Cr^{3+}，Sb（Ⅲ、Ⅴ），Sn（Ⅱ、Ⅳ），Fe^{2+}，Fe^{3+}，Bi^{3+}，Mn^{2+}，Hg^{2+}]。

（3）材料：锡箔，pH 试纸，红色石蕊试纸。

四、实验内容及步骤

1. 第一组、第二组、第三组阳离子的分离和鉴别方法

1）第一组（易溶组）阳离子的分析

本组阳离子包含 Na^+、K^+、NH_4^+、Mg^{2+}，它们的盐大多数可溶于水，没有一种共同的试剂可以作为组试剂，而是采用个别鉴定的方法将它们检出。

（1）K^+ 的鉴定：取试液 3～4 滴，加入 1～2 滴 6 mol · L^{-1} HAc 溶液酸化，再加入 4～5 滴饱和 $Na_3[Co(NO_2)_6]$ 溶液，用玻璃棒搅拌，并摩擦试管内壁，片刻后如有黄色沉淀生成，则表明有 K^+ 存在。NH_4^+ 与 $Na_3[Co(NO_2)_6]$ 作用也能生成黄色沉淀，干扰 K^+ 的鉴定，应预先用灼烧法除去。

（2）NH_4^+ 的鉴定：取两块表面皿，一块表面皿内滴入 2 滴试液与 2～3 滴 40% NaOH 溶液，另一块表面皿贴上红色石蕊试纸，然后将两块表面皿扣在一起做成气室，若红色石蕊试纸变蓝，则表示有 NH_4^+ 存在。

（3）Na^+ 的鉴定：取试液 3～4 滴，加入 1 滴 6 mol · L^{-1} HAc 溶液及 7～8 滴乙酸铀酰锌试剂，用玻璃棒在试管内壁摩擦，如有黄色晶体沉淀生成，则表示有 Na^+ 存在。

（4）Mg^{2+} 的鉴定：取 1 滴试液，加入 6 mol · L^{-1} NaOH 溶液及镁试剂各 1～2

滴,搅拌均匀后,如有天蓝色沉淀生成,则表示有 Mg^{2+} 存在。

2) 第二组(氯化物组)阳离子的分析

本组阳离子包括 Ag^+、Hg_2^{2+}、Pb^{2+},它们的氯化物都不溶于水,因此检出这三种离子时,可先把这些离子沉淀为氯化物,然后进行鉴定反应。

取分析试液 20 滴,加入 2 mol·L^{-1} HCl 溶液至沉淀完全,离心分离,沉淀用数滴 2 mol·L^{-1} HCl 溶液洗涤后,按下列方法鉴定 Ag^+、Hg_2^{2+}、Pb^{2+}。

(1) Pb^{2+} 的鉴定。将上面得到的沉淀加入 5 滴 3 mol·L^{-1} NH_4Ac 溶液,在水浴中加热,搅拌,趁热离心分离。将离心液分成两份,在其中一份离心液中加入 2~3 滴 0.1 mol·L^{-1} $K_2Cr_2O_7$ 或 K_2CrO_4 溶液,若有黄色沉淀,表示有 Pb^{2+} 存在,再试验沉淀在 6 mol·L^{-1} HNO_3 溶液、6 mol·L^{-1} $NaOH$ 溶液、6 mol·L^{-1} HAc 溶液及饱和 $NaAc$ 溶液中的溶解情况,写出反应方程式。

在另一份离心液中加入 1~2 滴 0.1 mol·L^{-1} KI 溶液,观察现象,试验沉淀在热水中的溶解情况。

沉淀用数滴 3 mol·L^{-1} NH_4Ac 溶液洗涤后,离心分离除去 Pb^{2+},保留沉淀,用于 Ag^+ 和 Hg_2^{2+} 的鉴定。

(2) Ag^+ 和 Hg_2^{2+} 的分离和鉴定。取上面保留的沉淀,加入 5~6 滴 6 mol·L^{-1} $NH_3·H_2O$,不断搅拌,若沉淀变为灰黑色,表示有 Hg_2^{2+} 存在,离心分离。在离心液中加入 2 mol·L^{-1} 硝酸酸化,如有白色沉淀产生,表示有 Ag^+ 存在。

第二组阳离子的分离方法如下:

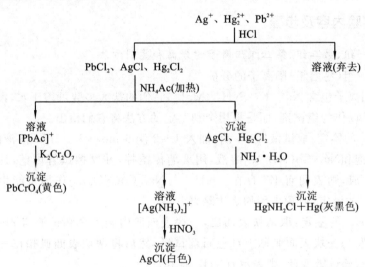

3) 第三组(硫酸盐组)阳离子的分析

取 Ca^{2+}、Ba^{2+}、Pb^{2+} 混合试液 20 滴,在水浴中加热,逐滴加入 1 mol·L^{-1} H_2SO_4 溶液至沉淀完全后再过量数滴,加入 95% 乙醇 4~5 滴,静置 3~5 min,冷却后离心分离,沉淀用混合液(10 滴 1 mol·L^{-1} H_2SO_4 溶液加入乙醇 4~5 滴)洗涤数

次后,弃去洗涤液,在沉淀中加入 7~8 滴 3 mol・L^{-1}NH$_4$Ac 溶液,加热搅拌,离心分离,离心液按第二组鉴定 Pb^{2+} 的方法鉴定 Pb^{2+} 的存在。

沉淀加入 10 滴饱和 Na$_2$CO$_3$ 溶液,置于沸水浴中加热,搅拌 1~2 min,离心分离,弃去离心液。沉淀再用饱和 Na$_2$CO$_3$ 溶液同样处理两次,用约 10 滴热蒸馏水洗涤一次,弃去洗涤液。沉淀用数滴 6 mol・L^{-1} HAc 溶液溶解后,加入 6 mol・L^{-1} 氨水调节 pH 为 4~5,加入 2~3 滴 0.1 mol・L^{-1} K$_2$Cr$_2$O$_7$ 溶液,加热搅拌生成黄色沉淀,表示有 Ba^{2+} 存在。

离心分离,在离心液中加入饱和 (NH$_4$)$_2$C$_2$O$_4$ 溶液 2~3 滴,温热后,慢慢生成白色沉淀,表示有 Ca^{2+} 存在。

第三组阳离子的分离方法如下:

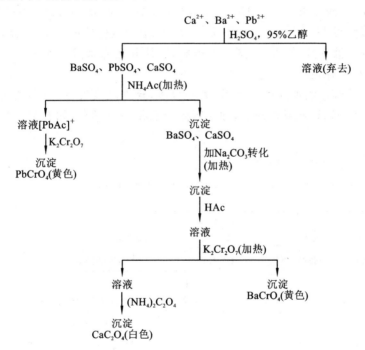

2. 第四组、第五组、第六组阳离子的分离和鉴定方法

1) 第四组(氨合物组)阳离子的分析

本组阳离子包括 Cu^{2+}、Cd^{2+}、Zn^{2+}、Co^{2+}、Ni^{2+} 等,它们和过量的氨水都能生成相应的氨合物,故本组称为氨合物组。

取本组混合液 20 滴,加入 2 滴 3 mol・L^{-1} NH$_4$Cl 溶液和 3~4 滴 3% H$_2$O$_2$ 溶液,用浓氨水碱化后水浴加热,再滴加氨水,每滴加一滴即搅拌,注意有无沉淀生成,如有沉淀生成,再加入浓氨水,并过量 4~5 滴,搅拌后注意沉淀是否溶解,继续在水浴中加热 1 min,取出,冷却后离心分离,离心液按下列方法鉴定 Cu^{2+}、Cd^{2+}、Zn^{2+}、Co^{2+}、Ni^{2+} 等。

(1) Cu^{2+}的鉴定:取离心液 2～3 滴,加入 6 mol·L^{-1} HAc 溶液酸化后,加入 0.1 mol·L^{-1} K$_4$[Fe(CN)$_6$]溶液 1～3 滴,生成红棕色沉淀,表示有 Cu^{2+}存在。

(2) Co^{2+}的鉴定:取离心液 2～3 滴,加入 2 mol·L^{-1} HCl 溶液酸化后,加入新配制的 0.1 mol·L^{-1} SnCl$_2$ 溶液 2～3 滴、饱和 NH$_4$SCN 溶液 2～3 滴和戊醇 5～6 滴,搅拌后有机层呈蓝色,表示有 Co^{2+}存在。

(3) Ni^{2+}的鉴定:取离心液 2 滴,加入二乙酰二肟溶液 1 滴、戊醇 5 滴,搅拌后出现红色,表示有 Ni^{2+}存在。

(4) Zn^{2+}、Cd^{2+}的分离和鉴定:取离心液 15 滴,在沸水浴中加热至近沸,加入 5～6 滴 6 mol·L^{-1}(NH$_4$)$_2$S 溶液,搅拌加热至沉淀凝聚,再继续加热 3～4 min,离心分离。沉淀用数滴 0.1 mol·L^{-1} NH$_4$Cl 溶液洗涤两次,离心分离,弃去洗涤液。在沉淀中加入 4～5 滴 2 mol·L^{-1} HCl 溶液,充分搅拌片刻,离心分离,将离心液在沸水浴中加热以除尽 H$_2$S,加入 6 mol·L^{-1} NaOH 溶液碱化并过量 2～3 滴,搅拌,离心分离。取离心液 5 滴,加入 10 滴二苯硫腙,搅拌并在沸水浴中加热,水溶液呈粉红色,表示有 Zn^{2+}存在。

沉淀用数滴蒸馏水洗涤两次后,离心分离,弃去洗涤液,沉淀中加入 3～4 滴 2 mol·L^{-1} HCl 溶液,搅拌溶解后,加入等体积饱和 H$_2$S 溶液,如有黄色沉淀生成,表示有 Cd^{2+}存在。

第四组阳离子分离方法如下:

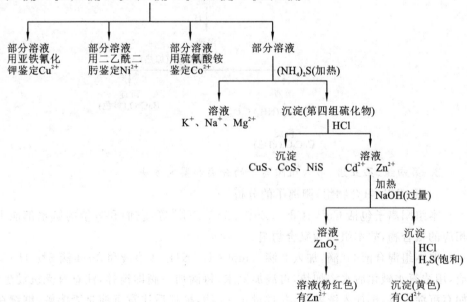

2) 第五组(两性组)和第六组(氢氧化物组)阳离子分离

取第五、第六两组混合离子试液 20 滴,在水浴中加热,加入 2 滴 3 mol·L^{-1}

NH_4Cl 溶液和 3～4 滴 3％H_2O_2 溶液,逐滴加入浓氨水至沉淀完全,离心分离,弃去离心液。

在所得沉淀中加入 3～4 滴 3％H_2O_2 溶液和 15 滴 6 mol·L^{-1}NaOH 溶液,在沸水浴中加热搅拌 3～5 min,使 CrO_2^- 氧化为 CrO_4^{2-},并破坏过量的 H_2O_2,离心分离,离心液作鉴定第五组阳离子用,沉淀作鉴定第六组阳离子用。

(1) 第五组阳离子 Cr^{3+}、Al^{3+}、Sb(Ⅴ)、Sn(Ⅳ)的鉴定。

① Cr^{3+} 的鉴定:取离心液 2 滴,加入乙醚 2 滴,逐滴加入浓硝酸酸化,加入 3％H_2O_2 溶液 2～3 滴,振荡试管,乙醚层出现蓝色,表示有 Cr^{3+} 存在。

② Al^{3+}、Sb(Ⅴ)和 Sn(Ⅳ)的鉴定:将剩余的离心液用 3 mol·L^{-1} H_2SO_4 溶液酸化,然后用 6 mol·L^{-1} 氨水碱化并过量几滴,离心分离,弃去离心液,沉淀用数滴 0.1 mol·L^{-1}NH$_4$Cl 溶液洗涤,加入 3 mol·L^{-1}NH$_4$Cl 溶液及浓氨水各 2 滴、6 mol·L^{-1}(NH_4)$_2$S 溶液 7～8 滴,在水浴中加热至沉淀凝聚,离心分离。

沉淀用数滴 0.1 mol·L^{-1}NH$_4$Cl 溶液洗涤 1～2 次后,加入 3 mol·L^{-1} H_2SO_4 溶液 2～3 滴,加热使沉淀溶解,然后加入 3 滴 3 mol·L^{-1}NH$_4$Ac 溶液、2 滴铝试剂溶液,搅拌,在沸水浴中加热 1～2 min,如有红色絮状沉淀出现,表示有 Al^{3+} 存在。

离心液用 2 mol·L^{-1} HCl 溶液逐滴调整至酸性,离心分离,弃去离心液,沉淀加入 15 滴浓盐酸,在沸水浴中加热,充分搅拌除尽 H_2S 后,离心分离,弃去不溶物。

取上述离心液 10 滴,加入铝片或少许镁粉,在水浴中加热,使其溶解完全后,再加 1 滴浓盐酸和 2 滴 0.1 mol·L^{-1} $HgCl_2$ 溶液,搅拌,如有白色或灰黑色沉淀析出,表示有 Sn(Ⅳ)存在。

取上述离心液 1 滴,于光亮的锡箔上放置 2～3 min,如果锡箔上出现黑色斑点,表示有 Sb(Ⅴ)存在。

(2) 第六组阳离子的鉴定。

取第五组鉴定中所得的沉淀,加入 10 滴 3 mol·L^{-1} H_2SO_4 溶液、2～3 滴 3％H_2O_2 溶液,在充分搅拌下加热 3～5 min,以溶解沉淀和破坏过量的 H_2O_2,离心分离,弃去不溶物,离心液供下面 Mn^{2+}、Bi^{3+}、Hg^{2+}、Fe^{3+} 的鉴定用。

① Mn^{2+} 的鉴定:取离心液 2 滴,加入数滴 2 mol·L^{-1} HNO_3 溶液、少量 $NaBiO_3$ 固体,搅拌,离心沉降,若溶液出现紫红色,表示有 Mn^{2+} 存在。

② Bi^{3+} 的鉴定:取离心液 2 滴,加入 0.1 mol·L^{-1} Na_2SnO_2 溶液数滴,若有黑色沉淀析出,表示有 Bi^{3+} 存在。

③ Hg^{2+} 的鉴定:取离心液 2 滴,加入新配制的 0.1 mol·$L^{-1}$$SnCl_2$ 溶液数滴,若有白色或灰黑色沉淀析出,表示有 Hg^{2+} 存在。

④ Fe^{3+} 的鉴定:取离心液 1 滴,加入 KSCN 溶液,若溶液呈红色,表示有 Fe^{3+} 存在。

第五组、第六组阳离子的分离方法如下:

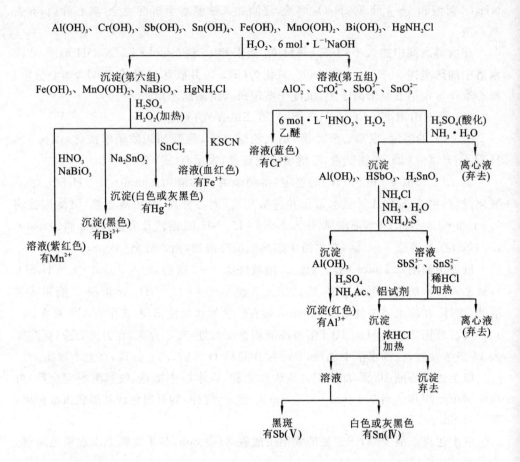

3. 未知阳离子混合液的分析

在下列编号试液中可能含有所列阳离子,领取一份试液进行分离分析鉴定。

(1) Pb^{2+}、Ni^{2+}、Mn^{2+}、Zn^{2+}、Mg^{2+}、Cr^{3+}、Na^+。

(2) $Sn(Ⅳ)$、Ca^{2+}、Cr^{3+}、Ni^{2+}、Cu^{2+}、NH_4^+。

(3) Ag^+、Ca^{2+}、Al^{3+}、Fe^{3+}、Ba^{2+}、Na^+。

五、思考题

(1) 如果未知液呈碱性,哪些离子可能不存在?

(2) 如何消除个别离子在鉴定中的干扰?

(3) 拟定各组阳离子的分离和鉴定的方案。

实验四 二草酸合铜(Ⅱ)酸钾的制备及组成测定

一、实验目的

(1) 熟练掌握无机制备的一些基本操作。
(2) 掌握配位滴定的原理和方法。
(3) 练习容量分析的基本操作。

二、实验原理

草酸钾和硫酸铜反应生成二草酸合铜(Ⅱ)酸钾。该产物为蓝色晶体,在 150 ℃ 失去结晶水,在 260 ℃分解。它虽可溶于温水,但会缓慢分解。

确定产物组成时,用重量分析法测定结晶水,用 EDTA 配位滴定法测铜含量,用高锰酸钾法测草酸根含量。

三、仪器与药品

(1) 仪器:抽滤瓶,布氏漏斗,瓷坩埚,烘箱,酸式滴定管,干燥器,台秤,分析天平。
(2) 药品:
① 酸:H_2SO_4 溶液($2\ mol \cdot L^{-1}$)。
② 碱:$NH_3 \cdot H_2O$($1\ mol \cdot L^{-1}$、浓)。
③ 盐:$CuSO_4 \cdot 5H_2O(s)$,$K_2C_2O_4(s)$,$KMnO_4$ 标准溶液($0.02\ mol \cdot L^{-1}$),NH_4Cl溶液($2\ mol \cdot L^{-1}$),EDTA 标准溶液($0.02\ mol \cdot L^{-1}$)。
④ 其他:$NH_3 \cdot H_2O$-NH_4Cl 缓冲溶液(pH=10),紫脲酸铵指示剂。

四、实验内容及步骤

1. 二草酸合铜(Ⅱ)酸钾的制备

称取 3 g $CuSO_4 \cdot 5H_2O$,溶于 6 mL 90 ℃的水中。取 9 g $K_2C_2O_4 \cdot H_2O$,溶于 25 mL 90 ℃的水中。在剧烈搅拌下,将 $K_2C_2O_4 \cdot H_2O$ 溶液迅速加入 $CuSO_4$ 溶液中,冷至 10 ℃,有沉淀析出。抽滤,用 6~8 mL 冷水分三次洗涤沉淀,抽干、晾干或在 50 ℃烘干产物。称重。

2. 二草酸合铜(Ⅱ)酸钾的组成分析

1) 结晶水的测定

将两个坩埚放入烘箱,在 150 ℃下干燥 1 h,然后放入干燥器中冷却 30 min 后称量。同法再干燥 30 min,冷却,称量至恒重。

准确称取 0.5~0.6 g 产物,分别放入两个已恒重的坩埚中,放入烘箱,在 150 ℃ 下干燥 1 h,然后放入干燥器中冷却 30 min 后称量。同法再干燥 30 min,冷却,称量至恒重。根据称量结果，计算结晶水含量。

2）Cu（Ⅱ）的含量测定

准确称取 0.17～0.19 g 产物，用 15 mL NH₃·H₂O-NH₄Cl 缓冲溶液（pH＝10）溶解，再稀释至 100 mL。以紫脲酸铵作指示剂，用 0.02 mol·L⁻¹ EDTA 标准溶液滴定，当溶液由亮黄色变至紫色时即到终点。根据滴定结果，计算 Cu²⁺ 含量。

3）草酸根的含量测定

准确称取 0.21～0.23 g 产物，用 2 mL 浓 NH₃·H₂O 溶解后，再加入 22 mL 2 mol·L⁻¹ H₂SO₄ 溶液，此时会有淡蓝色沉淀出现，稀释至 100 mL。水浴加热至 75～85 ℃，趁热用 0.02 mol·L⁻¹ KMnO₄ 标准溶液滴定，直至溶液出现微红色（在 1 min 内不退色）即为终点。沉淀在滴定过程中逐渐消失。根据滴定结果，计算 $C_2O_4^{2-}$ 含量。

根据以上计算结果，求出产物的化学式。

五、思考题

（1）除用 EDTA 测量 Cu²⁺ 含量外，还有哪些方法能测量 Cu²⁺ 含量？

（2）在测定 Cu²⁺ 含量时，若加入的 NH₃·H₂O-NH₄Cl 缓冲溶液的 pH 不等于 10，对滴定有何影响？为什么？

（3）在测定 $C_2O_4^{2-}$ 含量时，对溶液的温度、酸度分别有什么要求？为什么？

实验五　海带中碘的提取

碘是人体内不可缺少的成分，人体每天要摄入一定量（0.1～0.2 mg）的碘来满足需要。碘在自然界中并不以单质状态存在，而是以碘酸盐、碘化物的形式分散在地层和海水中，相比之下，海水的含碘量较高（全世界海水含碘总量约 6×10^8 t）。虽然海水中的碘离子浓度很低，但由于某些海藻能吸收碘，便将碘大量富集其中。本实验以海带为原料设计提取碘的较佳工艺路线，具有实际意义。

一、实验目的

（1）了解碘在自然界中的存在，掌握从海带中提取碘的原理和方法。

（2）熟悉碘的主要氧化态化合物的生成和性质，掌握碘的检验方法。

二、实验内容

以 10 g 干海带为原料，自行设计实验方案，从中提取碘，并检测单质碘的存在。

三、实验提示

（1）碘元素在海带中以 -1 价的形式存在，例如 KI、NaI。采用一定的方法使碘离子较完全地转移到水溶液中,利用碘离子较强的还原性,加入氧化剂将其氧化成单质碘,并提取出来。

（2）可利用单质碘遇淀粉变蓝的特性,检验单质碘的存在。

四、思考题

（1）从海带中提取碘的实验原理是什么?

（2）要将生成的单质碘提取出来,可采取哪些操作方法?

（3）若要求测定海带中碘的含量,可采用哪些方法?

实验六　三氯化六氨合钴(Ⅲ)的制备及组成确定

一、实验目的

（1）了解钴(Ⅱ)、钴(Ⅲ)化合物的性质,深入理解配合物的形成对钴(Ⅲ)稳定性的影响。

（2）了解三氯化六氨合钴(Ⅲ)的制备原理及组成确定的原理和方法。

（3）熟悉电导率仪的使用方法。

二、实验原理

根据标准电极电势,在酸性介质中二价钴盐比三价钴盐稳定,而在它们的配合物中,大多数的三价钴配合物比二价钴配合物稳定,Co(Ⅱ)配合物能很快地进行取代反应(是活性的),而 Co(Ⅲ)配合物的取代反应则很慢(是惰性的)。Co(Ⅲ)的配合物一般制备过程如下:通过 Co(Ⅱ)(实际上是它的水配合物)和配体之间的一种快速反应生成 Co(Ⅱ)的配合物,然后将其氧化成相应的 Co(Ⅲ)配合物(配位数均为6)。所以常采用空气或过氧化氢氧化 Co(Ⅱ)配合物来制备 Co(Ⅲ)配合物。

常见的 Co(Ⅲ)配合物有 $[Co(NH_3)_6]Cl_3$(橙黄色晶体)、$[Co(NH_3)_5H_2O]Cl_3$ (砖红色晶体)、$[Co(NH_3)_5Cl]Cl_2$(紫红色晶体)、$[Co(NH_3)_4CO_3]^+$(紫红色)、$[Co(NH_3)_3(NO_2)_3]$(黄色)、$[Co(CN)_6]^{3-}$(紫色)、$[Co(NO_2)_6]^{3-}$(黄色)等。它们的制备条件各不相同。例如,在没有活性炭存在时,由氯化亚钴与过量氨、氯化铵反应的主要产物是 $[Co(NH_3)_5Cl]Cl_2$,有活性炭存在时制得的主要产物是 $[Co(NH_3)_6]Cl_3$。

本实验用活性炭作催化剂,用过氧化氢作氧化剂,利用氯化亚钴溶液与过量氨和氯化铵作用制备三氯化六氨合钴(Ⅲ)。其总反应式如下:

$$2CoCl_2 + 2NH_4Cl + 10NH_3 + H_2O_2 \Longrightarrow 2[Co(NH_3)_6]Cl_3 + 2H_2O$$

$[Co(NH_3)_6]Cl_3$ 溶解于酸性溶液中,通过过滤可以将混在产品中的大量活性炭除去,然后在浓盐酸中使 $[Co(NH_3)_6]Cl_3$ 结晶。$[Co(NH_3)_6]Cl_3$ 为橙黄色单斜晶体。

固态的[Co(NH₃)₆]Cl₃在488 K转变为[Co(NH₃)₅Cl]Cl₂,高于523 K时则被还原为CoCl₂。

[Co(NH₃)₆]Cl₃可溶于水,不溶于乙醇,在20 ℃水中的溶解度为0.26 mol·L⁻¹。它在强碱作用下(冷时)或强酸的作用下基本不被分解,只有在煮沸条件下才被强碱分解:

$$2[Co(NH_3)_6]Cl_3+6NaOH = 2Co(OH)_3+12NH_3+6NaCl$$

分解逸出的氨可用过量的HCl标准溶液吸收,剩余的HCl用NaOH标准溶液回滴,便可计算出组成中氨的质量分数,确定配体氨的个数(配位数)。

然后,用碘量法测定蒸氨后的样品溶液中的Co(Ⅲ),反应方程式如下:

$$2Co(OH)_3+2I^-+6H^+ = 2Co^{2+}+I_2+6H_2O$$
$$I_2+2S_2O_3^{2-} = S_4O_6^{2-}+2I^-$$

配合物的外界Cl的个数及配离子的电荷数可利用电导率法测定。将含有1 mol电解质的溶液全部置于相距单位长度(1 m)的两个平行电极之间,在这样的条件下,测得的电导率称为该电解质的摩尔电导率,用Λ_m(S·m²·mol⁻¹)表示:

$$\Lambda_m = \kappa \times \frac{10^{-3}}{c}$$

式中:κ为所测溶液电导率(S·m⁻¹);c为所测溶液浓度(mol·L⁻¹)。

表8-2给出了不同离子数配合物的摩尔电导率。

表8-2　不同离子数配合物的Λ_m

离子数	2	3	4	5
Λ_m/(S·m²·mol⁻¹)	0.0118~0.0131	0.0235~0.0273	0.0408~0.0435	约0.0560

根据电导率,确定配离子的电荷数、内界和外界,写出配合物的结构式。

三、仪器与药品

(1) 仪器:台秤,分析天平,电导率仪,量筒(10 mL、100 mL),锥形瓶(100 mL、250 mL),容量瓶(50 mL),酸式滴定管,碱式滴定管,温度计(0~100 ℃),酒精灯,减压过滤装置。

(2) 药品:

① 盐:CoCl₂·6H₂O(s),Na₂S₂O₃标准溶液(0.1 mol·L⁻¹),NH₄Cl(s)。

② 酸:H₂O₂溶液(6%),HCl溶液(0.5 mol·L⁻¹、2 mol·L⁻¹、6 mol·L⁻¹、12 mol·L⁻¹)。

③ 碱:NaOH溶液(20%、0.5 mol·L⁻¹),浓氨水。

④ 其他:甲基红指示剂(0.1%),活性炭,淀粉溶液,冰,乙醇。

四、实验内容及步骤

1. 三氯化六氨合钴(Ⅲ)的制备

在 100 mL 锥形瓶中,加入 6 g 研细的 $CoCl_2 \cdot 6H_2O$ 晶体、4 g NH_4Cl 和 7 mL 蒸馏水。微热溶解后,加 2.0 g 活性炭,摇动锥形瓶,使其混合均匀,用流水冷却后,加入 14 mL 浓氨水,再冷至 10 ℃以下,用滴管逐滴加入 20 mL 6% H_2O_2 溶液,水浴加热至 50～60 ℃,保持 20 min,并不断旋摇锥形瓶。然后用冰浴冷却至 0 ℃左右,抽滤,不能洗涤沉淀,直接把沉淀转入含 4 mL 12 mol·L^{-1} HCl 溶液的 50 mL 沸水中,趁热抽滤,慢慢加入 8 mL 12 mol·L^{-1} HCl 溶液于滤液中,即有大量橘黄色晶体析出,用冰浴冷却后抽滤。晶体以冷的 2 mL 2 mol·L^{-1} HCl 溶液洗涤,再用少许乙醇洗涤。产品于烘箱中在 105 ℃烘干 20 min,称量,计算产率。

2. 三氯化六氨合钴(Ⅲ)组成的测定

1) 氨的测定

准确称取 0.2 g(准确至 0.1 mg)产品,放入 250 mL 锥形瓶中,加入约 50 mL 水溶解,然后加入 5 mL 20% NaOH 溶液。在另一锥形瓶中加入 30 mL 0.5 mol·L^{-1} HCl 标准溶液,以吸收蒸馏出的氨。按图 8-1 连接装置,冷凝管通入冷水,开始加热,保持沸腾状态。蒸馏至黏稠(约 10 min),断开冷凝管和锥形瓶的连接处,去掉火源。用少量蒸馏水冲洗冷凝管和下端的玻璃管,将冲洗液一并转入接收瓶。加 2 滴 0.1% 甲基红指示剂,用 0.5 mol·L^{-1} NaOH 标准溶液滴定接收瓶中的 HCl 溶液,溶液变为浅黄色即为终点。计算氨的含量,确定配体 NH_3 的个数。

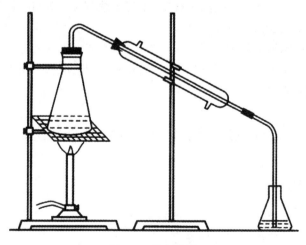

图 8-1　蒸氨装置

2) 钴的测定

取下装产品溶液的锥形瓶,用少量蒸馏水将塞子上沾附的溶液冲洗回锥形瓶内。待样品溶液冷却后加入 1 g KI 固体,振荡溶解,再加入 12 mL 左右 6 mol·L^{-1} HCl

溶液酸化后,放在暗处静置 10 min,然后加入 60～70 mL 蒸馏水,用 0.1 mol·L⁻¹ Na₂S₂O₃ 标准溶液滴定,开始时滴定速度可以快些,滴定至溶液为淡黄色时加入几滴淀粉溶液,继续慢慢滴加 Na₂S₂O₃ 溶液,滴定至终点(终点溶液是什么颜色?),记录数据,计算钴的含量。

3) 电导率法测离子电荷

称取产品 0.02 g,在 50 mL 容量瓶内配成溶液,在电导率仪上测定溶液的电导率,根据公式求出 Λ_m,确定离子个数和外界 Cl^- 的个数。

由以上分析氨、钴、氯的结果,写出产品的实验式。

五、注意事项

(1) 实验室中若没有合适的冷凝管,在蒸氨装置中可用玻璃管与胶管代替冷凝管,但接收瓶及其中的 HCl 标准溶液必须用冰水浴冷却,并确保 HCl 不挥发。

(2) 配合物的外界氯的个数也可由 AgNO₃ 标准溶液滴定来确定。

六、数据处理

(1) 计算出样品中氨、钴的百分含量。

(2) 确定出产品的解离类型及实验式。

七、思考题

(1) 实验中几次加入浓 HCl 溶液的作用是什么?

(2) 在制备[Co(NH₃)₆]Cl₃的过程中,水浴加热到 333 K,并恒温 20 min 的目的是什么? 能否加热至沸?

(3) 氨的测定原理是什么?

(4) 在[Co(NH₃)₆]Cl₃的制备过程中,氯化铵、活性炭、过氧化氢各起什么作用? 影响产量的关键在哪里?

实验七　离子交换法制备纯水

一、实验目的

(1) 了解离子交换法净化水的原理和方法。

(2) 掌握水中一些离子的定性鉴定方法。

(3) 学会正确使用电导率仪。

二、实验原理

实验室通常采用蒸馏法和离子交换法将水净化,以获得纯度较高的水。由前一种方法制备的称为蒸馏水,由后一种方法制备的称为去离子水。

离子交换法通常是利用离子交换树脂来进行水的净化。离子交换树脂是一种难溶性的高分子聚合物,对酸、碱及一般试剂相当稳定,它只能将自身的离子与溶液中的同号电荷离子起交换作用。根据交换离子的电荷,可将其分为阳离子交换树脂和阴离子交换树脂。从结构上看,离子交换树脂包括两部分:一部分是具有网状骨架结构的高分子聚合物,即交换树脂的母体;另一部分是连在母体上的活性基团。例如,国产 732 型强酸性阳离子交换树脂可用 $R—SO_3H$ 表示,R 代表母体,$—SO_3H$ 代表活性基团;国产 717 型强碱性阴离子交换树脂可用 $R—N(CH_3)_3OH$ 表示,它是在母体 R 上连接季铵活性基团 $—N(CH_3)_3OH$。

天然水或自来水中常含有 Mg^{2+}、Ca^{2+}、Na^+ 等阳离子和 HCO_3^-、SO_4^{2-}、Cl^- 等阴离子。当水样流过阳离子交换树脂时,水中的阳离子就与树脂骨架上的活性基团中的 H^+ 交换。例如:

$$2R—SO_3H + Mg^{2+} \rightleftharpoons (R—SO_3)_2Mg + 2H^+$$

当水样通过阴离子交换树脂时,树脂中的 OH^- 就与水中的阴离子交换。例如:

$$R—N^+(CH_3)_3OH^- + Cl^- \rightleftharpoons R—N^+(CH_3)_3Cl^- + OH^-$$

这样,水中的无机离子被截留在树脂上,而交换出来的 H^+ 和 OH^- 发生中和反应生成水,使水得到净化。

由于在离子交换树脂上进行的交换反应是可逆的,从上面两个方程式可看出,当水样中存在着大量的 H^+ 和 OH^- 时,不利于交换反应进行。因此,只用阳离子交换柱和阴离子交换柱串联起来所制得的水中,往往仍含有少量未经交换的杂质离子。为了进一步除去这些杂质离子,可再串联一个装有一定比例的阳离子交换树脂和阴离子交换树脂均匀混合的交换柱,其作用相当于串联了很多个阳、阴离子交换柱,而且在交换柱任何部位的水都是中性的,从而大大减小了逆反应发生的可能性。

经交换而失效的离子交换树脂经过适当的处理可重新复原,这一过程称为树脂的再生。即利用上述交换反应可逆的特点,用一定浓度的酸和碱迫使交换反应逆向进行,使无机离子从树脂上解脱出来。阳离子交换树脂用 5% HCl 溶液淋洗,阴离子交换树脂用 5% NaOH 溶液淋洗,即可使它们分别得到再生,恢复离子交换树脂的功能。

三、仪器、药品及材料

(1) 仪器:DDS-11A 型电导率仪,烧杯,3 支交换柱(口径为 15 mm、长度为 25 cm 的玻璃管,也可用 25 mL 滴定管代替)。

(2) 药品:

① 酸:HCl 溶液(5%),HNO_3 溶液($2\ mol \cdot L^{-1}$)。

② 碱:NaOH 溶液($2\ mol \cdot L^{-1}$、5%),$NH_3 \cdot H_2O$($2\ mol \cdot L^{-1}$)。

③ 盐:NaCl 溶液(饱和、25%),$AgNO_3$ 溶液($0.1\ mol \cdot L^{-1}$),$BaCl_2$ 溶液($1\ mol \cdot L^{-1}$)。

④ 其他:铬黑 T(0.5%),钙指示剂(0.5%)。

(3) 材料:732 型强酸性阳离子交换树脂,717 型强碱性阴离子交换树脂。

四、实验内容及步骤

1. 新树脂的预处理

(1) 732 型树脂:将树脂用饱和 NaCl 溶液浸泡一天,用水漂洗至水澄清无色后,用 5% HCl 溶液浸泡 4 h。倾去 HCl 溶液,用纯水洗至 pH 为 5~6,备用。

(2) 717 型树脂:处理操作与 732 型相同,只是用 5% NaOH 溶液代替 5% HCl 溶液,最后用纯水洗至 pH 为 7~8。

2. 装柱

将交换柱底部的螺丝夹旋紧,加入一定量纯水,再将少许玻璃棉塞在交换柱下端,以防树脂漏出。然后将处理好的树脂连同水一起加入交换柱中。如水过多,可打开底部的螺丝夹,将过多的水放出。但在整个交换实验中,水层始终要高出树脂层。轻敲柱子,使树脂均匀自然下沉。树脂层中不得留有气泡,否则必须重装。装柱完毕,最好在树脂层的上面盖一层湿玻璃棉,以防加入溶液时掀动树脂层。

在 3 支交换柱中分别加入阳离子交换树脂,阴离子交换树脂和阴、阳离子交换树脂混合均匀的交换树脂(按体积比 2:1 混合)。树脂层高度均为交换柱的 2/3。然后,将 3 支交换柱串联起来。注意:各连接点必须紧密不漏气,并尽量排出连接管内的气泡。

3. 离子交换

打开高位槽螺丝夹和混合柱底部的螺丝夹,使自来水流经阳离子交换柱、阴离子交换柱和混合离子交换柱,水流速度控制在 25~30 滴/min。开始流出的 300 mL 水样应弃去,然后用 3 只干净的烧杯分别收集从阳离子交换柱、阴离子交换柱和混合离子交换柱流出的水样各约 30 mL。将这 3 份水样连同自来水分别进行水质检验。

4. 水质检验

(1) 用电导率仪测定各份水样的电导率。

(2) 各取水样 0.5 mL,分别按表 8-3 中的方法检验 Ca^{2+}、Mg^{2+}、Cl^- 和 SO_4^{2-}。将检验的结果填入表中,并根据检验结果作出结论。

表 8-3   水质检验表

指　标	电导率 /(S·m^{-1})	Ca^{2+}	Mg^{2+}	Cl^-	SO_4^{2-}
检验方法	用电导率仪测定	加入 1 滴 2 mol·L^{-1} NaOH 溶液和少量钙试剂,观察溶液是否显红色	加入 1 滴 2 mol·L^{-1} 氨水和少量铬黑 T,观察溶液是否显红色	加入 1 滴 2 mol·L^{-1} HNO$_3$ 溶液和 2 滴 0.1 mol·L^{-1} AgNO$_3$ 溶液,观察有无白色沉淀生成	加入 1 滴 1 mol·L^{-1} BaCl$_2$ 溶液,观察有无白色沉淀生成

续表

指　标	电导率 /(S·m⁻¹)	Ca^{2+}	Mg^{2+}	Cl^-	SO_4^{2-}
自来水					
阳离子交换柱流出水样					
阴离子交换柱流出水样					
混合离子交换柱流出水样					

（结论）

5. 树脂的再生

（1）阳离子交换树脂再生。将树脂倒入烧杯中，先用水漂洗一次，倾出水后加入 5%HCl 溶液，搅拌后浸泡 20 min。倾去酸液，再用同浓度的 HCl 溶液洗涤两次，最后用纯水洗至 pH 为 5～6。

（2）阴离子交换树脂再生。方法同阳离子交换树脂再生，只是用 5% NaOH 溶液代替 5% HCl 溶液，最后用水洗至 pH 为 7～8。

（3）混合树脂再生。混合树脂必须分离后才能再生。将混合柱内的树脂倒入烧杯中，加入适量的 25%NaCl 溶液，充分搅拌。阳离子交换树脂的密度比阴离子交换树脂的大，搅拌后阴离子交换树脂便浮在上层，用倾析法将上层的阴离子交换树脂倒入另一烧杯中。重复此操作直至阴、阳离子交换树脂完全分离为止。分离开的阴、阳离子交换树脂可分别与阴离子交换柱和阳离子交换柱的树脂一起再生。

五、思考题

（1）试述离子交换法净化水的原理。

（2）为什么自来水经过阳离子交换柱、阴离子交换柱后，还要经过混合离子交换柱才能得到纯度较高的水？

（3）用电导率仪测定水纯度的依据是什么？

（4）如何筛分混合的阴、阳离子交换树脂？

附：微型实验

（1）微型仪器：3 支微型离子交换柱（口径为 8 mm，长度为 160 mm），5 只微型烧杯（10 mL），透明玻璃点滴板。

（2）药品同常规实验。

（3）实验步骤同常规实验。但应注意以下两点：

① 离子交换时应控制水的流速在 6~8 滴/min;

② 检验水质时,收集各交换柱流出的水样 8~10 mL 即可。

实验八　硫酸四氨合铜的制备及表征

一、实验目的

(1) 学习利用粗氧化铜制备硫酸四氨合铜的方法。

(2) 了解无机物或配合物结晶、提纯的原理。

(3) 学习用碘量法测定铜含量的原理和方法。

二、实验原理

硫酸四氨合铜$[Cu(NH_3)_4]SO_4 \cdot H_2O$ 为深蓝色晶体,在工业上用途广泛,主要用于印染、纤维、杀虫剂及制备某些含铜的化合物。常温下,硫酸四氨合铜在空气中易与水和二氧化碳反应,生成铜的碱式盐,使晶体变成绿色粉末。

本实验先利用粗氧化铜溶于适当浓度的硫酸中制得硫酸铜溶液,反应方程式为

$$CuO + H_2SO_4 \xrightarrow{\quad\quad} CuSO_4 + H_2O$$

由于原料不纯,所得的$CuSO_4$ 溶液中常含有不溶性物质和可溶性的$FeSO_4$ 与$Fe_2(SO_4)_3$。可用H_2O_2 将其中的Fe^{2+} 氧化成Fe^{3+},用 NaOH 溶液调节 pH 为 3(如果溶液的 pH ≥ 4,将析出碱式硫酸铜沉淀而影响产品的质量和产量),再加热煮沸,使Fe^{3+} 水解转化为 $Fe(OH)_3$ 沉淀,在过滤时和其他不溶性杂质一起被除去。反应方程式为

$$2Fe^{2+} + 2H^+ + H_2O_2 \xrightarrow{\quad\quad} 2Fe^{3+} + 2H_2O$$

$$Fe^{3+} + 3H_2O \xrightarrow{\quad\quad} Fe(OH)_3 \downarrow + 3H^+$$

制得的硫酸铜溶液,再加入过量的氨水反应制备硫酸四氨合铜,反应方程式为

$$[Cu(H_2O)_6]^{2+} + 4NH_3 + SO_4^{2-} \xrightarrow{\quad\quad} [Cu(NH_3)_4]SO_4 \cdot H_2O + 5H_2O$$

硫酸四氨合铜溶于水,而不溶于乙醇,因此在$[Cu(NH_3)_4]SO_4$ 溶液中加入乙醇,即可析出深蓝色的$[Cu(NH_3)_4]SO_4 \cdot H_2O$ 晶体。

可用碘量法测定$[Cu(NH_3)_4]SO_4 \cdot H_2O$ 晶体中铜含量。首先,在微酸性溶液(pH 为 3~4)中,Cu^{2+} 与过量I^- 作用,生成难溶性的 CuI 沉淀和I_2。然后,生成的I_2 用$Na_2S_2O_3$ 标准溶液滴定,以淀粉溶液为指示剂,滴定至溶液的蓝色刚好消失即为终点。其反应方程式为

$$2Cu^{2+} + 4I^- \xrightarrow{\quad\quad} 2CuI + I_2$$

$$I_2 + 2S_2O_3^{2-} \xrightarrow{\quad\quad} 2I^- + S_4O_6^{2-}$$

由于 CuI 沉淀表面能强烈吸附I_2,会使分析结果偏低,因此可在大部分I_2 被$Na_2S_2O_3$ 溶液滴定后,再加入 KSCN,使 CuI 转化为溶解度更小的 CuSCN,将吸附的

I_2 释放出来,从而提高测定结果的准确度。一般控制溶液的 pH 为 3～4。在强酸性溶液中,I^- 易被空气氧化(Cu^{2+} 催化此反应);在碱性溶液中,Cu^{2+} 会水解,且 I_2 易被碱分解。

根据 $Na_2S_2O_3$ 标准溶液的浓度及所消耗的体积,计算出被测样品中铜的含量,计算公式如下:

$$w(\mathrm{Cu}) = \frac{c(\mathrm{Na_2S_2O_3})V(\mathrm{Na_2S_2O_3})M(\mathrm{Cu})}{m_s \times 1\,000 \times \dfrac{25.00}{100.00}} \times 100\%$$

式中:$w(\mathrm{Cu})$ 为样品中铜的质量分数;$c(\mathrm{Na_2S_2O_3})$ 为 $Na_2S_2O_3$ 标准溶液的浓度 $(\mathrm{mol \cdot L^{-1}})$;$V(\mathrm{Na_2S_2O_3})$ 为滴定消耗 $Na_2S_2O_3$ 标准溶液的体积(mL);$M(\mathrm{Cu})$ 为 Cu 的摩尔质量 $(\mathrm{g \cdot mol^{-1}})$;$m_s$ 为样品质量(g)。

三、仪器、药品及材料

(1) 仪器:煤气灯或电炉,石棉网,恒温水浴锅,布氏漏斗,抽滤瓶,烧杯,量筒,蒸发皿,滤纸,台秤,分析天平,容量瓶,碘量瓶。

(2) 药品:

① 酸:H_2SO_4 溶液$(3\ \mathrm{mol \cdot L^{-1}})$,$H_2O_2$ 溶液(3%)。

② 碱:NaOH 溶液$(1\ \mathrm{mol \cdot L^{-1}})$,氨水$(1:1)$。

③ 盐:KI(s),$K_2Cr_2O_7$(基准物),KSCN 溶液(10%),$Na_2S_2O_3$ 溶液$(0.1\ \mathrm{mol \cdot L^{-1}})$。

④ 其他:乙醇(95%),淀粉溶液(0.5%),CuO(粉)。

(3) 材料:精密 pH 试纸。

四、实验内容及步骤

1. 粗 $CuSO_4$ 溶液的制备

称取 2.0 g CuO 粉于 100 mL 烧杯中,加入 11 mL 3 $\mathrm{mol \cdot L^{-1}}$ H_2SO_4 溶液,加热使黑色 CuO 溶解,然后加入 15 mL 蒸馏水,溶液变为蓝色。

2. $CuSO_4$ 溶液的精制

在粗 $CuSO_4$ 溶液中滴加 2 mL 3% H_2O_2 溶液,将溶液加热至沸腾,搅拌 2～3 min,边搅拌边逐滴加入 1 $\mathrm{mol \cdot L^{-1}}$ NaOH 溶液(约 7 mL),调节溶液 pH 约为 3.0。检验 Fe^{3+} 是否沉淀完全(如何检验?),若 Fe^{3+} 未沉淀完全,需继续向烧杯中滴加 NaOH 溶液。Fe^{3+} 沉淀完全后,继续加热溶液片刻,趁热减压过滤,将滤液转移至干净的蒸发皿中。

3. $[\mathrm{Cu(NH_3)_4}]SO_4 \cdot H_2O$ 晶体的制备

将滤液水浴加热,蒸发浓缩至 25 mL,冷却至室温。先用 $1:1$ 氨水将 $CuSO_4$ 溶液的 pH 调至 6～8,再加入 15 mL $1:1$ 氨水,搅拌,溶液变成深蓝色。缓慢加入 10

mL95%乙醇,即有深蓝色[Cu(NH₃)₄]SO₄·H₂O晶体析出。盖上表面皿,静置约15 min,抽滤,并用少量乙醇和1∶1氨水洗涤晶体多次,产品抽干后称量,计算产率。

4. [Cu(NH₃)₄]SO₄·H₂O晶体中铜含量的测定

准确称取[Cu(NH₃)₄]SO₄·H₂O晶体试样2~2.5 g于100 mL烧杯中,加入6 mL 3 mol·L⁻¹ H₂SO₄溶液,然后加入15~20 mL蒸馏水使之溶解,定量转移至100 mL容量瓶中,用水稀释至刻线,摇匀。

移取25.00 mL上述试液于250 mL碘量瓶中,加入70 mL蒸馏水和1 gKI固体,塞上盖子摇匀,立即用0.1 mol·L⁻¹Na₂S₂O₃标准溶液滴定至淡黄色,然后加入2 mL 0.5%淀粉溶液,继续滴定至浅蓝色,再加入10 mL 10% KSCN溶液,摇匀(15 s)后,溶液呈深蓝色,用Na₂S₂O₃溶液继续滴定至蓝色刚好消失即为终点,此时溶液呈肉色。平行滴定3次,记录数据,计算[Cu(NH₃)₄]SO₄·H₂O晶体中铜的含量。

附:0.1 mol·L⁻¹Na₂S₂O₃标准溶液的配制和标定

称取约12.5 g Na₂S₂O₃·5H₂O,溶解于适量新蒸馏并已冷却的水中,加入0.1 g Na₂CO₃,稀释到500 mL,保存在棕色试剂瓶中,放于暗处,1~2周后标定。

准确称取0.15 g左右的K₂Cr₂O₇基准试剂3份,分别置于250 mL碘量瓶中,加入10~20 mL蒸馏水使之溶解,然后加入3.5 mL 3 mol·L⁻¹ H₂SO₄溶液和2 g KI固体,充分混合溶解后,盖上塞子在暗处放置5 min使反应完全。加入50 mL蒸馏水稀释,立即用Na₂S₂O₃溶液滴定至溶液呈浅黄绿色,然后加入2 mL 0.5%淀粉溶液,继续滴定至溶液由蓝色变为亮绿色。记下消耗Na₂S₂O₃溶液的体积,计算Na₂S₂O₃溶液的浓度。

五、数据记录和处理

(1) [Cu(NH₃)₄]SO₄·H₂O的质量为____ g,产率为____。

(2) 以表格形式记录本实验的有关数据(表8-4),并根据Na₂S₂O₃标准溶液的浓度及消耗的体积计算出试样中铜的含量。

表8-4 试样中铜含量的测定

测定序号		1	2	3
[Cu(NH₃)₄]SO₄·H₂O的质量/g				
Na₂S₂O₃标准溶液的浓度/(mol·L⁻¹)				
Na₂S₂O₃溶液的用量	终读数/mL			
	初读数/mL			
	净用量/mL			
铜的含量/(%)				

测定序号	1	2	3
铜的平均含量/(%)			
相对平均偏差			

六、思考题

（1）加入 NaOH 除 Fe^{3+} 时，为什么要将溶液的 pH 调到 3？pH 太高或太低有何影响？

（2）结晶时滤液为什么不可蒸干？

（3）碘量法测定铜时，加入 KSCN 的作用是什么？

（4）测定铜的实验过程中颜色的变化分别意味着什么？

实验九　三草酸合铁(Ⅲ)酸钾的合成及组成测定

一、实验目的

（1）通过学习三草酸合铁(Ⅲ)酸钾的合成方法，掌握无机配合物制备的一般方法及组成测定。

（2）学习、掌握用 $KMnO_4$ 法测定 $C_2O_4^{2-}$ 与 Fe^{3+} 的原理和方法。

（3）综合练习无机物合成、滴定分析的基本操作，学习、掌握确定化合物组成的原理和方法。

二、实验原理

三草酸合铁(Ⅲ)酸钾，即 $K_3[Fe(C_2O_4)_3]\cdot 3H_2O$，为绿色单斜晶体，溶解于水，难溶于乙醇。110 ℃失去三分子结晶水而成为 $K_3[Fe(C_2O_4)_3]$，230 ℃分解。该配合物对光敏感，光照下即发生分解。

$$2K_3[Fe(C_2O_4)_3]\!\!=\!\!=\!\!3K_2C_2O_4+2FeC_2O_4（黄色）+2CO_2\uparrow$$

三草酸合铁(Ⅲ)酸钾是制备负载型活性铁催化剂的主要原材料，也是一些有机化学反应很好的催化剂，因而具有工业生产价值。

目前，合成三草酸合铁(Ⅲ)酸钾的工艺路线有多种。例如，可以铁为原料制得硫酸亚铁铵，加草酸钾制得草酸亚铁后，经氧化制得三草酸合铁(Ⅲ)酸钾，也可以硫酸铁与草酸钾为原料直接合成三草酸合铁(Ⅲ)酸钾，还可以三氯化铁或硫酸铁与草酸钾直接合成三草酸合铁(Ⅲ)酸钾。本实验采用硫酸亚铁加草酸钾形成草酸亚铁，经氧化结晶得三草酸合铁(Ⅲ)酸钾，其反应式如下：

$$Fe^{2+}+C_2O_4^{2-}+2H_2O\!\!=\!\!=\!\!FeC_2O_4\cdot 2H_2O\downarrow（黄色）$$

$$2FeC_2O_4 \cdot 2H_2O + H_2O_2 + H_2C_2O_4 + 3K_2C_2O_4 == 2K_3[Fe(C_2O_4)_3] \cdot 3H_2O$$

加入乙醇,放置,即可析出产物的结晶。

用 $KMnO_4$ 法测定三草酸合铁(Ⅲ)酸钾中 Fe^{3+} 和 $C_2O_4^{2-}$ 的含量,并可确定 Fe^{3+} 和 $C_2O_4^{2-}$ 的配位比。

在酸性介质中,用 $KMnO_4$ 标准溶液滴定试液中的 $C_2O_4^{2-}$,根据 $KMnO_4$ 标准溶液的消耗量可直接计算出 $C_2O_4^{2-}$ 的含量,其滴定反应式为

$$5C_2O_4^{2-} + 2MnO_4^- + 16H^+ == 10CO_2 \uparrow + 2Mn^{2+} + 8H_2O$$

测定 Fe^{3+} 含量时,用 $SnCl_2$-$TiCl_3$ 联合还原法,先将 Fe^{3+} 还原为 Fe^{2+},然后在酸性介质中,用 $KMnO_4$ 标准溶液滴定试液中 Fe^{3+} 和 $C_2O_4^{2-}$ 的总量,根据 $KMnO_4$ 标准溶液的消耗量,可计算出 Fe^{3+} 的含量,其滴定反应式为

$$5Fe^{2+} + MnO_4^- + 8H^+ == 5Fe^{3+} + Mn^{2+} + 4H_2O$$

最后,根据

$$n_{Fe^{3+}} : n_{C_2O_4^{2-}} = \frac{m_{Fe^{3+}}}{55.8} : \frac{m_{C_2O_4^{2-}}}{88.0}$$

可确定 Fe^{3+} 与 $C_2O_4^{2-}$ 的配位比。

三、仪器、药品及材料

(1) 仪器:台秤,分析天平,烧杯(100 mL、250 mL),量筒(10 mL、100 mL),长颈漏斗,布氏漏斗,抽滤瓶,表面皿,称量瓶,干燥器,烘箱,电炉,恒温水浴锅,锥形瓶(250 mL),容量瓶(250 mL),酸式滴定管(50 mL)。

(2) 药品:$FeSO_4 \cdot 7H_2O(s)$,H_2SO_4 溶液(1 mol · L^{-1}),$H_2C_2O_4$ 溶液(1 mol · L^{-1}),饱和$K_2C_2O_4$溶液,H_2O_2 溶液(3%),$MnSO_4$ 滴定液,HCl 溶液(6 mol · L^{-1}),$SnCl_2$溶液(15%),Na_2WO_4 溶液(2.5%),$TiCl_3$ 溶液(6%),$CuSO_4$ 溶液(0.4%),$KMnO_4$ 标准溶液(0.01 mol · L^{-1},自行配制和标定)。

(3) 材料:pH 试纸。

四、实验内容及步骤

1. 三草酸合铁(Ⅲ)酸钾的制备

1) 溶解

称取 4.0 g $FeSO_4 \cdot 7H_2O$ 晶体,放入 250 mL 烧杯中,加入 1 mol · L^{-1} H_2SO_4 溶液 1 mL,再加入蒸馏水 15 mL,加热使其溶解。

2) 沉淀

在上述溶液中加入 1 mol · L^{-1} $H_2C_2O_4$ 溶液 20 mL,搅拌并加热至沸,生成 $FeC_2O_4 \cdot 2H_2O$ 黄色沉淀,用倾泻法洗涤该沉淀 3 次,每次使用 25 mL 蒸馏水去除可溶性杂质。

3）氧化

在上述沉淀中加入 10 mL 饱和 $K_2C_2O_4$ 溶液，水浴加热至 40 ℃，滴加 3% H_2O_2 溶液 20 mL，不断搅拌溶液并维持温度在 40 ℃左右，使 Fe(Ⅱ)充分氧化为 Fe(Ⅲ)。滴加完后，加热溶液至沸以除去过量的 H_2O_2。

4）生成配合物

保持近沸状态，先加入 1 mol·L^{-1} $H_2C_2O_4$ 溶液 7 mL，然后趁热滴加 1 mol·L^{-1} $H_2C_2O_4$ 溶液 1～2 mL 使沉淀溶解，溶液的 pH 保持在 4～5，此时溶液呈翠绿色，趁热将溶液过滤到 100 mL 烧杯中，并使滤液控制在 30 mL 左右，冷却，放置过夜，结晶、抽滤至干，即得三草酸合铁(Ⅲ)酸钾晶体。称量，计算产率，并将晶体置于干燥器内避光保存。

2. 三草酸合铁(Ⅲ)酸钾组成的测定

1）称量

称取已干燥的三草酸合铁(Ⅲ)酸钾 1～1.5 g 于 250 mL 烧杯中，加蒸馏水溶解，定量转移至 250 mL 容量瓶中，稀释至刻度，摇匀，待测。

2）$C_2O_4^{2-}$ 含量的测定

分别从容量瓶中吸取 3 份 25.00 mL 试液于锥形瓶中，加入 $MnSO_4$ 滴定液 5 mL 及 1 mol·L^{-1} H_2SO_4 溶液 5 mL，加热至 75～80 ℃（液面冒水蒸气），用 0.01 mol·L^{-1} $KMnO_4$ 标准溶液滴定至微红色即为终点，记下消耗 $KMnO_4$ 标准溶液的体积，计算 $C_2O_4^{2-}$ 的含量。

3）Fe^{3+} 含量的测定

分别从容量瓶中吸取 3 份 25.00 mL 试液于锥形瓶中，加入 6 mol·L^{-1} HCl 溶液 10 mL，加热至 70～80 ℃，此时溶液呈深黄色，然后趁热滴加 15% $SnCl_2$ 溶液至淡黄色，此时大部分 Fe^{3+} 已被还原为 Fe^{2+}，继续加入 25% Na_2WO_4 溶液 1 mL，滴加 6% $TiCl_3$ 溶液至出现蓝色，再过量 1 滴，保证溶液中 Fe^{3+} 完全被还原。加入 0.4% $CuSO_4$ 溶液 2 滴作为催化剂，加蒸馏水 20 mL，冷却、振荡直至蓝色退去，以氧化过量的 $TiCl_3$ 和 W(Ⅴ)。Fe^{3+} 还原后，继续加入 $MnSO_4$ 滴定液 10 mL，用 $KMnO_4$ 标准溶液滴定约 4 mL 后，加热溶液至 75～80 ℃，随后继续滴定至溶液呈微红色即为终点，记下消耗 $KMnO_4$ 标准溶液的体积，计算 Fe^{3+} 的含量。

五、注意事项

（1）氧化 $FeC_2O_4·2H_2O$ 时，温度不能太高（保持在 40 ℃），以免 H_2O_2 分解，同时需不断搅拌，使 Fe^{2+} 充分被氧化。

（2）配位过程中，$H_2C_2O_4$ 应逐滴加入，并保持在近沸状态，这样使过量的草酸分解。

（3）用 $KMnO_4$ 滴定 $C_2O_4^{2-}$ 时，升温以加快滴定反应速率，但温度不能超过 85 ℃，否则草酸易分解：

$$H_2C_2O_4 \longrightarrow H_2O + CO_2 \uparrow + CO \uparrow$$

（4）用 $KMnO_4$ 滴定 Fe^{2+} 或 $C_2O_4^{2-}$ 时，滴定速度不能太快，否则部分 $KMnO_4$ 在热溶液中按下式分解：

$$4KMnO_4 + 2H_2SO_4 \longrightarrow 4MnO_2 \downarrow + 2K_2SO_4 + 2H_2O + 3O_2 \uparrow$$

（5）$MnSO_4$ 滴定液不同于 $MnSO_4$ 溶液，它是 $MnSO_4$、H_2SO_4 和 H_3PO_4 的混合液。其配制方法如下：称取 45 g $MnSO_4$，溶于 500 mL 水中，缓慢加入浓硫酸 130 mL，再加入浓磷酸（85%）300 mL，加水稀释至 1 L。

（6）还原 Fe^{3+} 时，须注意 $SnCl_2$ 溶液的加入量。一般以加入至呈淡黄色为宜，以免过量。

六、思考题

（1）比较、讨论 4 种制备三草酸合铁（Ⅲ）酸钾工艺路线的优缺点。

（2）如何提高产品的质量？如何提高产量？

（3）$MnSO_4$ 滴定液的作用是什么？

（4）$SnCl_2$ 还原剂加过量后有何影响？怎样补救？

（5）在合成的最后一步能否用蒸干溶液的办法来提高产量？为什么？

（6）根据三草酸合铁（Ⅲ）酸钾的性质，应如何保存该化合物？

实验十　五水硫酸铜的制备与提纯

一、实验目的

（1）学习以氧化铜为原料制备 $CuSO_4 \cdot 5H_2O$ 的原理和方法。

（2）练习无机制备过程中的加热、蒸发、减压过滤、重结晶等基本操作。

二、实验原理

铜是不活泼金属，不能与稀酸反应，但铜的氧化物氧化铜可以直接与稀硫酸反应生成硫酸铜。本实验采用氧化铜粉末与稀硫酸反应制备五水硫酸铜晶体，反应方程式为

$$CuO + H_2SO_4 \Longrightarrow CuSO_4 + H_2O$$

由于氧化铜不纯，所得 $CuSO_4$ 溶液中常含有一些不溶性杂质或可溶性杂质，不溶性杂质可过滤除去，可溶性杂质常用化学方法除去。

五水硫酸铜在水中的溶解度随温度升高而明显增大，因此，对于硫酸铜粗产品中的杂质，可通过重结晶法使其留在母液中，从而得到纯度较高的硫酸铜晶体。

三、仪器、药品及材料

（1）仪器：电子天平、铁架台、蒸发皿、玻璃棒、表面皿、烧杯、普通漏斗、布氏漏

斗、抽滤瓶、量筒、真空泵、酒精灯。

（2）药品：H_2SO_4溶液（3 mol·L^{-1}）、CuO（粉）。

（3）材料：滤纸。

四、实验内容及步骤

1. 粗 $CuSO_4·5H_2O$ 的制备

称取 CuO 粉末 2.0 g，置于干净的蒸发皿中。加入 20 mL 3 mol·L^{-1} H_2SO_4 溶液，微热，用玻璃棒搅拌使之溶解。待黑色粉末完全溶解后，继续加热蒸发至液面出现晶膜时为止（蒸发时请勿搅拌）。取下蒸发皿，室温下冷却至晶体析出，减压过滤，称重，计算产率。

2. 粗 $CuSO_4·5H_2O$ 的提纯

将粗产品以每克加 1.2 mL 水的比例，溶于蒸馏水中。加热，使其完全溶解，趁热过滤。将滤液收集在小烧杯中，让其自然冷却至室温，即有晶体析出（若无晶体析出，水浴加热浓缩至表面出现晶膜）。减压过滤，将晶体放在两层滤纸间进一步挤压吸干。然后将产品放在表面皿上称重，计算产率。

五、数据记录和处理

将有关数据记录在表 8-5 中。

表 8-5　$CuSO_4·5H_2O$ 的制备与提纯

产品	产品质量/g	理论产量/g	产率/(%)
粗产品			
提纯产品			

六、思考题

（1）什么叫重结晶？是否所有物质都可以用重结晶的方法提纯？

（2）在什么情况下使用减压过滤或者常压过滤？

（3）如何判断蒸发皿内的溶液已经冷却？为什么要冷却后才能过滤？

实验十一　用硫酸铜晶体制备氧化铜

一、实验目的

（1）了解利用硫酸铜晶体制备氧化铜的原理和方法。

（2）熟练掌握 pH 调节、结晶干燥和减压过滤等基本操作。

二、实验原理

氧化铜（CuO）是黑色至棕黑色无定形结晶性粉末，有吸湿性，溶于稀酸及氰化钠、碳酸铵、氯化铵溶液，缓慢溶于氨水，不溶于水和乙醇。在氨、二氧化碳或某些有机溶质的蒸气流中加热，易还原为金属铜。在自然界存在于黑铜矿中。用于制蓝绿色素、人造宝石、有色玻璃、陶瓷釉彩、铜化合物，气体分析测定碳，以及作为油类脱硫剂、有机合成催化剂等。

氧化铜可由煅烧硝酸铜或碳酸铜制得。本实验采用湿法制备氧化铜，制备过程分为两步。

1. Cu(OH)$_2$ 的制备

根据溶度积原理，难溶氢氧化物的沉淀-溶解平衡受溶液 pH 的影响。对于 Cu(OH)$_2$ 来说，在 pH＝6～7 时，沉淀基本完全。过量的 NaOH 会使生成的 Cu(OH)$_2$ 溶解，生成四羟基铜酸钠：

$$Cu(OH)_2 + 2NaOH \Longrightarrow Na_2[Cu(OH)_4]$$

以致过滤后滤液呈现蓝色。可通过控制溶液 pH 来防止沉淀不完全或 Cu(OH)$_2$ 重新溶解的情况发生。因此，控制反应液的 pH 是实验的关键。

在室温下，向 CuSO$_4$ 溶液中加入浓碱液（主要是 NaOH），立刻有胶状蓝色 Cu(OH)$_2$ 生成，反应方程式如下：

$$CuSO_4 + 2NaOH \Longrightarrow Cu(OH)_2 \downarrow + Na_2SO_4$$

NaOH 溶液过稀或 CuSO$_4$ 溶液过浓、过多时，可能生成蓝绿色的碱式硫酸铜 [Cu$_2$(OH)$_2$SO$_4$]沉淀，这种沉淀物不但颜色与 Cu(OH)$_2$ 不同，而且化学性质也不同，Cu(OH)$_2$ 加热即分解，析出 CuO，而碱式硫酸铜加热时不易分解。因此，实验中选取饱和 NaOH 溶液，反应要在充分搅拌下进行，并且控制溶液的 pH 在 6～7，即可制备出 Cu(OH)$_2$。

2. CuO 的制备

将含 Cu(OH)$_2$ 沉淀的溶液加热到 80 ℃（因为 Cu(OH)$_2$ 在 70～80 ℃脱水分解），向热溶液中滴加 NaOH 溶液，这样不但直接得到 CuO，而且 CuO 的过滤速度比 Cu(OH)$_2$ 要快，节省了大量时间。反应方程式如下：

$$Na_2[Cu(OH)_4] \Longrightarrow Cu(OH)_2 \downarrow + 2NaOH$$

$$Cu(OH)_2 \overset{\triangle}{\Longrightarrow} CuO + H_2O$$

过滤后，直接将滤饼放在蒸发皿上加热，得到黑色粉末。

三、仪器、药品及材料

（1）仪器：电子天平，恒温水浴锅，酒精灯，石棉网，三脚架，抽滤瓶，布氏漏斗，真空泵，蒸发皿，表面皿，量筒，烧杯。

（2）药品：$CuSO_4 \cdot 5H_2O$(s)，NaOH 溶液(饱和)，$BaCl_2$ 溶液(0.5 mol • L^{-1})。

（3）材料：广范 pH 试纸。

四、实验内容及步骤

（1）称取约 10 g $CuSO_4 \cdot 5H_2O$ 晶体，加入 30 mL 蒸馏水制成 $CuSO_4$ 溶液，逐滴加入饱和 NaOH 溶液，边加边搅拌，并测定溶液的 pH。控制最后的 pH 等于 7，此时生成蓝色絮状沉淀[$Cu(OH)_2$]。

（2）在上述含 $Cu(OH)_2$ 沉淀的溶液中加入 20 mL 蒸馏水，适当搅拌，然后将溶液加热到 80 ℃，向热溶液中逐滴加入 NaOH 溶液，待其生成黑色的 CuO 后，用倾析法洗涤沉淀，再减压过滤。

（3）将过滤后得到的 CuO 转入蒸发皿中，放在石棉网上加热，烘干。称量，计算产率。

（4）设计方法检验 CuO 产品中是否含有 SO_4^{2-}。

五、数据记录和处理

将有关数据记录在表 8-6 中。

表 8-6　用硫酸铜晶体制备氧化铜

$CuSO_4 \cdot 5H_2O$ 质量/g		CuO 理论产量/g	
CuO 产品质量/g		产率/(%)	

六、思考题

（1）在生成 $Cu(OH)_2$ 的过程中，为什么要选用饱和 NaOH 溶液？为什么要控制溶液的 pH 为 7？

（2）过滤前，先在含 $Cu(OH)_2$ 沉淀的溶液中加入适量水，其作用是什么？

实验十二　铬(Ⅲ)配合物的制备和分裂能的测定（微型实验）

一、实验目的

（1）了解配体对中心离子 d 轨道能级分裂的影响。

（2）学习铬(Ⅲ)配合物的制备方法。

（3）了解配合物电子光谱的测定与绘制方法。

（4）了解配合物分裂能的测定方法。

二、实验原理

晶体场理论认为,配合物形成时,在配体场的作用下,中心离子的 d 轨道发生能级分裂。配体场的对称性不同,分裂的形式不同,分裂后轨道间的能量差也不同。在八面体场中,五个简并的 d 轨道分裂为 3 个能量较低的 t_{2g} 轨道和 2 个能量较高的 e_g 轨道。e_g 轨道、t_{2g} 轨道间的能量差称为分裂能,用 Δ_o(或 10Dq)表示。分裂能的大小取决于配体场的强弱。

配合物的分裂能可通过测定其电子光谱求得。对于中心离子的价层电子构型为 $d^1 \sim d^9$ 的配合物,用分光光度计在不同波长下测其溶液的吸光度,以吸光度对波长作图,即得到配合物的电子光谱。由电子光谱上相应吸收峰所对应的波长可计算出分裂能 Δ_o,计算公式如下:

$$\Delta_o = \frac{1}{\lambda} \times 10^7$$

式中,λ 的单位为 nm,Δ_o 的单位为 cm^{-1}。

对于 d 电子数不同的配合物,其电子光谱不同,计算 Δ_o 的方法也不同。例如,中心离子价层电子构型为 $3d^1$ 的 $[Ti(H_2O)_6]^{3+}$,只有一种 d-d 跃迁,其电子光谱 493 nm 处有一个吸收峰,其分裂能为 20 300 cm^{-1}。本实验中,中心离子 Cr^{3+} 的价层电子构型为 $3d^3$,有 3 种 d-d 跃迁,相应地在电子光谱上应有 3 个吸收峰,但实验中往往只能测得 2 个明显的吸收峰,第 3 个吸收峰则被强烈的电荷迁移吸收所覆盖。配体场理论研究结果表明,对于八面体场中 d^3 电子构型的配合物,在电子光谱中先应确定最大波长的吸收峰所对应的波长 λ_{max},然后代入上述公式求其分裂能 Δ_o。

对于中心离子相同的配合物,按其 Δ_o 相对大小将配体排序,即得到光谱学序列。

三、仪器与药品

(1) 仪器:721 型分光光度计,烧杯(25 mL),研钵,蒸发皿,量筒(10 mL),微型漏斗及抽滤瓶,表面皿,电子天平。

(2) 药品:$H_2C_2O_4$(CP),$K_2C_2O_4$(CP),$K_2Cr_2O_7$(CP),$K[Cr(H_2O)_6](SO_4)_2$(CP),乙二胺四乙酸二钠(EDTA,CP),$CrCl_3$(CP),丙酮(CP)。

四、实验内容及步骤

1. 铬(Ⅲ)配合物的合成

在 15 mL 水中溶解 0.6 g $K_2C_2O_4$ 和 1.4 g $H_2C_2O_4$。再慢慢加入 0.5 g 研细的 $K_2Cr_2O_7$,并不断搅拌,待反应完毕后,小火加热蒸发溶液至近干,冷却使晶体析出。用微型漏斗及抽滤瓶过滤,并用丙酮洗涤晶体,得到暗绿色的 $K_3[Cr(C_2O_4)_3] \cdot 3H_2O$ 晶体,在烘箱内于 110 ℃下烘干。

2. 铬(Ⅲ)配合物溶液的配制

(1) $K_3[Cr(C_2O_4)_3]$ 溶液的配制:在电子天平上称取 0.02 g $K_3[Cr(C_2O_4)_3]$ · $3H_2O$ 晶体,溶于 10 mL 去离子水中。

(2) $K[Cr(H_2O)_6](SO_4)_2$ 溶液的配制:称取 0.08 g $K[Cr(H_2O)_6](SO_4)_2$,溶于 10 mL 去离子水中。

(3) $[Cr(EDTA)]^-$ 溶液的配制:称取 0.01 g EDTA,溶于 15 mL 水中,加热使其溶解,然后加入 0.01 g $CrCl_3$,小火稍加热,得到紫色的 $[Cr(EDTA)]^-$ 溶液。

3. 配合物电子光谱的测定

在 360~700 nm 波长范围内,以去离子水为参比溶液,测定上述配合物溶液的吸光度(A)。比色皿厚度为 1 cm。每隔 10 nm 测一组数据,当出现吸收峰(A 出现极大值)时可适当缩小波长间隔,增加测定数据。

五、数据记录与处理

(1) 将不同波长下各配合物的吸光度填写在表 8-7 中。

表 8-7　不同波长下各配合物的吸光度

波长/nm	$A([Cr(C_2O_4)_3]^{3-})$	$A([Cr(H_2O)_6]^{3+})$	$A([Cr(EDTA)]^-)$
360			
⋮			
700			

(2) 以波长 λ 为横坐标,吸光度 A 为纵坐标作图,即得各配合物的电子光谱。

(3) 从电子光谱上确定最大吸收波长 λ_{max},并按下式计算各配合物的晶体场分裂能 Δ_o:

$$\Delta_o = \frac{1}{\lambda_{max}} \times 10^7$$

(4) 将得到的 Δ_o 数值与理论值进行对比。

六、思考题

(1) 配合物中心离子 d 轨道的能级在八面体场中如何分裂? 写出 Cr(Ⅲ)八面体配合物中 Cr^{3+} d 电子排布式。

(2) 晶体场分裂能的大小主要与哪些因素有关?

(3) 写出 $C_2O_4^{2-}$、H_2O、EDTA 在光谱化学序列中的先后顺序。

(4) 本实验中配合物的浓度是否影响 Δ_o 的测定?

附　录

附录 A　我国化学试剂纯度等级

纯度分类	优质纯(GR)	分析纯(AR)	化学纯(CP)	实验试剂(LR)
化学试剂级别	一级品	二级品	三级品	四级品

附录 B　常用酸碱溶液的密度和浓度(15 ℃)

溶液名称	分子式	密度 $\rho/(g \cdot cm^{-3})$	质量分数 $w/(\%)$	浓度 $c/(mol \cdot L^{-1})$
浓硫酸	H_2SO_4	1.84	95~96	18
稀硫酸	H_2SO_4	1.18	25	3
稀硫酸	H_2SO_4	1.06	9	1
浓盐酸	HCl	1.19	38	12
稀盐酸	HCl	1.10	20	6
稀盐酸	HCl	1.03	7	2
浓硝酸	HNO_3	1.40	65	14
稀硝酸	HNO_3	1.20	32	6
稀硝酸	HNO_3	1.07	12	2
浓磷酸	H_3PO_4	1.70	85	15
稀磷酸	H_3PO_4	1.05	9	1
稀高氯酸	$HClO_4$	1.12	19	2
浓氢氟酸	HF	1.13	40	23
氢溴酸	HBr	1.38	40	7
氢碘酸	HI	1.70	57	7.5
冰醋酸	CH_3COOH	1.05	99~100	17.5
稀醋酸	CH_3COOH	1.04	35	6
稀醋酸	CH_3COOH	1.02	12	2

续表

溶液名称	分子式	密度 $\rho/(\mathrm{g \cdot cm^{-3}})$	质量分数 $w/(\%)$	浓度 $c/(\mathrm{mol \cdot L^{-1}})$
浓氢氧化钠	NaOH	1.36	33	11
稀氢氧化钠	NaOH	1.09	8	2
浓氨水	$NH_3 \cdot H_2O$	0.88	35	18
浓氨水	$NH_3 \cdot H_2O$	0.91	25	13.5
稀氨水	$NH_3 \cdot H_2O$	0.96	11	6
稀氨水	$NH_3 \cdot H_2O$	0.99	3.5	2

附录 C　常见弱酸、弱碱在水中的解离常数

附表 C-1　弱酸在水中的解离常数

弱　酸	分　子　式	温度/K	分　级	K_a	pK_a
硼酸	H_3BO_3	293		5.81×10^{-10}	9.236
碳酸	H_2CO_3	298	1	4.45×10^{-7}	6.352
		298	2	4.69×10^{-11}	10.329
氢氟酸	HF	298		6.31×10^{-4}	3.20
氢硫酸	H_2S	298	1	1.07×10^{-7}	6.97
		298	2	1.26×10^{-13}	12.90
次氯酸	HClO	298		2.90×10^{-8}	7.537
次溴酸	HBrO	298		2.82×10^{-9}	8.55
次碘酸	HIO	298		3.16×10^{-11}	10.5
碘酸	HIO_3	298		1.57×10^{-1}	0.804
亚硝酸	HNO_2	298		7.24×10^{-4}	3.14
过氧化氢	H_2O_2	298		2.29×10^{-12}	11.64
高碘酸	HIO_4	298		2.29×10^{-2}	1.64
磷酸	H_3PO_4	298	1	7.11×10^{-3}	2.148
		298	2	6.34×10^{-8}	7.198
		298	3	4.79×10^{-13}	12.32
焦磷酸	$H_4P_2O_7$	298	1	1.23×10^{-1}	0.91
		298	2	7.94×10^{-3}	2.10
		298	3	2.00×10^{-7}	6.70
		298	4	4.47×10^{-10}	9.35

续表

弱　酸	分　子　式	温度/K	分级	K_a	pK_a
亚磷酸	H_3PO_3	293	1	3.72×10^{-2}	1.43
		293	2	2.09×10^{-7}	6.68
硫酸	H_2SO_4	298	2	1.02×10^{-2}	1.99
亚硫酸	H_2SO_3	298	1	1.29×10^{-2}	1.89
		298	2	6.24×10^{-8}	7.205
甲酸	HCOOH	298		1.77×10^{-4}	3.751
醋酸	CH_3COOH	298		1.75×10^{-5}	4.756
乳酸	$CH_3CH(OH)COOH$	298		1.39×10^{-4}	3.858
苯甲酸	C_6H_5COOH	298		6.2×10^{-5}	4.21
草酸	$H_2C_2O_4$	298	1	5.36×10^{-2}	1.271
		298	2	5.35×10^{-5}	4.272
酒石酸	HOOCCH(OH)CH(OH)COOH	298	1	9.20×10^{-4}	3.036
		298	2	4.31×10^{-5}	4.366
邻苯二甲酸	$C_6H_4(COOH)_2$	298	1	1.1×10^{-3}	2.95
		298	2	3.9×10^{-5}	4.41
柠檬酸	$HOC(CH_2COOH)_2COOH$	298	1	7.45×10^{-4}	3.128
		298	2	1.73×10^{-5}	4.761
		298	3	4.02×10^{-7}	6.396
苯酚	C_6H_5OH	298		4.31×10^{-5}	4.366

附表 C-2　弱碱在水中的解离常数

弱　碱	分　子　式	温度/K	分　级	K_b	pK_b
氨	NH_3	298		1.76×10^{-5}	4.754
六次甲基四胺	$(CH_2)_6N_4$	298		1.4×10^{-9}	8.85
甲胺	CH_3NH_2	298		4.17×10^{-4}	3.38
乙胺	$C_2H_5NH_2$	298		4.27×10^{-4}	3.37
二甲胺	$(CH_3)_2NH$	298		5.89×10^{-4}	3.23
二乙胺	$(C_2H_5)_2NH$	298		6.31×10^{-4}	3.20
三乙醇胺	$(HOCH_2CH_2)_3N$	298		5.8×10^{-7}	6.24
乙二胺	$H_2NCH_2CH_2NH_2$	298	1	8.5×10^{-5}	4.07
		298	2	7.1×10^{-8}	7.15
吡啶	C_5H_5N	298		1.48×10^{-9}	8.83

附录 D　常见难溶化合物的溶度积常数(298.15 K)

难溶化合物	K_{sp}	难溶化合物	K_{sp}	难溶化合物	K_{sp}
$Ag_2C_2O_4$	5.40×10^{-12}	$Cd_3(PO_4)_2$	2.53×10^{-33}	$K_2[SiF_6]$	8.7×10^{-7}
Ag_2CO_3	8.46×10^{-12}	$CdC_2O_4 \cdot 3H_2O$	9.1×10^{-8}	Li_2CO_3	2.5×10^{-2}
Ag_2CrO_4	1.12×10^{-12}	$CdCO_3$	1.10×10^{-12}	LiF	1.84×10^{-3}
Ag_2S	6.3×10^{-50}	CdS	8.0×10^{-27}	Li_3PO_4	2.37×10^{-11}
Ag_2SO_3	1.50×10^{-14}	$Co(OH)_2$	5.92×10^{-15}	$Mg(OH)_2$	5.61×10^{-12}
Ag_2SO_4	1.20×10^{-5}	$Co(OH)_3$	1.6×10^{-44}	$MgCO_3$	6.82×10^{-6}
Ag_3AsO_4	1.03×10^{-22}	$Co_3(PO_4)_2$	2.05×10^{-35}	MgF_2	5.16×10^{-11}
Ag_3PO_4	8.89×10^{-17}	$CoCO_3$	1.4×10^{-13}	$Mn(OH)_2$	1.9×10^{-13}
$AgBr$	5.3×10^{-13}	$\alpha\text{-}CoS$	4×10^{-21}	$MnCO_3$	2.34×10^{-11}
$AgCl$	1.77×10^{-10}	$\beta\text{-}CoS$	2×10^{-25}	$Ni(OH)_2$	5.48×10^{-16}
$AgCN$	5.97×10^{-17}	$Cr(OH)_3$	6.3×10^{-31}	$Ni_3(PO_4)_2$	4.47×10^{-32}
AgI	8.52×10^{-17}	CrF_3	6.6×10^{-11}	$NiCO_3$	1.42×10^{-7}
$AgIO_3$	3.0×10^{-8}	$Cu(IO_3)_2$	6.94×10^{-8}	NiC_2O_4	4×10^{-10}
$Al(OH)_3$	1.3×10^{-33}	$Cu(OH)_2$	2.2×10^{-20}	$\beta\text{-}NiS$	1×10^{-24}
$AlPO_4$	9.84×10^{-21}	Cu_2S	2.5×10^{-48}	$Pb(OH)_2$	1.43×10^{-15}
As_2S_3	2×10^{-7}	CuS	6.3×10^{-36}	$Pb_3(AsO_4)_2$	4.0×10^{-36}
$Ba_3(PO_4)_2$	3.4×10^{-23}	$Cu_3(PO_4)_2$	1.4×10^{-37}	$Pb_3(PO_4)_2$	8.0×10^{-43}
$BaCO_3$	2.58×10^{-9}	$CuBr$	6.27×10^{-9}	$Pb(IO_3)_2$	3.69×10^{-13}
$BaCrO_4$	1.71×10^{-10}	CuC_2O_4	4.43×10^{-10}	$PbCl_2$	1.70×10^{-5}
BaF_2	1.84×10^{-7}	$CuCl$	1.72×10^{-7}	$PbCO_3$	7.4×10^{-14}
$BaSO_3$	5.0×10^{-10}	$CuCN$	3.47×10^{-20}	PbC_2O_4	4.8×10^{-43}
$BaSO_4$	1.08×10^{-10}	$CuCO_3$	1.4×10^{-10}	$PbCrO_4$	2.8×10^{-13}
$Bi(OH)_3$	6.0×10^{-31}	CuI	1.27×10^{-12}	PbF_2	3.3×10^{-8}
$BiPO_4$	1.3×10^{-23}	$CuSCN$	1.77×10^{-13}	PbI_2	9.8×10^{-9}
Bi_2S_3	1×10^{-97}	$Fe(OH)_2$	4.87×10^{-17}	PbS	8.0×10^{-28}
BiI_3	7.71×10^{-19}	$Fe(OH)_3$	2.79×10^{-39}	$Pd(OH)_2$	1.43×10^{-15}
$BiO(NO_3)$	2.82×10^{-3}	$FeCO_3$	3.13×10^{-11}	$Sb(OH)_3$	4×10^{-42}
$BiO(OH)$	4×10^{-10}	$FePO_4$	9.91×10^{-16}	$Sn(OH)_2$	5.45×10^{-28}

难溶化合物	K_{sp}	难溶化合物	K_{sp}	难溶化合物	K_{sp}
BiOBr	3.0×10^{-7}	FeS	6.3×10^{-18}	$Sn(OH)_4$	1.0×10^{-56}
BiOCl	1.8×10^{-31}	Hg_2Cl_2	1.43×10^{-18}	SnS	1.0×10^{-25}
$BiPO_4$	1.3×10^{-23}	$Hg(OH)_2$	3.2×10^{-26}	$Sr_3(PO_4)_2$	4.0×10^{-28}
$Ca(OH)_2$	5.5×10^{-6}	$Hg_2(CN)_2$	5×10^{-40}	$SrCO_3$	5.60×10^{-10}
$Ca[SiF_6]$	8.1×10^{-4}	$Hg_2(SCN)_2$	2.0×10^{-20}	$SrCrO_4$	2.2×10^{-5}
$Ca_3(PO_4)_2$	2.07×10^{-29}	$Hg_2(OH)_2$	2×10^{-24}	SrF_2	4.33×10^{-9}
$CaC_2O_4 \cdot H_2O$	2.32×10^{-9}	Hg_2Br_2	6.40×10^{-23}	$SrSO_4$	3.44×10^{-7}
$CaCO_3$	2.8×10^{-9}	Hg_2CO_3	3.6×10^{-17}	$Ti(OH)_3$	1.0×10^{-40}
$CaCrO_4$	7.1×10^{-4}	Hg_2I_2	5.2×10^{-29}	$Zn(OH)_2$	3.0×10^{-17}
CaF_2	5.3×10^{-11}	Hg_2S	1.0×10^{-47}	$Zn_3(PO_4)_2$	9.0×10^{-33}
$CaSiO_3$	2.5×10^{-8}	Hg_2SO_4	6.5×10^{-7}	$ZnCO_3$	1.46×10^{-10}
$CaSO_3$	4.93×10^{-5}	HgS(黑色)	1.6×10^{-52}	$\alpha\text{-}ZnS$	1.6×10^{-24}
$CaSO_4$	4.93×10^{-5}	HgS(红色)	4.0×10^{-53}	$\beta\text{-}ZnS$	2.5×10^{-22}
$Cd(OH)_2$	7.2×10^{-15}	$K_2[PtCl_6]$	6.0×10^{-6}		

附录 E　常见配离子的稳定常数

配　离　子	K_f	$\lg K_f$	配　离　子	K_f	$\lg K_f$
$[Ag(NH_3)_2]^+$	1.12×10^7	7.05	$[Fe(C_2O_4)_3]^{3-}$	1.58×10^{20}	20.20
$[Ag(S_2O_3)_2]^{3-}$	2.88×10^{13}	13.46	$[HgCl_4]^{2-}$	1.17×10^{15}	15.07
$[Ag(CN)_2]^-$	1.26×10^{21}	21.10	$[HgI_4]^{2-}$	6.76×10^{29}	29.83
$[Ag(SCN)_2]^-$	3.72×10^7	7.57	$[Hg(CN)_4]^{2-}$	2.51×10^{41}	41.4
$[AgI_2]^-$	5.5×10^{11}	11.74	$[Hg(SCN)_4]^{2-}$	1.70×10^{21}	21.23
$[AlF_6]^{3-}$	6.92×10^{19}	19.84	$[Ni(CN)_4]^{2-}$	2.0×10^{31}	31.3
$[Al(C_2O_4)_3]^{3-}$	2.0×10^{16}	16.30	$[Ni(NH_3)_6]^{2+}$	5.5×10^8	8.74
$[Au(CN)_2]^-$	2.0×10^{38}	38.30	$[Ni(en)_3]^{2+}$	2.14×10^{18}	18.33
$[CdCl_4]^{2-}$	6.31×10^2	2.8	$[SnCl_4]^{2-}$	30.2	1.48
$[Cd(CN)_4]^{2-}$	6.03×10^{18}	18.78	$[Zn(CN)_4]^{2-}$	5.01×10^{16}	16.70
$[Cd(NH_3)_4]^{2+}$	1.32×10^7	7.12	$[Zn(NH_3)_4]^{2+}$	2.88×10^9	9.46
$[Cd(NH_3)_6]^{2+}$	1.38×10^5	5.14	$[Zn(en)_3]^{2+}$	1.29×10^{14}	14.11

配　离　子	K_f	$\lg K_f$	配　离　子	K_f	$\lg K_f$
$[CdI_4]^{2-}$	2.57×10^5	5.41	$[AgY]^{3-}$	2.0×10^7	7.32
$[Co(SCN)_4]^{2-}$	1.0×10^3	3.00	$[AlY]^-$	1.29×10^{16}	16.11
$[Co(NH_3)_6]^{2+}$	1.29×10^5	5.11	$[CaY]^{2-}$	1.00×10^{11}	11.0
$[Co(NH_3)_6]^{3+}$	1.58×10^{35}	35.20	$[CoY]^{2-}$	2.04×10^{16}	16.31
$[CuI_2]^-$	7.08×10^8	8.85	$[CoY]^-$	1.0×10^{36}	36.00
$[Cu(CN)_2]^-$	1.0×10^{24}	24.00	$[CdY]^{2-}$	2.51×10^{16}	16.4
$[Cu(CN)_4]^{2-}$	2.0×10^{30}	30.30	$[CuY]^{2-}$	5.01×10^{18}	18.7
$[Cu(NH_3)_2]^+$	7.24×10^{10}	10.86	$[FeY]^{2-}$	2.14×10^{14}	14.33
$[Cu(NH_3)_4]^{2+}$	2.09×10^{13}	13.32	$[FeY]^-$	1.70×10^{24}	24.23
$[Cu(en)_2]^+$	6.31×10^{10}	10.80	$[HgY]^{2-}$	6.31×10^{21}	21.80
$[Cu(en)_3]^{2+}$	1.0×10^{21}	21.00	$[MgY]^{2-}$	4.37×10^8	8.64
$[Fe(CN)_6]^{4-}$	1.0×10^{35}	35.00	$[MnY]^{2-}$	6.31×10^{13}	13.8
$[Fe(CN)_6]^{3-}$	1.0×10^{42}	42.00	$[NiY]^{2-}$	3.63×10^{18}	18.56
$[Fe(C_2O_4)_3]^{4-}$	1.66×10^5	5.22	$[ZnY]^{2-}$	2.51×10^{16}	16.40

附录 F　标准电极电势

附表 F-1　在酸性溶液中标准电极电势(298.15 K)

电　对	电　极　反　应	$E^{\ominus}/V$
Li^+/Li	$Li^+ + e^- \rightleftharpoons Li$	-3.0401
K^+/K	$K^+ + e^- \rightleftharpoons K$	-2.931
Ba^{2+}/Ba	$Ba^{2+} + 2e^- \rightleftharpoons Ba$	-2.912
Ca^{2+}/Ca	$Ca^{2+} + 2e^- \rightleftharpoons Ca$	-2.868
Na^+/Na	$Na^+ + e^- \rightleftharpoons Na$	-2.71
Mg^{2+}/Mg	$Mg^{2+} + 2e^- \rightleftharpoons Mg$	-2.372
Al^{3+}/Al	$Al^{3+} + 3e^- \rightleftharpoons Al$	-1.662
Mn^{2+}/Mn	$Mn^{2+} + 2e^- \rightleftharpoons Mn$	-1.185
Zn^{2+}/Zn	$Zn^{2+} + 2e^- \rightleftharpoons Zn$	-0.7618
Cr^{3+}/Cr	$Cr^{3+} + 3e^- \rightleftharpoons Cr$	-0.744
Ag_2S/Ag	$Ag_2S + 2e^- \rightleftharpoons 2Ag + S^{2-}$	-0.0366

电　对	电　极　反　应	$E^{\ominus}/V$
$CO_2/HCOOH$	$CO_2+2H^++2e^-\rightleftharpoons HCOOH$	-0.199
Fe^{2+}/Fe	$Fe^{2+}+2e^-\rightleftharpoons Fe$	-0.447
Co^{2+}/Co	$Co^{2+}+2e^-\rightleftharpoons Co$	-0.28
Ni^{2+}/Ni	$Ni^{2+}+2e^-\rightleftharpoons Ni$	-0.257
AgI/Ag	$AgI+e^-\rightleftharpoons Ag+I^-$	$-0.152\,24$
Sn^{2+}/Sn	$Sn^{2+}+2e^-\rightleftharpoons Sn$	$-0.137\,5$
Pb^{2+}/Pb	$Pb^{2+}+2e^-\rightleftharpoons Pb$	$-0.126\,2$
Fe^{3+}/Fe	$Fe^{3+}+3e^-\rightleftharpoons Fe$	-0.037
H^+/H_2	$2H^++2e^-\rightleftharpoons H_2$	0.000
$AgBr/Ag$	$AgBr+e^-\rightleftharpoons Ag+Br^-$	$+0.071\,33$
S/H_2S	$S+2H^++2e^-\rightleftharpoons H_2S(aq)$	$+0.142$
Sn^{4+}/Sn^{2+}	$Sn^{4+}+2e^-\rightleftharpoons Sn^{2+}$	$+0.151$
Cu^{2+}/Cu^+	$Cu^{2+}+e^-\rightleftharpoons Cu^+$	$+0.153$
$AgCl/Ag$	$AgCl+e^-\rightleftharpoons Ag+Cl^-$	$+0.222\,33$
Hg_2Cl_2/Hg	$Hg_2Cl_2+2e^-\rightleftharpoons 2Hg+2Cl^-$	$+0.268\,08$
Cu^{2+}/Cu	$Cu^{2+}+2e^-\rightleftharpoons Cu$	$+0.341\,9$
$[Fe(CN)_6]^{3-}/[Fe(CN)_6]^{4-}$	$[Fe(CN)_6]^{3-}+e^-\rightleftharpoons[Fe(CN)_6]^{4-}$	$+0.358$
O_2/OH^-	$O_2+2H_2O+4e^-\rightleftharpoons 4OH^-$	$+0.401$
Cu^+/Cu	$Cu^++e^-\rightleftharpoons Cu$	$+0.521$
I_2/I^-	$I_2+2e^-\rightleftharpoons 2I^-$	$+0.535\,5$
MnO_4^-/MnO_4^{2-}	$MnO_4^-+e^-\rightleftharpoons MnO_4^{2-}$	$+0.558$
O_2/H_2O_2	$O_2+2H^++2e^-\rightleftharpoons H_2O_2$	$+0.695$
$[PtCl_4]^{2-}/Pt$	$[PtCl_4]^{2-}+2e^-\rightleftharpoons Pt+4Cl^-$	$+0.755$
$(CNS)_2/CNS^-$	$(CNS)_2+2e^-\rightleftharpoons 2CNS^-$	$+0.77$
Fe^{3+}/Fe^{2+}	$Fe^{3+}+e^-\rightleftharpoons Fe^{2+}$	$+0.771$
Hg_2^{2+}/Hg	$Hg_2^{2+}+2e^-\rightleftharpoons 2Hg$	$+0.797\,3$
Ag^+/Ag	$Ag^++e^-\rightleftharpoons Ag$	$+0.799\,6$
Hg^{2+}/Hg	$Hg^{2+}+2e^-\rightleftharpoons Hg$	$+0.851$
Hg^{2+}/Hg_2^{2+}	$2Hg^{2+}+2e^-\rightleftharpoons Hg_2^{2+}$	$+0.920$
HNO_2/NO	$HNO_2+H^++e^-\rightleftharpoons NO+H_2O$	$+0.983$
$Br_2(l)/Br^-$	$Br_2(l)+2e^-\rightleftharpoons 2Br^-$	$+1.066$

续表

电　对	电　极　反　应	$E^{\ominus}/V$
$Br_2(aq)/Br^-$	$Br_2(aq)+2e^- \rightleftharpoons 2Br^-$	$+1.0873$
$Cu^{2+}/[Cu(CN)_2]^-$	$Cu^{2+}+2CN^-+e^- \rightleftharpoons [Cu(CN)_2]^-$	$+1.103$
ClO_3^-/ClO_2	$ClO_3^-+2H^++e^- \rightleftharpoons ClO_2+H_2O$	$+1.15$
IO_3^-/I_2	$2IO_3^-+12H^++10e^- \rightleftharpoons I_2+6H_2O$	$+1.20$
MnO_2/Mn^{2+}	$MnO_2+4H^++2e^- \rightleftharpoons Mn^{2+}+2H_2O$	$+1.23$
$ClO_3^-/HClO_2$	$ClO_3^-+3H^++2e^- \rightleftharpoons HClO_2+H_2O$	$+1.152$
O_2/H_2O	$O_2+4H^++4e^- \rightleftharpoons 2H_2O$	$+1.229$
$Cr_2O_7^{2-}/Cr^{3+}$	$Cr_2O_7^{2-}+14H^++6e^- \rightleftharpoons 2Cr^{3+}+7H_2O$	$+1.232$
Cl_2/Cl^-	$Cl_2+2e^- \rightleftharpoons 2Cl^-$	$+1.35827$
BrO_3^-/Br^-	$BrO_3^-+6H^++6e^- \rightleftharpoons Br^-+3H_2O$	$+1.423$
ClO_3^-/Cl^-	$ClO_3^-+6H^++6e^- \rightleftharpoons Cl^-+3H_2O$	$+1.451$
PbO_2/Pb^{2+}	$PbO_2+4H^++2e^- \rightleftharpoons Pb^{2+}+2H_2O$	$+1.455$
ClO_3^-/Cl_2	$2ClO_3^-+12H^++10e^- \rightleftharpoons Cl_2+6H_2O$	$+1.47$
Au^{3+}/Au	$Au^{3+}+3e^- \rightleftharpoons Au$	$+1.498$
MnO_4^-/Mn^{2+}	$MnO_4^-+8H^++5e^- \rightleftharpoons Mn^{2+}+4H_2O$	$+1.507$
MnO_4^-/MnO_2	$MnO_4^-+4H^++3e^- \rightleftharpoons MnO_2+2H_2O$	$+1.679$
H_2O_2/H_2O	$H_2O_2+2H^++2e^- \rightleftharpoons 2H_2O$	$+1.776$
$S_2O_8^{2-}/SO_4^{2-}$	$S_2O_8^{2-}+2e^- \rightleftharpoons 2SO_4^{2-}$	$+2.010$
F_2/HF	$F_2+2H^++2e^- \rightleftharpoons 2HF$	$+3.053$

附表 F-2　在碱性溶液中标准电极电势(298.15 K)

电　对	电　极　反　应	$E^{\ominus}/V$
$Ca(OH)_2/Ca$	$Ca(OH)_2+2e^- \rightleftharpoons Ca+2OH^-$	-3.02
$Mg(OH)_2/Mg$	$Mg(OH)_2+2e^- \rightleftharpoons Mg+2OH^-$	-2.69
ZnO_2^{2-}/Zn	$ZnO_2^{2-}+2H_2O+2e^- \rightleftharpoons Zn+4OH^-$	-1.215
$[Sn(OH)_6]^{2-}/HSnO_2^-$	$[Sn(OH)_6]^{2-}+2e^- \rightleftharpoons HSnO_2^-+3OH^-+H_2O$	-0.93
H_2O/OH^-	$2H_2O+2e^- \rightleftharpoons H_2+2OH^-$	-0.8277
Ag_2S/Ag	$Ag_2S+2e^- \rightleftharpoons 2Ag+S^{2-}$	-0.66
SO_3^{2-}/S	$SO_3^{2-}+3H_2O+4e^- \rightleftharpoons S+6OH^-$	-0.691
$Fe(OH)_3/Fe(OH)_2$	$Fe(OH)_3+e^- \rightleftharpoons Fe(OH)_2+OH^-$	-0.56
S/S^{2-}	$S+2e^- \rightleftharpoons S^{2-}$	-0.47627

续表

电　对	电　极　反　应	$E^\ominus/V$
$Cu(OH)_2/Cu$	$Cu(OH)_2 + 2e^- \Longleftrightarrow Cu + 2OH^-$	-0.222
$Cu(OH)_2/Cu_2O$	$2Cu(OH)_2 + 2e^- \Longleftrightarrow Cu_2O + 2OH^- + H_2O$	-0.080
O_2/HO_2^-	$O_2 + H_2O + 2e^- \Longleftrightarrow HO_2^- + OH^-$	-0.076
NO_3^-/NO_2^-	$NO_3^- + H_2O + 2e^- \Longleftrightarrow NO_2^- + 2OH^-$	$+0.01$
$S_4O_6^{2-}/S_2O_3^{2-}$	$S_4O_6^{2-} + 2e^- \Longleftrightarrow 2S_2O_3^{2-}$	$+0.08$
$[Co(NH_3)_6]^{3+}/[Co(NH_3)_6]^{2+}$	$[Co(NH_3)_6]^{3+} + e^- \Longleftrightarrow [Co(NH_3)_6]^{2+}$	$+0.108$
IO_3^-/I^-	$IO_3^- + 3H_2O + 6e^- \Longleftrightarrow I^- + 6OH^-$	$+0.26$
ClO_3^-/ClO_2^-	$ClO_3^- + H_2O + 2e^- \Longleftrightarrow ClO_2^- + 2OH^-$	$+0.33$
O_2/OH^-	$O_2 + 2H_2O + 4e^- \Longleftrightarrow 4OH^-$	$+0.401$
IO^-/I^-	$IO^- + H_2O + 2e^- \Longleftrightarrow I^- + 2OH^-$	$+0.485$
MnO_4^-/MnO_2	$MnO_4^- + 2H_2O + 3e^- \Longleftrightarrow MnO_2 + 4OH^-$	$+0.595$
BrO_3^-/Br^-	$BrO_3^- + 3H_2O + 6e^- \Longleftrightarrow Br^- + 6OH^-$	$+0.61$
ClO_3^-/Cl^-	$ClO_3^- + 3H_2O + 6e^- \Longleftrightarrow Cl^- + 6OH^-$	$+0.62$
BrO^-/Br^-	$BrO^- + H_2O + 2e^- \Longleftrightarrow Br^- + 2OH^-$	$+0.761$
HO_2^-/OH^-	$HO_2^- + H_2O + 2e^- \Longleftrightarrow 3OH^-$	$+0.878$
ClO^-/Cl^-	$ClO^- + H_2O + 2e^- \Longleftrightarrow Cl^- + 2OH^-$	$+0.81$

附录 G　常用元素国际相对原子质量

符号	名称	原子序数	相对原子质量	符号	名称	原子序数	相对原子质量
Ag	银	47	107.868 2(2)	N	氮	7	14.006 7(2)
Al	铝	13	26.981 538 6(8)	Na	钠	11	22.989 769 28(2)
Ar	氩	18	39.948(1)	Nb	铌	41	92.906 38(2)
As	砷	33	74.921 60(2)	Nd	钕	60	144.242(3)
Au	金	79	196.966 569(4)	Ne	氖	10	20.179 7(6)
B	硼	5	10.811(7)	Ni	镍	28	58.693 4(4)
Ba	钡	56	137.327(7)	Np	镎	93	237.048 2
Be	铍	4	9.012 182(3)	O	氧	8	15.999 4(3)
Bi	铋	83	208.980 40(1)	Os	锇	76	190.23(3)

元素		原子序数	相对原子质量	元素		原子序数	相对原子质量
符号	名称			符号	名称		
Br	溴	35	79.904(1)	P	磷	15	30.973 762(2)
C	碳	6	12.0107(8)	Pa	镤	91	231.035 88(2)
Ca	钙	20	40.078(4)	Pb	铅	82	207.2(1)
Cd	镉	48	112.411(8)	Pd	钯	46	106.42(1)
Ce	铈	58	140.116(1)	Pr	镨	59	140.907 65(2)
Cl	氯	17	35.453(9)	Pt	铂	78	195.084(9)
Co	钴	27	58.933 195(5)	Ra	镭	88	226.025 4
Cr	铬	24	51.996 1(6)	Rb	铷	37	85.467 8(1)
Cs	铯	55	132.905 451 9(5)	Re	铼	75	186.207(1)
Cu	铜	29	63.546(3)	Rh	铑	45	102.905 50(2)
Dy	镝	66	162.500(1)	Ru	钌	44	101.07(2)
Er	铒	68	167.259(3)	S	硫	16	32.065(5)
Eu	铕	63	151.964(1)	Sb	锑	51	121.760(1)
F	氟	9	18.998 403 2(5)	Sc	钪	21	44.955 912(6)
Fe	铁	26	55.845(2)	Se	硒	34	78.96(3)
Ga	镓	31	69.723(1)	Si	硅	14	28.085 5(3)
Gd	钆	64	157.25(3)	Sm	钐	62	150.36(2)
Ge	锗	32	72.64(1)	Sn	锡	50	118.710(7)
H	氢	1	1.007 94(7)	Sr	锶	38	87.62(1)
He	氦	2	4.002 602(2)	Ta	钽	73	180.947 88(1)
Hf	铪	72	178.49(2)	Tb	铽	65	158.925 35(2)
Hg	汞	80	200.59(2)	Te	碲	52	127.60(3)
Ho	钬	67	164.930 32(2)	Th	钍	90	232.038 1(1)
I	碘	53	126.904 47(3)	Ti	钛	22	47.867(1)
In	铟	49	114.818(3)	Tl	铊	81	204.383 3(2)
Ir	铱	77	192.217(3)	Tm	铥	69	168.934 21(2)
K	钾	19	39.0983(1)	U	铀	92	238.028 91(3)
Kr	氪	36	83.798(1)	V	钒	23	50.941 5(1)
La	镧	57	138.905 47(7)	W	钨	74	183.84(1)
Li	锂	3	6.941(2)	Xe	氙	54	131.293(6)

元素		原子序数	相对原子质量	元素		原子序数	相对原子质量
符号	名称			符号	名称		
Lu	镥	71	174.9668(1)	Y	钇	39	88.905 85(2)
Mg	镁	12	24.305 0(6)	Yb	镱	70	173.054(5)
Mn	锰	25	54.938 045(5)	Zn	锌	30	65.38(2)
Mo	钼	42	95.96(2)	Zr	锆	40	91.224(2)

注:本表数据源自 2017 年 IUPAC 元素周期表(IUPAC 2005 standard atomic weights),以 ^{12}C 为标准。相对原子质量末位数的不确定度加注在其后的括号内。

附录 H　常用酸碱指示剂

指示剂	变色范围 pH	颜色变化	pK_{HIn}	溶液
百里酚蓝	1.2～2.8	红色～黄色	1.62	0.1%的 20%乙醇溶液
甲基黄	2.9～4.0	红色～黄色	3.25	0.1%的 90%乙醇溶液
甲基橙	3.1～4.4	红色～黄色	3.45	0.1%的水溶液
溴酚蓝	3.0～4.6	黄色～紫色	4.1	0.1%的 20%乙醇溶液或其钠盐溶液
溴甲酚绿	4.0～5.6	黄色～蓝色	4.9	0.1%的 20%乙醇溶液或其钠盐溶液
甲基红	4.4～6.2	红色～黄色	5.0	0.1%的 60%乙醇溶液或其钠盐溶液
溴百里酚蓝	6.2～7.6	黄色～蓝色	7.3	0.1%的 20%乙醇溶液或其钠盐溶液
中性红	6.8～8.0	红色～黄橙色	7.4	0.1%的 60%乙醇溶液
苯酚红	6.8～8.4	黄色～红色	8.0	0.1%的 60%乙醇溶液或其钠盐溶液
酚酞	8.0～10.0	无色～红色	9.1	0.2%的 90%乙醇溶液
百里酚蓝	8.0～9.6	黄色～蓝色	8.9	0.1%的 20%乙醇溶液
百里酚酞	9.4～10.6	无色～蓝色	10.0	0.1%的 90%乙醇溶液

注:这里列出的是室温下水溶液中各种指示剂的变色范围。实际上当温度改变或溶剂不同时,指示剂的变色范围是要移动的。另外,溶液中盐类的存在也会使指示剂变色范围发生移动。

附录 I　常见离子及化合物的颜色

附表 I-1　常见离子颜色

离子	颜色	离子	颜色	离子	颜色
$[Co(H_2O)_6]^{2+}$	粉红色	$[CuCl_4]^{2-}$	黄色	$[Fe(phen)_3]^{2+}$	红色
$[Co(NH_3)_6]^{2+}$	黄色	$[Cu(H_2O)_4]^{2+}$	蓝色	$[Fe(SCN)_n]^{3-n}$	血红色

离　子	颜　色	离　子	颜　色	离　子	颜　色
$[Co(NH_3)_6]^{3+}$	棕黄色	$[Cu(NH_3)_4]^{2+}$	深蓝色	$[FeCl_6]^{3-}$	黄色
$[Co(CN)_6]^{3-}$	紫色	$[Cu(OH)_4]^{2-}$	亮蓝色	$[Mn(H_2O)_6]^{2+}$	淡粉色
$[Co(SCN)_4]^{3-}$	蓝色	$[Fe(H_2O)_6]^{2+}$	淡绿色	MnO_4^{2-}	绿色
$[Cr(H_2O)_6]^{2+}$	蓝色	$[Fe(H_2O)_6]^{3+}$	淡紫色	MnO_4^-	紫红色
$[Cr(H_2O)_6]^{3+}$	蓝紫色	$[Fe(CN)_6]^{4-}$	黄色	$[Ni(H_2O)_6]^{2+}$	绿色
$[Cr(NH_3)_6]^{3+}$	黄色	$[Fe(CN)_6]^{3-}$	红棕色	$[Ni(NH_3)_6]^{2+}$	蓝色
CrO_2^-	绿色	$[Fe(C_2O_4)_3]^{3-}$	黄色	$[Ni(en)_3]^{2+}$	紫色
CrO_4^{2-}	黄色	$[FeNO]^{2+}$	棕色	I_3^-	棕黄色
$Cr_2O_7^{2-}$	橙色	$[Fe(OH)(H_2O)_5]^{2+}$	黄棕色	$S_x^{2-}(x=2\sim9)$	黄色～红色

注：$[Fe(H_2O)_6]^{3+}$ 为淡紫色，近于无色。但由于水解生成$[Fe(H_2O)_5(OH)]^{2+}$、$[Fe(H_2O)_4(OH)_2]^+$ 等，而使溶液呈黄棕色。若用强酸调到溶液 pH＝0，则看到近无色的$[Fe(H_2O)_6]^{3+}$；若加 HCl，则未水解的 $FeCl_3$ 溶液由于生成$[FeCl_6]^{3-}$ 而使溶液呈黄色。

附表 I-2　常见化合物颜色

化合物	颜色	化合物	颜色	化合物	颜色	化合物	颜色
Ag_3AsO_4	红褐色	AgSCN	白色	$Bi(OH)_3$	白色	$CoCl_2\cdot2H_2O$	紫红色
AgBr	淡黄色	$Ag_2S_2O_3$	白色	$BiO(OH)$	灰黄色	$CoCl_2\cdot6H_2O$	粉红色
AgCl	白色	Ag_2SO_4	白色	Bi_2S_3	黑色	$Co[Fe(CN)_6]$	绿色
AgCN	白色	$Al(OH)_3$	白色	$CaCO_3$	白色	$Co_2(OH)_2CO_3$	白色
Ag_2CO_3	白色	As_2S_3	黄色	CaC_2O_4	白色	CoO	灰绿色
$Ag_2C_2O_4$	白色	$BaCO_3$	白色	$CaCrO_4$	黄色	Co_2O_3	黑色
Ag_2CrO_4	砖红色	BaC_2O_4	白色	$CaHPO_4$	白色	$Co(OH)_2$	粉红色
$Ag_3[Fe(CN)_6]$	橙色	$BaCrO_4$	黄色	CaO	白色	$Co(OH)Cl$	蓝色
$Ag_4[Fe(CN)_6]$	白色	$BaFeO_4$	红棕色	$Ca(OH)_2$	白色	$Co(OH)_3$	褐棕色
Ag_2CO_3	白色	$Ba_3(PO_4)_2$	白色	$Ca_3(PO_4)_2$	白色	CoS	黑色
AgI	黄色	$BaSO_3$	白色	$CaSO_4$	白色	$CoSiO_3$	紫色
$AgNO_2$	淡黄色	$BaSO_4$	白色	$CaSO_3$	白色	$CoSO_4\cdot7H_2O$	红色
Ag_2O	棕褐色	BaS_2O_3	白色	$CdCO_3$	白色	$Co[Hg(SCN)_4]$	蓝色
$AgPO_3$	白色	$Bi(OH)CO_3$	白色	CdO	棕灰色	$CrCl_3\cdot6H_2O$	绿色
Ag_3PO_4	黄色	BiI_3	白色	$Cd(OH)_2$	白色	Cr_2O_3	绿色
$Ag_4P_2O_7$	白色	BiOCl	白色	CdS	黄色	CrO_3	红色
Ag_2S	黑色	Bi_2O_3	黄色	$CoCl_2$	蓝色	CrO_5	深蓝色

续表

化 合 物	颜色	化 合 物	颜色	化 合 物	颜色	化 合 物	颜色
$Cr(OH)_3$	灰蓝色	Fe_3O_4	黑色	$K_3[Fe(C_2O_4)_3]$	绿色	PbO_2	棕褐色
$Cr_2(SO_4)_3 \cdot 6H_2O$	绿色	$Fe(OH)_2$	白色	$MgNH_4AsO_4$	白色	Pb_3O_4	红色
$Cr_2(SO_4)_3$	棕红色	$Fe(OH)_3$	红棕色	$MgCO_3$	白色	$Pb(OH)_2$	白色
$Cr_2(SO_4)_3 \cdot 18H_2O$	蓝紫色	$FePO_4$	淡黄色	$MgNH_4PO_4$	白色	PbS	黑色
$CuCl$	白色	FeS	棕黑色	$Mg(OH)_2$	白色	$PbSO_4$	白色
$CuCl_2$	棕色	Fe_2S_3	黑色	$MnCO_3$	白色	SbI_3	黄色
$CuCl_2 \cdot 2H_2O$	蓝色	$Fe_2(SiO_3)_3$	棕红色	MnO_2	黑色	Sb_2O_3	白色
CuI	白色	Hg_2Cl_2	白色	$MnO(OH)_2$	棕色	Sb_2O_5	淡黄色
$Cu(IO_3)_2$	白色	Hg_2I_2	黄色	$Mn(OH)_2$	白色	MnS	淡粉色
CuO	黑色	HgI_2	红色	$NaBiO_3$	土黄色	$Sb(OH)_3$	白色
Cu_2O	暗红色	$Hg(NH_2)Cl$	白色	Na_2FeO_4	紫红色	$SbOCl$	白色
$Cu(OH)_2$	淡蓝色	Hg_2O	黑色	$Ni(CN)_2$	淡棕色	Sb_2S_3	橙色
$CuOH$	黄色	HgO	黄色或红色	$Ni_2(OH)_2CO_3$	淡绿色	Sb_2S_5	橙红色
$CuSO_4 \cdot 5H_2O$	蓝色	$HgO \cdot Hg(NH_2)I$	红棕色	NiO	暗绿色	$Sn(OH)_2$	白色
$Cu_2(OH)_2SO_4$	淡蓝色	$Hg_2(OH)_2CO_3$	红褐色	Ni_2O_3	黑色	$Sn(OH)Cl$	白色
$Cu_2(OH)_2CO_3$	暗绿色	HgS	红色或黑色	$Ni(OH)_2$	绿色	$Sn(OH)_4$	白色
Cu_2S	黑色			$Ni(OH)_3$	黑色	SnS	灰褐色
CuS	黑色			NiS	黑色	SnS_2	黄色
$Cu(SCN)_2$	黑绿色	$Hg(SCN)_2$	白色	$PbBr_2$	白色	$Zn_2(OH)_2CO_3$	白色
$Cu_2[Fe(CN)_6]$	红褐色	Hg_2SO_4	白色	$PbCl_2$	白色	ZnC_2O_4	白色
$FeCl_3 \cdot 6H_2O$	黄棕色	$KClO_4$	白色	$PbCO_3$	白色	$Zn_2[Fe(CN)_6]$	白色
$FeC_2O_4 \cdot 2H_2O$	黄色	$K_3Fe(CN)_6$	深红色	PbC_2O_4	白色	$Zn_3[Fe(CN)_6]_2$	黄褐色
$Fe_4[Fe(CN)_6]_3$	蓝色	$K_4Fe(CN)_6 \cdot 3H_2O$	黄色	$PbCrO_4$	黄色	ZnO	白色
FeO	黑色	$K_3[Co(NO_2)_6]$	黄色	PbI_2	黄色	$Zn(OH)_2$	白色
Fe_2O_3	砖红色	$K_2Na[Co(NO_2)_6]$	亮黄色	PbO	黄色	ZnS	白色
						$Zn[Hg(SCN)_4]$	白色

注：人工制备的 HgS 是黑色的，天然产的 HgS 是红色的。

附录 J　常见金属化合物在水中的溶解性

化 合 物	溶 解 性
磷酸盐(PO_4^{3-})	Na_3PO_4、K_3PO_4、$(NH_4)_3PO_4$ 易溶，其余难溶

化　合　物	溶　解　性
醋酸盐（CH_3COO^-）	$AgAc$、Hg_2Ac_2、$Bi(Ac)_3$ 易溶，其余难溶
碳酸盐（CO_3^{2-}）	Na_2CO_3、K_2CO_3、$(NH_4)_2CO_3$ 易溶，其余难溶
碘化物（I^-）	Hg_2I_2、PbI_2、CuI、BiI_3 易溶，其余难溶
溴化物（Br^-）	Hg_2Br_2、$PbBr_2$、$PtCl_2$ 易溶，其余难溶
硫酸盐（SO_4^{2-}）	$SrSO_4$、$CaSO_4$ 易溶，其余难溶
硫代硫酸盐（$S_2O_3^{2-}$）	BaS_2O_3、PbS_2O_3、$Ag_2S_2O_3$ 难溶，其余易溶
硫氰酸盐（SCN^-）	$Pb(SCN)_2$、$Cu(SCN)_2$、$Ag(SCN)$、$Cd(SCN)_2$、$Hg_2(SCN)_2$ 难溶，其余易溶
硫化物（S^{2-}）	Na_2S、K_2S、$(NH_4)_2S$、CaS、SrS、BaS 易溶，其余难溶
硝酸盐（NO_3^-）	全部易溶
氯化物（Cl^-）	$NaCl$、KCl、$MgCl_2$、$AlCl_3$ 易溶，其余难溶
硅酸盐（SiO_3^{2-}）	Na_3SiO_3、K_3SiO_3、$(NH_4)_2SiO_3$ 易溶，其余难溶
草酸盐（$C_2O_4^{2-}$）	$Na_2C_2O_4$、$K_2C_2O_4$、$(NH_4)_2C_2O_4$ 易溶，其余难溶
砷酸盐（AsO_4^{3-}）	Na_3AsO_4、K_3AsO_4、$(NH_4)_3AsO_4$ 易溶，其余难溶
氧化物（O^{2-}）	CaO、SrO、BaO 易溶，其余难溶
氢氧化物（OH^-）	$NaOH$、KOH、$Ba(OH)_2$ 易溶，其余难溶
亚硫酸盐（SO_3^{2-}）	Na_2SO_3、K_2SO_3、$(NH_4)_2SO_3$ 易溶，其余难溶
亚硝酸盐（NO_2^-）	$AgNO_2$ 微溶，其余难溶
亚砷酸盐（AsO_3^{3-}）	Na_3AsO_3、K_3AsO_3、$(NH_4)_3AsO_3$ 易溶，其余难溶

注：①表中所列化合物指ⅠA、ⅡA、ⅠB、ⅡB常见元素和 Mn、Fe、Co、Ni、Al、Sn、Pb、Sb、Bi 等金属；
②硫化物中 CaS、SrS 和 BaS 因水解微溶于水。

附录 K　常见沉淀物的 pH

附表 K-1　金属氢氧化物沉淀的 pH

离子	开始沉淀时的 pH		沉淀完全时的 pH	沉淀开始溶解时的 pH	沉淀完全溶解时的 pH
	$c=1.0\ mol \cdot L^{-1}$	$c=0.01\ mol \cdot L^{-1}$			
Sn^{4+}	0	0.5	1.0	13	15
TiO^{2+}	0	0.5	2.0		
Sn^{2+}	0.9	2.1	4.7	10	13.5
ZrO^{2+}	1.3	2.3	3.8		
Hg^{2+}	1.3	2.4	5.0	11.5	

续表

离子	开始沉淀时的 pH		沉淀完全时的 pH	沉淀开始溶解时的 pH	沉淀完全溶解时的 pH
	$c=1.0\ mol \cdot L^{-1}$	$c=0.01\ mol \cdot L^{-1}$			
Fe^{3+}	1.5	2.3	4.1	14	
Al^{3+}	3.3	4.0	5.2	7.8	10.8
Cr^{3+}	4.0	4.9	6.8	12	15
Be^{2+}	5.2	6.2	8.8		
Zn^{2+}	5.4	6.4	8.0	10.5	12~13
Ag^{+}	6.2	8.2	11.2	12.7	
Fe^{2+}	6.5	7.5	9.7	13.5	
Co^{2+}	6.6	7.6	9.2	14.1	
Ni^{2+}	6.7	7.7	9.5		
Cd^{2+}	7.2	8.2	9.7		
Mn^{2+}	7.8	8.8	10.4	14	
Mg^{2+}	9.4	10.4	12.4		
Pb^{2+}		7.2	8.7	10	
Ce^{2+}		0.8	1.2		13
Th^{4+}		0.5			
Tl^{3+}		~0.6	~1.6		

注:①c 为离子浓度($mol \cdot L^{-1}$);

②沉淀完全指溶液中残留的离子浓度不大于 $10^{-5}\ mol \cdot L^{-1}$。

附表 K-2　金属硫化物沉淀的 pH

pH	被 H_2S 所沉淀的金属
1	Cu、Ag、Hg、Pb、Bi、Cd、Rh、Pd、Os、As、Au、Pt、Sb、Ir、Ge、Se、Te、Mo
2~3	Zn、Ti、In、Ga
5~6	Co、Ni
>7	Mn、Fe

附表 K-3　在溶液中硫化物能沉淀时的盐酸最高浓度

硫化物	Ag_2S	HgS	CuS	Sb_2S_3	Bi_2S_3	SnS_2	CdS	PbS	SnS	ZnS	CoS	NiS	FeS	MnS
盐酸最高浓度 /($mol \cdot L^{-1}$)	12	7.5	7.0	3.7	2.5	2.3	0.7	0.35	0.30	0.02	0.001	0.001	0.0001	0.000 08

摘自:北京师范大学化学系无机化学教研室.简明化学手册[M].北京:北京出版社,1980.

附录 L　常用化学网址

网　　名	网　　址
中国科学院文献情报中心(国家科学图书馆)	http://www.las.cas.cn/
中国科技网	http://www.stdaily.com/
中国实验室	http://www.chinalab.com.cn
化工资源网	http://www.jm126.com/fj/
中国医药信息网	http://www.cpi.ac.cn/publish/default/
中国化工信息网	http://www.cheminfo.cn/
万方数据知识服务平台	http://www.wanfangdata.com.cn/index.html
中国知网	https://www.cnki.net/
中国国家图书馆	http://www.nlc.cn/
中国化学学会	http://www.chemsoc.org.cn/
美国化学学会	https://www.acs.org/content/acs/en.html
英国皇家化学会	http://www.rsc.org
日本化学会	https://division.csj.jp/
德国化学会	https://www.gdch.de/
美国化学文摘	https://www.cas.org/
中国专利信息网	http://www.patent.com.cn/
美国专利商标局	https://www.uspto.gov/
日本专利局	https://www.jpo.go.jp/
欧洲专利局	https://www.epo.org/

参 考 文 献

[1] 甘孟瑜,曹渊.大学化学实验[M].4 版.重庆:重庆大学出版社,2008.

[2] 大连理工大学无机化学教研室.无机化学实验[M].3 版.北京:高等教育出版社,2014.

[3] 北京师范大学无机化学教研室,等.无机化学实验[M].3 版.北京:高等教育出版社,2001.

[4] 吴惠霞.无机化学实验[M].北京:科学出版社,2008.

[5] 朱玲,徐春祥.无机化学实验[M].北京:高等教育出版社,2005.

[6] 苏显云,等.大学普通化学实验[M].北京:高等教育出版社,2001.

[7] 屈小英,周华.工科无机化学实验[M].北京:科学技术文献出版社,2008.

[8] 王克强.新编无机化学实验[M].上海:华东理工大学出版社,2001.

[9] 蔡炳新,陈贻文.基础化学实验[M].北京:科学出版社,2001.

[10] 张建会.无机化学实验[M].2 版.武汉:华中科技大学出版社,2019.

[11] 朱圣平,朱明发.无机化学实训[M].2 版.武汉:华中科技大学出版社,2018.

[12] 浙江大学普通化学类课程组.普通化学实验[M].4 版.北京:高等教育出版社,2019.

[13] 王伯康,钱文浙,等.中级无机化学实验[M].北京:高等教育出版社,1984.